"十三五"高等职业教育规划教材

高等数学

下 册

主　　编　朱化平
副 主 编　邢林芳　翟瑞娟

中国铁道出版社有限公司
CHINA RAILWAY PUBLISHING HOUSE CO., LTD.

内 容 提 要

本书以高职教育办学方向和培养目标为指导思想，以教育部“高职高专数学教学的基本要求”为依据，以“实用为主、够用为度”为原则，根据高职高专教学模式和高职院校在校生的现状，结合编者多年教学经验及新的教改成果编写。

本书分上下两册。上册内容包括函数的极限与连续、导数与微分、导数的应用、不定积分、定积分及其应用；下册内容包括向量代数与空间解析几何、多元函数微积分、常微分方程、无穷级数、线性代数。本书为下册。

本书适合作为高等职业院校各专业高等数学课程的教材，也可作为成人高校、继续教育学院各专业的教材。

图书在版编目(CIP)数据

高等数学. 下册/朱化平主编. —北京：中国铁道出版社，2018.2 (2020.10重印)
“十三五”高等职业教育规划教材
ISBN 978-7-113-24209-1

Ⅰ.①高… Ⅱ.①朱… Ⅲ.①高等数学-高等职业教育-教材
Ⅳ.①O13

中国版本图书馆 CIP 数据核字(2017)第 010241 号

书　　名：高等数学・下册
作　　者：朱化平

策　　划：李小军　李丽娟　　　　**编辑部电话：**(010) 63549508
责任编辑：许　璐　徐盼欣
封面设计：刘　颖
责任校对：张玉华
责任印制：樊启鹏

出版发行：中国铁道出版社有限公司（100054，北京市西城区右安门西街 8 号）
网　　址：http://www.tdpress.com/51eds/
印　　刷：三河市宏盛印务有限公司
版　　次：2018 年 2 月第 1 版　2020 年 10 月第 4 次印刷
开　　本：710 mm×1 000 mm　1/16　**印张：**14.25　**字数：**240 千
书　　号：ISBN 978-7-113-24209-1
定　　价：36.00 元

前　　言

根据教育部“高职高专数学教学的基本要求”、高等职业教育办学方向和培养目标以及总结近几年的教学经验，我们编写了本教材。本教材具有如下特色：

(1)数学概念表述言简意赅、直观形象，尽可能用通俗的语言把数学知识表达清楚，以易于学生理解和接受。

(2)根据近几年高职生源的变化，为使教材更适合教师教学和学生使用，对教材内容进行了精心编选，适当降低难度，多编入一些基本要求的习题，以使教材内容更适宜目前高职高专的教学要求。

(3)为了更好地帮助读者学习，对教材中的某些难点、重点内容制作了相应的视频，可以直接扫描二维码观看。

为便于教学，教材分为上下两册。上册包括了函数的极限与连续、导数与微分、导数的应用、不定积分、定积分及其应用；下册包括了向量代数与空间解析几何、多元函数微积分、常微分方程、无穷级数和线性代数。

本书作者是天津铁道职业技术学院数学团队中从事高等数学课程教学的教师。朱化平担任主编，邢林芳、翟瑞娟担任副主编。参加编写的人员有：王小英、王欣、苏杭、杜东文、张丽云、张建国、倪金耀、游昕颖、魏薇。编者对职业教育特色及学生的情况、现行教材优缺点等有清楚的了解，这为教材编写质量提供了保障。在编写过程中，我们广泛听取了同仁和学生的意见、建议，参考了很多同类教材，希望本教材能适用于高职高专数学教学，并能成为一本“精品教材”。

由于编者水平有限，不妥之处在所难免，恳请广大读者批评指正。

编　者

2017 年 11 月

目　　录

第 6 章　向量代数与空间解析几何

在自然科学和工程技术中，经常遇到既有大小又有方向的量即向量，所遇到的几何图形经常为空间几何图形. 向量是将几何与代数相结合的有效工具. 空间解析几何研究的对象是空间的点、线、面及其代数表示形式，其主要数学思想是运用代数方法研究空间几何问题. 本章将在空间直角坐标系和向量知识的基础上，讨论平面与空间直线的方程及位置关系，建立空间曲面与曲线的概念，并介绍几种常见的曲面，为多元函数微积分的学习奠定基础.

6.1　空间直角坐标系和向量

本节先介绍空间直角坐标系的有关概念，然后学习向量基本概念及线性运算，最后研究向量的坐标表示.

6.1.1　空间直角坐标系

1637 年，法国哲学家、物理学家、数学家、生理学家笛卡儿(Rene Descartes，1596—1650)的《几何学》出版，标志着"解析几何学"的诞生. 在该书中，笛卡儿引入了变量和坐标的方法，指出平面上的点与实数对(x,y)存在对应关系，并进一步考虑方程 $F(x,y)=0$ 的性质，发现该方程与一条曲线对应(见图 6-1和图 6-2). 由此，方程可以通过几何的方法处理；反过来，几何问题也可以用代数的方法研究解决.

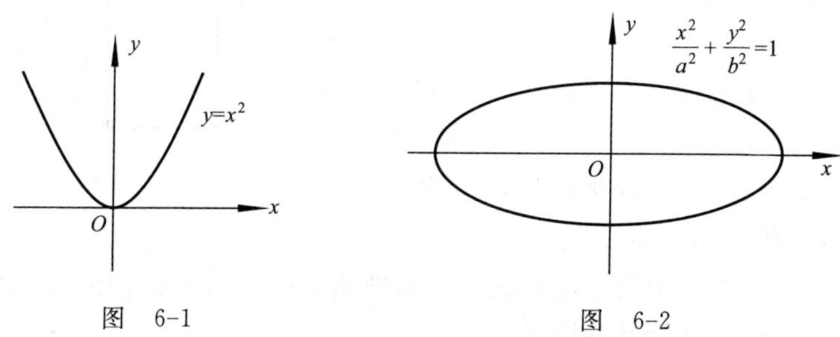

图　6-1　　　　图　6-2

这种研究问题的方式，有效地将代数与几何结合起来，让原来抽象的问题形象化,提高了解决问题的效率.下面将类似的方法推广到空间.

1. 空间直角坐标系

定义1 设 O 为空间任一点,以 O 点为原点,过 O 点做两两互相垂直的三条数轴 x 轴、y 轴、z 轴,且它们的正方向构成右手系(见图 6-3),这样的坐标系称为**空间直角坐标系**.x 轴、y 轴、z 轴分别称为**横轴**、**纵轴**、**竖轴**.每两条坐标轴所决定的平面称为**坐标面**,分别称为 xOy 坐标面、yOz 坐标面和 xOz 坐标面.三个坐标平面将空间分为八个**卦限**.这八个卦限分别用字母Ⅰ、Ⅱ、Ⅲ、Ⅳ、Ⅴ、Ⅵ、Ⅶ、Ⅷ表示(见图 6-4).

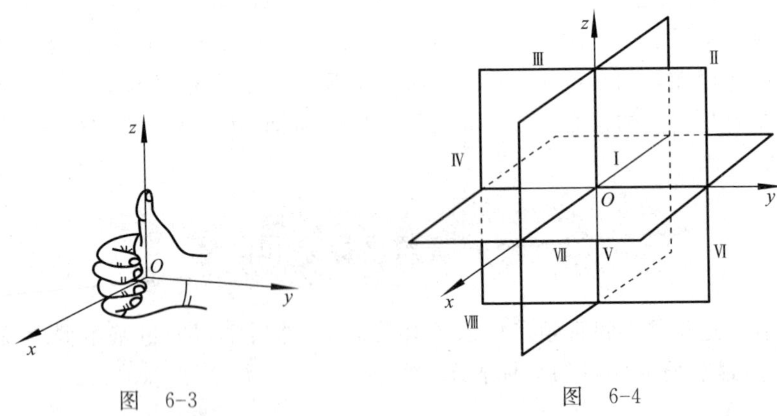

图 6-3　　图 6-4

2. 空间点的坐标

如图 6-5 所示,过 M 点分别做 xOy,yOz,xOz 坐标平面的垂线,垂足分别为 D,E,F,则称 D,E,F 三点分别为 M 点在**坐标平面** xOy,yOz,xOz **上的投影**.

由 MD,ME,MF 这三条两两垂直的直线,形成的三个两两垂直的平面分别与 x 轴、y 轴、z 轴交于 A,B,C 三点,称 A,B,C 三点分别为 M 点在 x,y,z **坐标轴上的投影**.

若 A 在 x 轴上的坐标为 a,B 在 y 轴上的坐标为 b,C 在 z 轴上的坐标为 c,则 M 点与有序数组 (a,b,c) 建立了一一对应关系,称有序数组 (a,b,c) 为 M 点的**坐标**.a,b,c 分别称为点 M 的**横坐标**、**纵坐标**、**竖坐标**.

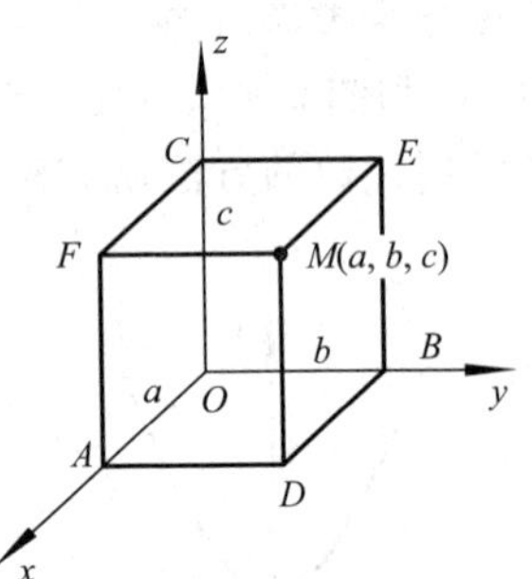

图 6-5

下面讨论空间中位于坐标轴和坐标平面上的点的坐标特征,以及在八个卦限内点的坐标符号的情况.

坐标原点的坐标为$(0,0,0)$；

坐标轴上的点的坐标分别为$A(a,0,0)$，$B(0,b,0)$，$C(0,0,c)$；

坐标平面 xOy，yOz，xOz 上的点的坐标分别为 $D(a,b,0)$，$E(0,b,c)$，$F(a,0,c)$；

八个卦限内点坐标的符号情况依次为$(+,+,+)$，$(-,+,+)$，$(-,-,+)$，$(+,-,+)$，$(+,+,-)$，$(-,+,-)$，$(-,-,-)$，$(+,-,-)$.

例 1　说明下列各点在空间直角坐标系里的位置：

$A(-4,0,0)$，　$B(3,2,0)$，　$C(0,5,0)$，　$D(2,-3,1)$，　$E(-3,5,-4)$.

解　由空间直角坐标系点的坐标特点得：点 A 在 x 轴的负半轴上；点 B 在 xOy 坐标面上；点 C 在 y 轴正半轴上；点 D 在第Ⅳ卦限；点 E 在第Ⅵ卦限.

例 2　求点 $M(2,-3,4)$关于三个坐标轴的对称点及关于三个坐标平面的对称点.

解　$M(2,-3,4)$关于 x 轴的对称点为 $M_1(2,3,-4)$；关于 y 轴的对称点为 $M_2(-2,-3,-4)$；关于 z 轴的对称点为 $M_3(-2,3,4)$. $M(2,-3,4)$关于 xOy 坐标平面的对称点为 $M_4(2,-3,-4)$；关于 xOz 坐标平面的对称点为 $M_5(2,3,4)$；关于 yOz 坐标平面的对称点为$M_6(-2,-3,4)$.

口诀："关于谁对称，谁不变."

6.1.2　向量的概念

既有大小又有方向的量称为**向量**. 例如，物理学中的速度、力、位移等.

向量可以用有向线段表示，有向线段的长度表示向量的大小，有向线段的方向表示向量的方向.

向量 $\boldsymbol{a}$ 的大小称为向量的**模**，记作$|\boldsymbol{a}|$. 模为 0 的向量称为**零向量**，记作 $\mathbf{0}$，零向量的方向可以是任意的. 模为 1 的向量称为**单位向量**. 向量 $\boldsymbol{a}$ 方向上的单位向量记作 $\boldsymbol{a}^0$. 特别地，x 轴、y 轴、z 轴正方向上的单位向量分别用 $\boldsymbol{i}$，$\boldsymbol{j}$，$\boldsymbol{k}$ 表示，称为空间直角坐标系的**基本单位向量**.

与向量 $\boldsymbol{a}$ 大小相等、方向相反的向量称为向量 $\boldsymbol{a}$ 的负向量，记作$-\boldsymbol{a}$.

大小相等且方向相同的向量称为**相等向量**. 如果把相等的向量看作在不同起点的同一向量，这时的向量称为**自由向量**. 以下讨论的向量均为自由向量.

在空间任取一点 O，做有向线段$\overrightarrow{OA}=\boldsymbol{a}$，$\overrightarrow{OB}=\boldsymbol{b}$，则两向量 $\boldsymbol{a}$ 与 $\boldsymbol{b}$ 的正方向所夹最小正角，称为两向量 $\boldsymbol{a}$ 与 $\boldsymbol{b}$ 的**夹角**，记作$\langle\boldsymbol{a},\boldsymbol{b}\rangle$(见图 6-6).

向量 $\boldsymbol{a}$ 与 $\boldsymbol{b}$ 的夹角 $\langle\boldsymbol{a},\boldsymbol{b}\rangle$ 的范围是 $[0,\pi]$.

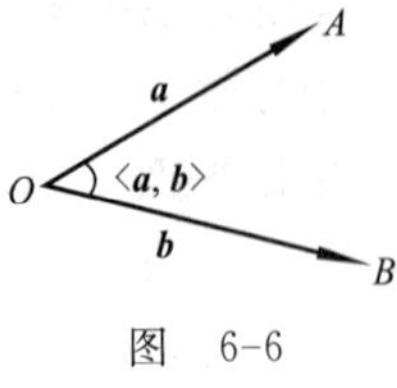

图 6-6

如果两个向量方向相同或方向相反，则称这两个向量**共线**(或**平行**). $\boldsymbol{a}$ 与 $\boldsymbol{b}$ 共线(或平行)，记作 $\boldsymbol{a}/\!/\boldsymbol{b}$. 由于零向量的方向是任意的，所以可以认为零向量与任一非零向量共线(或平行).

$$\boldsymbol{a}/\!/\boldsymbol{b}\Leftrightarrow \text{向量 } \boldsymbol{a} \text{ 与 } \boldsymbol{b} \text{ 方向相同或相反} \Leftrightarrow \langle\boldsymbol{a},\boldsymbol{b}\rangle=0 \text{ 或 } \langle\boldsymbol{a},\boldsymbol{b}\rangle=\pi.$$

当 $\langle\boldsymbol{a},\boldsymbol{b}\rangle=\frac{\pi}{2}$ 时，称两向量**垂直**. 记作 $\boldsymbol{a}\perp\boldsymbol{b}$.

6.1.3 向量的线性运算

向量的加法、减法与向量数乘运算统称为向量的线性运算. 向量的线性运算结果仍为向量.

1. 向量的加法

(1)平行四边形法则(见图 6-7)；

(2)三角形法则(见图 6-8)；

(3)多边形法则(见图 6-9，$\overrightarrow{A_1B_1}+\overrightarrow{B_1B}+\overrightarrow{BC}+\overrightarrow{CD}=\overrightarrow{A_1D}$).

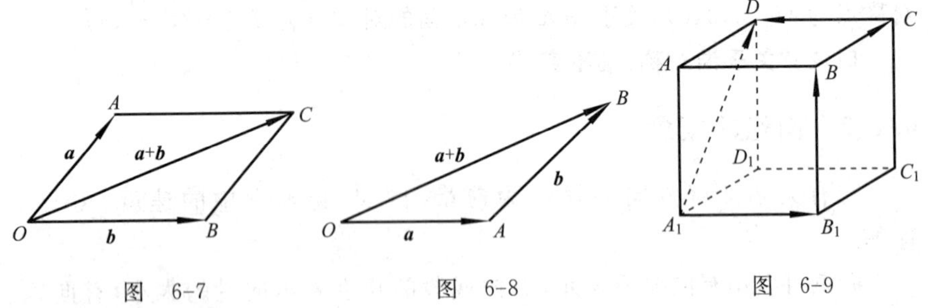

图 6-7　　图 6-8　　图 6-9

2. 向量的减法

三角形法则 $\overrightarrow{OA}-\overrightarrow{OB}=\overrightarrow{BA}$(见图 6-10)或 $\boldsymbol{a}-\boldsymbol{b}=\boldsymbol{a}+(-\boldsymbol{b})$(见图 6-11).

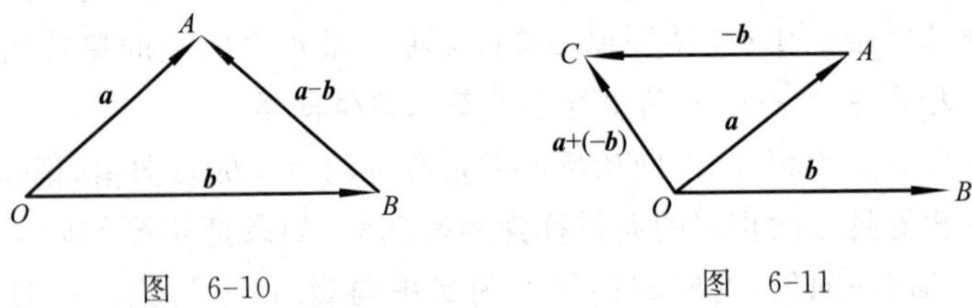

图 6-10　　图 6-11

3. 数乘向量

实数 λ 与向量 $\boldsymbol{a}$ 的乘积仍是一个向量，记作 $\lambda\boldsymbol{a}$，它的模是 $|\lambda\boldsymbol{a}|=|\lambda||\boldsymbol{a}|$，如图 6-12 所示，则：

(1)$\lambda>0$ 时，$\lambda\boldsymbol{a}$ 与 $\boldsymbol{a}$ 方向一致，且 $|\lambda\boldsymbol{a}|=\lambda|\boldsymbol{a}|$；

(2)$\lambda<0$ 时，$\lambda\boldsymbol{a}$ 与 $\boldsymbol{a}$ 方向相反，且 $|\lambda\boldsymbol{a}|=-\lambda|\boldsymbol{a}|$；

(3)$\lambda=0$ 时，$\lambda\boldsymbol{a}=\boldsymbol{0}$，且 $|\lambda\boldsymbol{a}|=0$.

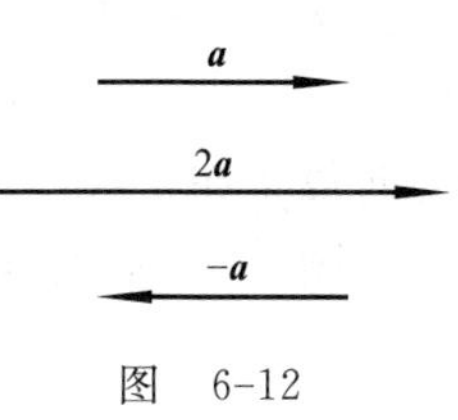

图　6-12

定理　向量 $\boldsymbol{b}$ 与非零向量 $\boldsymbol{a}$ 共线⇔存在唯一实数 λ，使 $\boldsymbol{b}=\lambda\boldsymbol{a}$.

4. 运算律

(1)交换律　$\boldsymbol{a}+\boldsymbol{b}=\boldsymbol{b}+\boldsymbol{a}$；

(2)结合律　$(\boldsymbol{a}+\boldsymbol{b})+\boldsymbol{c}=\boldsymbol{a}+(\boldsymbol{b}+\boldsymbol{c})$，$\lambda(\mu\boldsymbol{a})=(\lambda\mu)\boldsymbol{a}$；

(3)分配律　$(\lambda+\mu)\boldsymbol{a}=\lambda\boldsymbol{a}+\mu\boldsymbol{a}$，$\lambda(\boldsymbol{a}+\boldsymbol{b})=\lambda\boldsymbol{a}+\lambda\boldsymbol{b}$.

例 3　如图 6-13 所示，已知点 M 为线段 AB 的中点，O 为空间任一点，求证：$\overrightarrow{OM}=\frac{1}{2}(\overrightarrow{OA}+\overrightarrow{OB})$.

证明　因为$\overrightarrow{OM}=\overrightarrow{OB}+\overrightarrow{BM}$，$\overrightarrow{OM}=\overrightarrow{OA}+\overrightarrow{AM}$，所以 $2\overrightarrow{OM}=(\overrightarrow{OA}+\overrightarrow{OB})+(\overrightarrow{AM}+\overrightarrow{BM})$.又 M 为线段 AB 的中点，所以$\overrightarrow{AM}=-\overrightarrow{BM}$，即$\overrightarrow{AM}+\overrightarrow{BM}=\boldsymbol{0}$，因此 $2\overrightarrow{OM}=\overrightarrow{OA}+\overrightarrow{OB}$，即$\overrightarrow{OM}=\frac{1}{2}(\overrightarrow{OA}+\overrightarrow{OB})$.

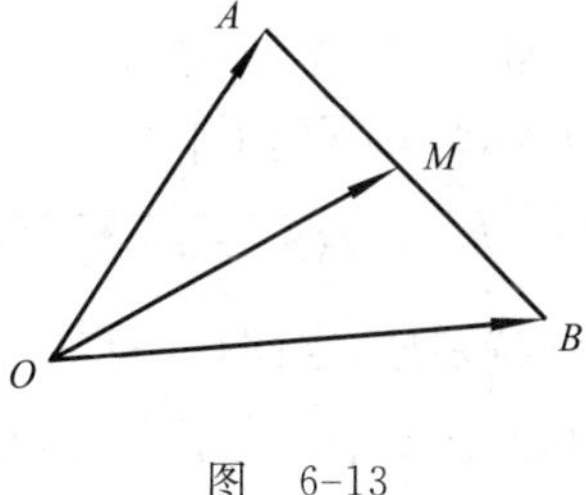

图　6-13

6.1.4　向量的坐标表示

1. 向量$\overrightarrow{OM}$的坐标

如图 6-14 所示，设点 M 的坐标为(x,y,z)，由向量的多边形法则得

$$\overrightarrow{OM}=\overrightarrow{OA}+\overrightarrow{AB}+\overrightarrow{BM}=x\boldsymbol{i}+y\boldsymbol{j}+z\boldsymbol{k}.$$

因此，向量$\overrightarrow{OM}$与唯一一组有序数组(x,y,z)建立了一一对应关系，则这组有序数组即为空间向量$\overrightarrow{OM}$的**坐标**.记作 $\overrightarrow{OM}=(x,y,z)$.

例如，点 $M(1,2,3)$对应的向量$\overrightarrow{OM}$的坐标为$\overrightarrow{OM}=(1,2,3)$，或$\overrightarrow{OM}=\boldsymbol{i}+2\boldsymbol{j}+3\boldsymbol{k}$.

说明　$\overrightarrow{OM}=(x,y,z)$和$\overrightarrow{OM}=x\boldsymbol{i}+y\boldsymbol{j}+z\boldsymbol{k}$ 是向量$\overrightarrow{OM}$的两种不同的坐标表示.

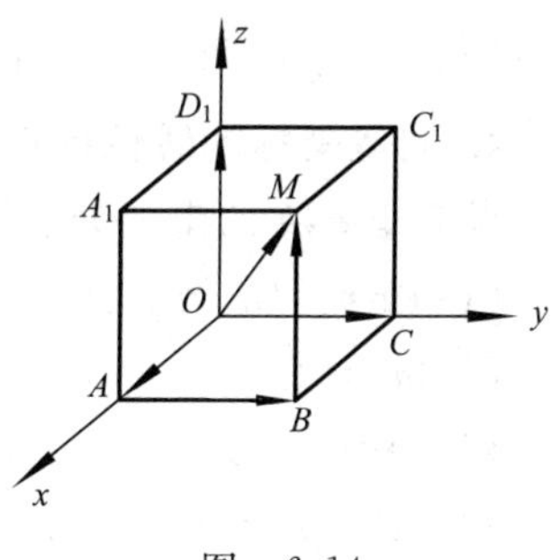

图　6-14

2. 向量 $\boldsymbol{a}$ 的坐标和模

任意向量都可以用以坐标原点 O 为起点的有向线段$\overrightarrow{OM}$表示.

设 $\boldsymbol{a}=\overrightarrow{OM}$,$\overrightarrow{OM}=(a_x,a_y,a_z)$,则 $\boldsymbol{a}=a_x\boldsymbol{i}+a_y\boldsymbol{j}+a_z\boldsymbol{k}=(a_x,a_y,a_z)$.
其中,$a_x\boldsymbol{i}$,$a_y\boldsymbol{j}$,$a_z\boldsymbol{k}$ 分别称为向量 $\boldsymbol{a}$ 在 x,y,z 轴上的**分向量**,数 a_x,a_y,a_z 分别为向量 $\boldsymbol{a}$ 在 x,y,z 轴上的坐标.

由图 6-14 不难推出,向量 $\boldsymbol{a}$ 的模 $|\boldsymbol{a}|$ 为

$$|\boldsymbol{a}|=|\overrightarrow{OM}|=\sqrt{a_x^2+a_y^2+a_z^2}.$$

3. 向量 $\overrightarrow{M_1M_2}$ 的坐标及空间两点间距离

如图 6-15 所示,已知两点 $M_1(x_1,y_1,z_1)$,$M_2(x_2,y_2,z_2)$,则

$$\overrightarrow{M_1M_2}=\overrightarrow{OM_2}-\overrightarrow{OM_1}=(x_2-x_1,y_2-y_1,z_2-z_1).$$

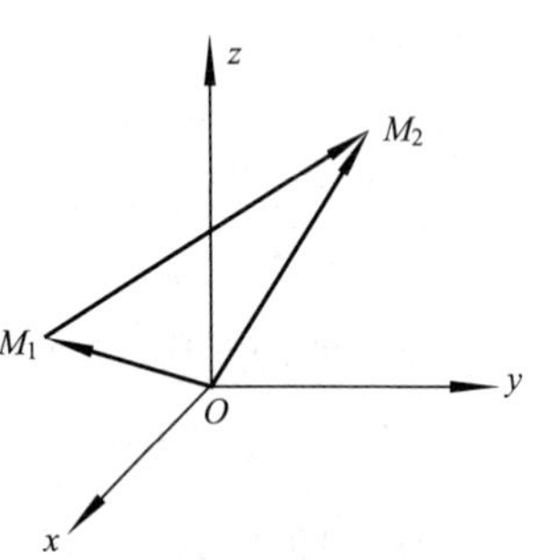

图 6-15

点 M_1,M_2 间的距离就是向量的模,故得 M_1,M_2 空间两点间距离

$$|M_1M_2|=|\overrightarrow{M_1M_2}|=\sqrt{(x_2-x_1)^2+(y_2-y_1)^2+(z_2-z_1)^2}.$$

特别地,空间任一点 $M_0(x_0,y_0,z_0)$ 到 x 轴的距离为 $d=\sqrt{y_0^2+z_0^2}$;到 y 轴的距离为 $d=\sqrt{x_0^2+z_0^2}$;到 z 轴的距离为 $d=\sqrt{x_0^2+y_0^2}$;到原点的距离为 $d=\sqrt{x_0^2+y_0^2+z_0^2}$.

例 4 已知△ABC 各顶点的坐标为 $A(4,2,3)$,$B(3,0,1)$,$C(-1,3,1)$,求△ABC 三条边的长度.

解 由两点间的距离公式得:△ABC 三边的长分别为

$$|AB|=\sqrt{(3-4)^2+(0-2)^2+(1-3)^2}=3;$$

$$|AC|=\sqrt{(-1-4)^2+(3-2)^2+(1-3)^2}=\sqrt{30};$$

$$|BC|=\sqrt{(-1-3)^2+(3-0)^2+(1-1)^2}=5.$$

4. 向量坐标的线性运算

设向量 $\boldsymbol{a}$,$\boldsymbol{b}$ 的坐标分别为 $\boldsymbol{a}=(a_x,a_y,a_z)$,$\boldsymbol{b}=(b_x,b_y,b_z)$,则:

(1)$\boldsymbol{a}\pm\boldsymbol{b}=(a_x\pm b_x,a_y\pm b_y,a_z\pm b_z)$;

(2)$\lambda\boldsymbol{a}=(\lambda a_x,\lambda a_y,\lambda a_z)$.

例 5 设向量 $\boldsymbol{a}=(1,2,3)$,$\boldsymbol{b}=(-2,-1,3)$,求 $2\boldsymbol{a}+\boldsymbol{b}$,$3\boldsymbol{a}-4\boldsymbol{b}$.

解 $2\boldsymbol{a}+\boldsymbol{b}=2(1,2,3)+(-2,-1,3)=(0,3,9)$;

$3\boldsymbol{a}-4\boldsymbol{b}=3(1,2,3)-4(-2,-1,3)=(11,10,-3)$.

5. 向量的方向余弦

定义 2 向量 $\boldsymbol{a}$ 与坐标轴 x,y,z 轴的正方向所成的最小正角 α,β,γ,称

为向量 $\boldsymbol{a}$ 的**方向角**；$\cos\alpha,\cos\beta,\cos\gamma$ 称为向量 $\boldsymbol{a}$ 的**方向余弦**. α,β,γ 的范围均为 $[0,\pi]$.

扫一扫　看视频

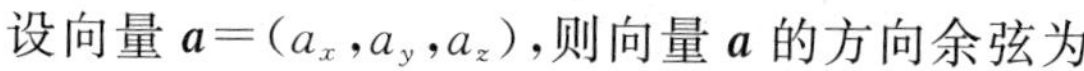

设向量 $\boldsymbol{a}=(a_x,a_y,a_z)$，则向量 $\boldsymbol{a}$ 的方向余弦为

$$\cos\alpha=\frac{a_x}{|\boldsymbol{a}|}=\frac{a_x}{\sqrt{a_x^2+a_y^2+a_z^2}},$$

$$\cos\beta=\frac{a_y}{|\boldsymbol{a}|}=\frac{a_y}{\sqrt{a_x^2+a_y^2+a_z^2}},$$

$$\cos\gamma=\frac{a_z}{|\boldsymbol{a}|}=\frac{a_z}{\sqrt{a_x^2+a_y^2+a_z^2}}.$$

很显然：
$$\cos^2\alpha+\cos^2\beta+\cos^2\gamma=1.$$

不难验证，向量 $\boldsymbol{a}$ 的方向余弦构成 $\boldsymbol{a}$ 方向上的一个单位向量

$$\boldsymbol{a}^0=(\cos\alpha,\cos\beta,\cos\gamma).$$

例 6　已知点 A,B 的坐标分别为 $A(4,\sqrt{2},1)$，$B(3,0,2)$，求向量 $\overrightarrow{AB}$ 的模 $|\overrightarrow{AB}|$，方向余弦及 $\overrightarrow{AB}$ 方向上的单位向量 $\boldsymbol{a}^0$.

解　因为 $\overrightarrow{AB}=(-1,-\sqrt{2},1)$，所以 $|\overrightarrow{AB}|=2$；

$\overrightarrow{AB}$ 的方向余弦为　$\cos\alpha=-\dfrac{1}{2},\cos\beta=-\dfrac{\sqrt{2}}{2},\cos\gamma=\dfrac{1}{2}$；

$\overrightarrow{AB}$ 方向上的单位向量 $\boldsymbol{a}^0=(\cos\alpha,\cos\beta,\cos\gamma)=\left(-\dfrac{1}{2},-\dfrac{\sqrt{2}}{2},\dfrac{1}{2}\right)$.

6. 共线向量

设向量 $\boldsymbol{a}=(a_x,a_y,a_z)$，$\boldsymbol{b}=(b_x,b_y,b_z)$，由 $\boldsymbol{a}/\!/\boldsymbol{b}\Leftrightarrow\boldsymbol{b}=\lambda\boldsymbol{a}$，可得

$$\boldsymbol{a}/\!/\boldsymbol{b}\Leftrightarrow\frac{a_x}{b_x}=\frac{a_y}{b_y}=\frac{a_z}{b_z}.$$

例 7　已知向量 $\boldsymbol{a}=(1,-3,m)$，$\boldsymbol{b}=(-3,n,-6)$，且 $\boldsymbol{a}/\!/\boldsymbol{b}$，求 m,n 的值并求 $\boldsymbol{a}^0$.

解　由已知，有 $\dfrac{1}{-3}=\dfrac{-3}{n}=\dfrac{m}{-6}$，解得 $n=9,m=2$. 于是 $\boldsymbol{a}=(1,-3,2)$，而

$$|\boldsymbol{a}|=\sqrt{1^2+(-3)^2+2^2}=\sqrt{14},$$

所以

$$\boldsymbol{a}^0=\frac{\boldsymbol{a}}{|\boldsymbol{a}|}=\frac{(1,-3,2)}{\sqrt{14}}=\left(\frac{1}{\sqrt{14}},\frac{-3}{\sqrt{14}},\frac{2}{\sqrt{14}}\right)=\left(\frac{\sqrt{14}}{14},-\frac{3\sqrt{14}}{14},\frac{\sqrt{14}}{7}\right).$$

1. 指出下列点在空间直角坐标系的位置：

(1)$A(2,0,0)$； (2)$B(0,1,1)$； (3)$C(0,0,-1)$；

(4)$D(0,1,0)$； (5)$E(-2,3,-1)$； (6)$F(4,-5,1)$；

(7)$G(1,10,-1)$； (8)$H(-3,-4,-5)$.

2. 已知点$M(a,b,c)$，求：(1)关于各坐标面对称点的坐标；(2)关于各坐标轴对称点的坐标；(3)关于坐标原点对称点的坐标.

3. 判断下列结论的正确与错误.

(1)零向量的方向是任意的； ( )

(2)零向量与任一向量都平行； ( )

(3)向量线性运算的结果仍然为向量. ( )

4. 填空题

(1)$\overrightarrow{AB}+\overrightarrow{BC}+\overrightarrow{CD}-\overrightarrow{AN}=$__________；

(2)设α,β,γ为向量$\boldsymbol{a}$的三个方向角，则$\cos^2\alpha+\cos^2\beta+\cos^2\gamma=$__________，$\sin^2\alpha+\sin^2\beta+\sin^2\gamma=$__________.

5. 求平行于$\boldsymbol{a}=(1,2,2)$的单位向量.

6. 已知$A(-1,2,-4)$，$B(6,-2,t)$且$|\overrightarrow{AB}|=9$，求：(1)t的值；(2)线段AB的中点C的坐标.

7. 已知$\triangle ABC$三个顶点的坐标分别为$A(2,4,3)$，$B(4,1,9)$，$C(10,-1,6)$，求$\triangle ABC$各边长，并判别三角形的形状.

8. 设$\boldsymbol{a}=(1,5,-1)$，$\boldsymbol{b}=(2,3,4)$，$\boldsymbol{c}=(1,-1,3)$，求：

(1)$2\boldsymbol{a}-3\boldsymbol{b}+\boldsymbol{c}$； (2)$|2\boldsymbol{a}-3\boldsymbol{b}+\boldsymbol{c}|$；

9. 已知$\boldsymbol{a}=(1,3,m)$，$\boldsymbol{b}=(3,n,4)$，且$\boldsymbol{a}/\!/\boldsymbol{b}$，求$m,n$的值.

10. 已知两点$M_1(1,2,-3)$和$M_2(2,0,-5)$，计算$\overrightarrow{M_1M_2}$的模、方向余弦.

6.2 向量的数量积、向量积

本节在向量概念及坐标运算的基础上，进一步介绍向量的数量积和向量积的概念、性质、计算及简单应用.

6.2.1 向量的数量积

1. 数量积的定义

引例1 由物理学知识知道，物体在恒力$\boldsymbol{F}$的作用下，产生了位移$\boldsymbol{s}$. 设

力 $\boldsymbol{F}$ 与位移 $\boldsymbol{s}$ 的夹角为 θ，则力 $\boldsymbol{F}$ 对物体所做的功为

$$W=|\boldsymbol{F}||\boldsymbol{s}|\cos\theta$$

（见图 6-16）.

在现实生活中，还有很多量可以表示成"两个向量之模与其夹角余弦之积"，为此，引入数量积的概念.

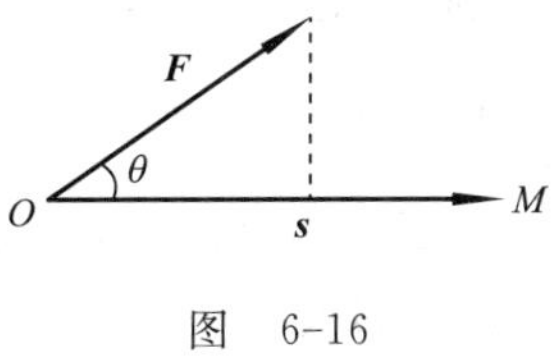

图　6-16

定义 1　设 $\boldsymbol{a},\boldsymbol{b}$ 为两个向量，它们的模与夹角的余弦之积称为向量 $\boldsymbol{a}$ 与 $\boldsymbol{b}$ 的**数量积**（或**点积**、**内积**），记作 $\boldsymbol{a}\cdot\boldsymbol{b}$. 即

$$\boldsymbol{a}\cdot\boldsymbol{b}=|\boldsymbol{a}||\boldsymbol{b}|\cos\langle\boldsymbol{a},\boldsymbol{b}\rangle.$$

如引例 1 中，力 $\boldsymbol{F}$ 对物体所做的功可以表示为 $W=\boldsymbol{F}\cdot\boldsymbol{s}$.

由定义 1 容易得到以下几个重要结论：

(1) $\boldsymbol{a}\cdot\boldsymbol{a}=|\boldsymbol{a}|^2$；

(2) $\cos\langle\boldsymbol{a},\boldsymbol{b}\rangle=\dfrac{\boldsymbol{a}\cdot\boldsymbol{b}}{|\boldsymbol{a}||\boldsymbol{b}|}$；

(3) $\boldsymbol{a}\perp\boldsymbol{b}\Leftrightarrow\boldsymbol{a}\cdot\boldsymbol{b}=0$（$\boldsymbol{a},\boldsymbol{b}$ 为非零向量）.

数量积满足以下运算律：

(1) 交换律　$\boldsymbol{a}\cdot\boldsymbol{b}=\boldsymbol{b}\cdot\boldsymbol{a}$；

(2) 结合律　$(\lambda\boldsymbol{a})\cdot\boldsymbol{b}=\boldsymbol{a}\cdot(\lambda\boldsymbol{b})=\lambda(\boldsymbol{a}\cdot\boldsymbol{b})$；

(3) 分配律　$(\boldsymbol{a}+\boldsymbol{b})\cdot\boldsymbol{c}=\boldsymbol{a}\cdot\boldsymbol{c}+\boldsymbol{b}\cdot\boldsymbol{c}$.

例 1　设 $|\boldsymbol{a}|=3$，$|\boldsymbol{b}|=5$，$\langle\boldsymbol{a},\boldsymbol{b}\rangle=\dfrac{\pi}{3}$，求 $|\boldsymbol{a}-\boldsymbol{b}|$.

解

$$\begin{aligned}|\boldsymbol{a}-\boldsymbol{b}|&=\sqrt{(\boldsymbol{a}-\boldsymbol{b})^2}=\sqrt{\boldsymbol{a}^2-\boldsymbol{a}\cdot\boldsymbol{b}-\boldsymbol{b}\cdot\boldsymbol{a}+\boldsymbol{b}^2}\\&=\sqrt{|\boldsymbol{a}|^2-2\boldsymbol{a}\cdot\boldsymbol{b}+|\boldsymbol{b}|^2},\end{aligned}$$

而

$$|\boldsymbol{a}|^2=9,\quad|\boldsymbol{b}|^2=25,\quad\boldsymbol{a}\cdot\boldsymbol{b}=|\boldsymbol{a}||\boldsymbol{b}|\cos\langle\boldsymbol{a},\boldsymbol{b}\rangle=\frac{15}{2},$$

所以

$$|\boldsymbol{a}-\boldsymbol{b}|=\sqrt{9-15+25}=\sqrt{19}.$$

2. 数量积的坐标运算

设向量 $\boldsymbol{a}=(a_x,a_y,a_z)$，$\boldsymbol{b}=(b_x,b_y,b_z)$，由于 $\boldsymbol{i},\boldsymbol{j},\boldsymbol{k}$ 分别为 x,y,z 轴正方向上两两垂直的单位向量，故有

$$\boldsymbol{i}\cdot\boldsymbol{i}=\boldsymbol{j}\cdot\boldsymbol{j}=\boldsymbol{k}\cdot\boldsymbol{k}=1;\quad\boldsymbol{i}\cdot\boldsymbol{j}=\boldsymbol{j}\cdot\boldsymbol{k}=\boldsymbol{k}\cdot\boldsymbol{i}=0,$$

于是

$$\boldsymbol{a}\cdot\boldsymbol{b}=a_xb_x+a_yb_y+a_zb_z.$$

并有以下重要结论：

(1) $\boldsymbol{a}\cdot\boldsymbol{a}=|\boldsymbol{a}|^2=a_x^2+a_y^2+a_z^2$；

(2)$\boldsymbol{a}\perp\boldsymbol{b}\Leftrightarrow\boldsymbol{a}\cdot\boldsymbol{b}=0\Leftrightarrow a_xb_x+a_yb_y+a_zb_z=0$;

(3)$\cos\langle\boldsymbol{a},\boldsymbol{b}\rangle=\dfrac{\boldsymbol{a}\cdot\boldsymbol{b}}{|\boldsymbol{a}||\boldsymbol{b}|}=\dfrac{a_xb_x+a_yb_y+a_zb_z}{\sqrt{a_x^2+a_y^2+a_z^2}\sqrt{b_x^2+b_y^2+b_z^2}}$.

例 2 已知 $\boldsymbol{a}=(1,m,-3)$,$\boldsymbol{b}=(-2,3,1)$,且 $\boldsymbol{a}\perp\boldsymbol{b}$,求 m.

解 由已知,有 $1\times(-2)+m\times3-3\times1=0$,解得 $m=\dfrac{5}{3}$.

例 3 已知 $\boldsymbol{a}=(1,2,2)$,$\boldsymbol{b}=(-2,1,-2)$,求:(1)$|\boldsymbol{a}|$,$|\boldsymbol{b}|$;(2)$\boldsymbol{a}\cdot\boldsymbol{b}$;(3)$\cos\langle\boldsymbol{a},\boldsymbol{b}\rangle$.

解 (1)$|\boldsymbol{a}|=\sqrt{1+4+4}=3$,$|\boldsymbol{b}|=\sqrt{4+1+4}=3$;

(2)$\boldsymbol{a}\cdot\boldsymbol{b}=1\times(-2)+2\times1+2\times(-2)=-4$;

(3)$\cos\langle\boldsymbol{a},\boldsymbol{b}\rangle=\dfrac{\boldsymbol{a}\cdot\boldsymbol{b}}{|\boldsymbol{a}||\boldsymbol{b}|}=\dfrac{-4}{3\times3}=-\dfrac{4}{9}$.

6.2.2 向量的向量积

1. 向量积的定义

在研究物体转动问题时,不但要考虑物体所受的力,还要分析这些力所产生的力矩.例如,生活中我们每天与门打交道,在推门时,力作用于门的边缘,而门绕其轴旋转,这就是物理学中的力矩问题.

引例 2(力矩问题) 一般地,若 O 为杠杆 l 的支点,杠杆 l 上点 P 受力 $\boldsymbol{F}$ 的作用,$\boldsymbol{F}$ 与$\overrightarrow{OP}$的夹角为 θ(见图 6-17),由物理学知识知道,力 $\boldsymbol{F}$ 对支点 O 的力矩 $\boldsymbol{M}$ 是一个向量:力矩 $\boldsymbol{M}$ 的模等于力 $\boldsymbol{F}$ 的大小与力臂的乘积,即 $|\boldsymbol{M}|=|\overrightarrow{OP}||\boldsymbol{F}|sin\,\theta$,它的方向垂直于$\overrightarrow{OP}$与 $\boldsymbol{F}$ 所在平面,其正方向按右手法则确定(见图 6-18).

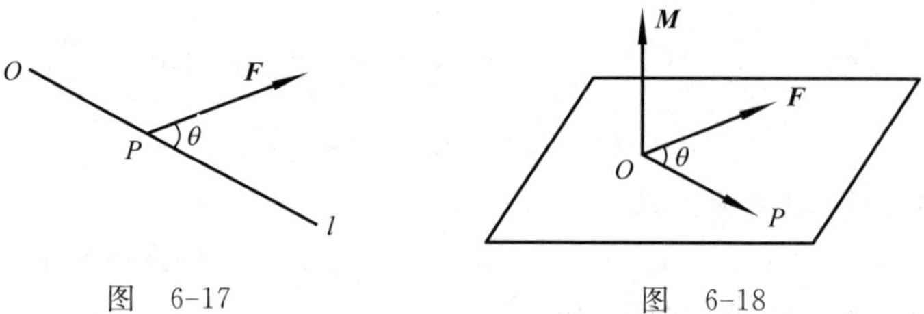

图 6-17　　图 6-18

这种由两个已知向量按上面的规则来确定另一个向量的情况,在其他力学和物理问题中也会遇到,于是从中抽象出两个向量的向量积概念.

定义 2 设 $\boldsymbol{a}$,$\boldsymbol{b}$ 为两个向量,定义向量 $\boldsymbol{a}$ 与 $\boldsymbol{b}$ 的向量积为一个向量,记作 $\boldsymbol{a}\times\boldsymbol{b}$.

(1)大小:$|\boldsymbol{a}\times\boldsymbol{b}|=|\boldsymbol{a}||\boldsymbol{b}|\sin\langle\boldsymbol{a},\boldsymbol{b}\rangle$;

(2)方向：$\boldsymbol{a}\times\boldsymbol{b}\perp\boldsymbol{a}$，$\boldsymbol{a}\times\boldsymbol{b}\perp\boldsymbol{b}$，且向量 $\boldsymbol{a}$，$\boldsymbol{b}$，$\boldsymbol{a}\times\boldsymbol{b}$ 符合右手法则(见图 6-19)．向量 $\boldsymbol{a}$ 与向量 $\boldsymbol{b}$ 的**向量积**也称**叉积**、**外积**.

引例 2 中，$\boldsymbol{M}=\overrightarrow{OP}\times\boldsymbol{F}$.

向量积 $\boldsymbol{a}\times\boldsymbol{b}$ 的大小 $|\boldsymbol{a}\times\boldsymbol{b}|=|\boldsymbol{a}|\,|\boldsymbol{b}|\sin\langle\boldsymbol{a},\boldsymbol{b}\rangle$，在几何上表示以 $\boldsymbol{a}$，$\boldsymbol{b}$ 为邻边的平行四边形的面积(见图 6-20)，即

$$S_{\square}=|\boldsymbol{a}\times\boldsymbol{b}|.$$

扫一扫　看视频

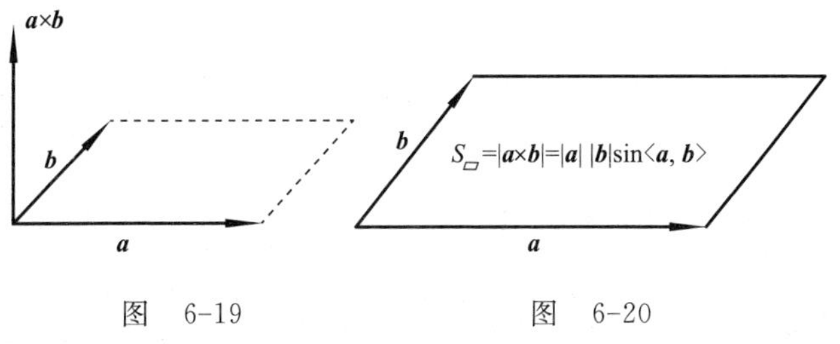

图　6-19　　　　　　图　6-20

由定义可以得到：$\boldsymbol{a}/\!/\boldsymbol{b}\Leftrightarrow\boldsymbol{a}\times\boldsymbol{b}=\boldsymbol{0}$.

向量积满足下列运算律：

(1)反交换律　$\boldsymbol{a}\times\boldsymbol{b}=-\boldsymbol{b}\times\boldsymbol{a}$(无交换律)；

(2)结合律　$(\lambda\boldsymbol{a})\times\boldsymbol{b}=\lambda(\boldsymbol{a}\times\boldsymbol{b})=\boldsymbol{a}\times(\lambda\boldsymbol{b})$；

(3)分配律　$(\boldsymbol{a}+\boldsymbol{b})\times\boldsymbol{c}=\boldsymbol{a}\times\boldsymbol{c}+\boldsymbol{b}\times\boldsymbol{c}$.

2. 向量积的坐标运算

为了便于向量积的坐标运算公式的记忆，在此补充二、三阶行列式的计算方法.

二阶行列式及展开式 $\begin{vmatrix} a_{11} & a_{12} \\ a_{21} & a_{22} \end{vmatrix}=a_{11}a_{22}-a_{12}a_{21}$.

三阶行列式及展开式(以按第一行展开为例)

$$\begin{vmatrix} a_{11} & a_{12} & a_{13} \\ a_{21} & a_{22} & a_{23} \\ a_{31} & a_{32} & a_{33} \end{vmatrix}=a_{11}\begin{vmatrix} a_{22} & a_{23} \\ a_{32} & a_{33} \end{vmatrix}-a_{12}\begin{vmatrix} a_{21} & a_{23} \\ a_{31} & a_{33} \end{vmatrix}+a_{13}\begin{vmatrix} a_{21} & a_{22} \\ a_{31} & a_{32} \end{vmatrix}.$$

例如，$\begin{vmatrix} 1 & 2 & 3 \\ 4 & 5 & 6 \\ 7 & 8 & 9 \end{vmatrix}=\begin{vmatrix} 5 & 6 \\ 8 & 9 \end{vmatrix}-2\begin{vmatrix} 4 & 6 \\ 7 & 9 \end{vmatrix}+3\begin{vmatrix} 4 & 5 \\ 7 & 8 \end{vmatrix}$

$$=(45-48)-2(36-42)+3(32-35)=0.$$

三阶行列式的对角线法

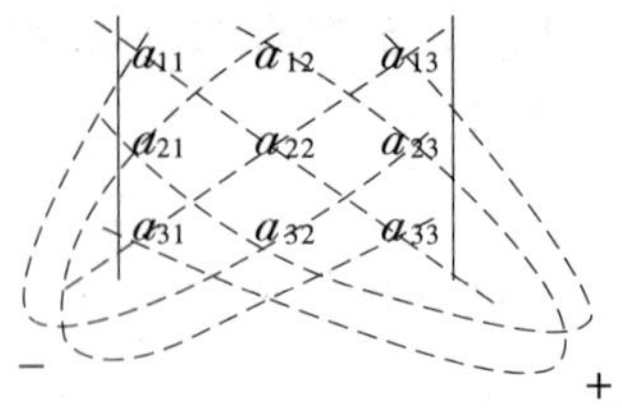

$$=a_{11}a_{22}a_{33}+a_{12}a_{23}a_{31}+a_{13}a_{21}a_{32}-a_{13}a_{22}a_{31}-a_{11}a_{32}a_{23}-a_{12}a_{21}a_{33}.$$

设向量 $\boldsymbol{a}=(a_x,a_y,a_z)$，$\boldsymbol{b}=(b_x,b_y,b_z)$，则

$$\boldsymbol{a}\times\boldsymbol{b}=\begin{vmatrix}\boldsymbol{i}&\boldsymbol{j}&\boldsymbol{k}\\a_x&a_y&a_z\\b_x&b_y&b_z\end{vmatrix}=\begin{vmatrix}a_y&a_z\\b_y&b_z\end{vmatrix}\boldsymbol{i}-\begin{vmatrix}a_x&a_z\\b_x&b_z\end{vmatrix}\boldsymbol{j}+\begin{vmatrix}a_x&a_y\\b_x&b_y\end{vmatrix}\boldsymbol{k}.$$

例 4 已知 $\boldsymbol{a}=(2,3,-2)$，$\boldsymbol{b}=(-3,1,4)$，求 $\boldsymbol{a}\times\boldsymbol{b}$.

解 $$\boldsymbol{a}\times\boldsymbol{b}=\begin{vmatrix}\boldsymbol{i}&\boldsymbol{j}&\boldsymbol{k}\\2&3&-2\\-3&1&4\end{vmatrix}=\begin{vmatrix}3&-2\\1&4\end{vmatrix}\boldsymbol{i}-\begin{vmatrix}2&-2\\-3&4\end{vmatrix}\boldsymbol{j}+\begin{vmatrix}2&3\\-3&1\end{vmatrix}\boldsymbol{k}$$

$$=14\boldsymbol{i}-2\boldsymbol{j}+11\boldsymbol{k}=(14,-2,11).$$

例 5 求以 $A(1,-2,3)$，$B(-1,1,1)$，$C(1,-3,2)$ 为顶点的 $\triangle ABC$ 的面积.

解 由向量的向量积的几何意义知，

$$S_{\triangle ABC}=\frac{1}{2}|\overrightarrow{AB}\times\overrightarrow{AC}|.$$

因为 $\overrightarrow{AB}=(-2,3,-2)$，$\overrightarrow{AC}=(0,-1,-1)$，于是

$$\overrightarrow{AB}\times\overrightarrow{AC}=\begin{vmatrix}\boldsymbol{i}&\boldsymbol{j}&\boldsymbol{k}\\-2&3&-2\\0&-1&-1\end{vmatrix}$$

$$=\begin{vmatrix}3&-2\\-1&-1\end{vmatrix}\boldsymbol{i}-\begin{vmatrix}-2&-2\\0&-1\end{vmatrix}\boldsymbol{j}+\begin{vmatrix}-2&3\\0&-1\end{vmatrix}\boldsymbol{k}$$

$$=-5\boldsymbol{i}-2\boldsymbol{j}+2\boldsymbol{k}=(-5,-2,2),$$

所以 $$S_{\triangle ABC}=\frac{1}{2}|\overrightarrow{AB}\times\overrightarrow{AC}|=\frac{1}{2}\sqrt{(-5)^2+(-2)^2+(-2)^2}=\frac{\sqrt{33}}{2}.$$

习 题 6.2

1. 判断题：

(1)若 $\boldsymbol{a}\cdot\boldsymbol{b}=0$，则 $\boldsymbol{a}=\boldsymbol{0}$ 或 $\boldsymbol{b}=\boldsymbol{0}$； (　　)

(2)若 $\boldsymbol{a}\cdot\boldsymbol{b}=\boldsymbol{a}\cdot\boldsymbol{c}$，则必有 $\boldsymbol{b}=\boldsymbol{c}$； (　　)

(3)若 $\boldsymbol{a}\perp\boldsymbol{b}$，且 $\boldsymbol{a}\perp\boldsymbol{c}$，则 $\boldsymbol{b}\perp\boldsymbol{c}$；　(　　)

(4)若 $\boldsymbol{a}\times\boldsymbol{b}=\boldsymbol{a}\times\boldsymbol{c}$，则必有 $\boldsymbol{b}=\boldsymbol{c}$；　(　　)

(5)$\boldsymbol{a}\times\boldsymbol{b}=\boldsymbol{b}\times\boldsymbol{a}$；　(　　)

(6)$\boldsymbol{a}\times\boldsymbol{b}=|\boldsymbol{a}||\boldsymbol{b}|\cos\langle\boldsymbol{a},\boldsymbol{b}\rangle$；　(　　)

(7)$\boldsymbol{a}\times\boldsymbol{b}=|\boldsymbol{a}||\boldsymbol{b}|\sin\langle\boldsymbol{a},\boldsymbol{b}\rangle$；　(　　)

(8)$\boldsymbol{a}/\!/\boldsymbol{b}\Leftrightarrow\boldsymbol{a}\times\boldsymbol{b}=\boldsymbol{0}$.　(　　)

2. 填空题：

(1)若 $\boldsymbol{a}\perp\boldsymbol{b}$，则 $\boldsymbol{a}\cdot\boldsymbol{b}=$__________；

(2)若 $\boldsymbol{a}/\!/\boldsymbol{b}$，则 $\boldsymbol{a}\times\boldsymbol{b}=$__________；

3. 设 $\boldsymbol{a}=(1,1,1)$，$\boldsymbol{b}=(-2,1,2)$，$\boldsymbol{c}=(3,0,-2)$，求：

(1)$\boldsymbol{a}\cdot(\boldsymbol{b}+\boldsymbol{c})$；　(2)$\boldsymbol{a}\times\boldsymbol{b}$；　(3)$|\boldsymbol{b}\times\boldsymbol{c}|$.

4. 已知 $\boldsymbol{a}=(m,2,1)$，$\boldsymbol{b}=(5,n,2)$，$\boldsymbol{c}=(p,2,1)$，且 $\boldsymbol{a}/\!/\boldsymbol{b}$，$\boldsymbol{a}\perp\boldsymbol{c}$，求 m,n,p 的值.

5. 已知 $M_1(1,-1,2)$，$M_2(3,3,1)$，$M_3(3,1,3)$，求与 $\overrightarrow{M_1M_2}$，$\overrightarrow{M_2M_3}$ 同时垂直的单位向量.

6. 设 $\boldsymbol{a}=3\boldsymbol{i}-\boldsymbol{j}-2\boldsymbol{k}$，$\boldsymbol{b}=\boldsymbol{i}+2\boldsymbol{j}-\boldsymbol{k}$，求：(1)$\boldsymbol{a}\cdot\boldsymbol{b}$ 及 $\boldsymbol{a}\times\boldsymbol{b}$；(2)$(-2\boldsymbol{a})\cdot3\boldsymbol{b}$ 及 $\boldsymbol{a}\times2\boldsymbol{b}$；(3)$\boldsymbol{a},\boldsymbol{b}$ 夹角的余弦.

7. 已知$\triangle ABC$ 三个顶点坐标分别为 $A(2,-3,2)$，$B(1,2,1)$，$C(1,2,-2)$，求：

(1)$\overrightarrow{AC}\cdot\overrightarrow{BC}$；　(2)$\overrightarrow{AB}\times\overrightarrow{BC}$；　(3)$\cos\langle\overrightarrow{AB},\overrightarrow{BC}\rangle$；

(4)$\triangle ABC$ 的面积；　(5)以 AB，BC 为邻边的平行四边形的面积.

6.3　平面与空间直线

本节将在空间直角坐标系下，以向量为工具，讨论平面与空间直线的方程.

6.3.1　平面的方程

1. 平面的点法式方程

定义 1　与平面垂直的非零向量，称为**平面的法向量**.

一般用 $\boldsymbol{n}$ 表示平面的法向量（见图 6-21），平面的法向量不唯一. 那么，当一平面 π 过点 $M_0(x_0,y_0,z_0)$，法向量为 $\boldsymbol{n}=(A,B,C)$时，其方程如何呢？

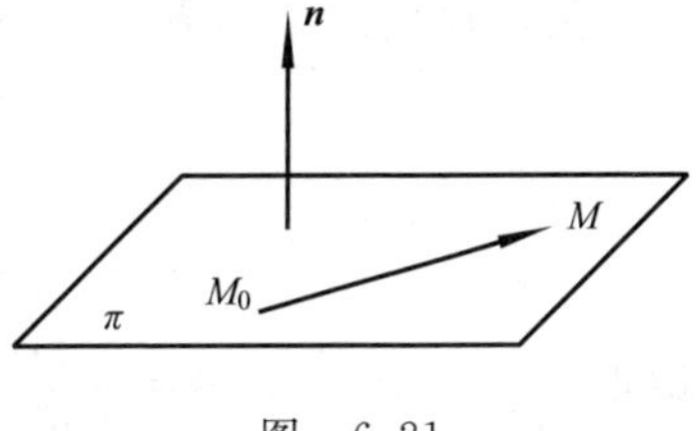

图　6-21

设 $M(x,y,z)$ 为平面 π 上任一点(见图 6-21),因为向量 $\boldsymbol{n}$ 为平面 π 的法向量,又 $\overrightarrow{M_0M}\subset$ 平面 π,所以 $\boldsymbol{n}\perp\overrightarrow{M_0M}$,从而 $\boldsymbol{n}\cdot\overrightarrow{M_0M}=0$,而

$$\overrightarrow{M_0M}=(x-x_0,y-y_0,z-z_0),$$

因此
$$A(x-x_0)+B(y-y_0)+C(z-z_0)=0.$$

此方程称为**平面的点法式方程**.

例 1 已知平面过点 $M(1,-2,3)$,且与向量 $\boldsymbol{n}=(4,-3,-2)$ 垂直,求该平面的方程.

解 由平面的点法式方程知所求平面方程为

$$4(x-1)-3(y+2)-2(z-3)=0,$$

即
$$4x-3y-2z-4=0.$$

例 2 求过点 $M(3,4,5)$ 且与 y 轴垂直的平面方程.

解 取法向量 $\boldsymbol{n}=\boldsymbol{k}=(0,1,0)$,则所求平面方程为

$$0\cdot(x-3)+1\cdot(y-4)+0\cdot(z-5)=0,$$

即 $y=4$(见图 6-22).

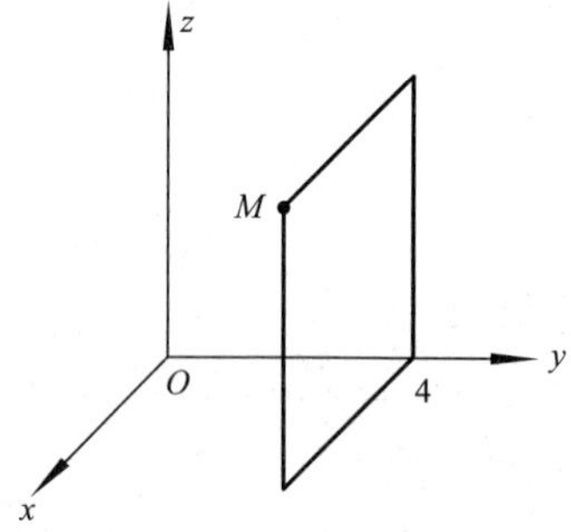

图 6-22

2. 平面的一般方程

将平面的点法式方程 $A(x-x_0)+B(y-y_0)+C(z-z_0)=0$ 展开、整理可得

$$Ax+By+Cz+(-Ax_0-By_0-Cz_0)=0.$$

令 $D=-Ax_0-By_0-Cz_0$,则有

$$Ax+By+Cz+D=0\quad(A,B,C\text{ 不全为 }0).$$

此方程称为**平面的一般方程**,其法向量为 $\boldsymbol{n}=(A,B,C)$.

一般地,在空间直角坐标系中,三元一次方程 $Ax+By+Cz+D=0$ 代表一个空间平面.满足方程 $Ax+By+Cz+D=0$ 的点在该平面上,该平面上任意一点的坐标满足这个方程,所以称方程 $Ax+By+Cz+D=0$ 为平面的一般方程.

例 3 求过 $A(a,0,0)$,$B(0,b,0)$,$C(0,0,c)$ 的平面方程(其中 $abc\neq0$).

解 设所求平面方程为 $Ax+By+Cz+D=0$,则有

$$\begin{cases}Aa+D=0\\Bb+D=0,\\Cc+D=0\end{cases}$$

解得
$$A=-\frac{D}{a},\quad B=-\frac{D}{b},\quad C=-\frac{D}{c},$$

于是所求平面方程为 $-\frac{D}{a}x-\frac{D}{b}y-\frac{D}{c}z+D=0$，由 $D\neq0$ 得平面方程为

$$\frac{x}{a}+\frac{y}{b}+\frac{z}{c}=1.$$

3. 平面的截距式方程

在空间直角坐标系中，将三元一次方程

$$\frac{x}{a}+\frac{y}{b}+\frac{z}{c}=1 \quad (其中\ abc\neq0)$$

称为**平面的截距式方程**.

根据截距式方程很容易画出该平面的图像(见图 6-23).

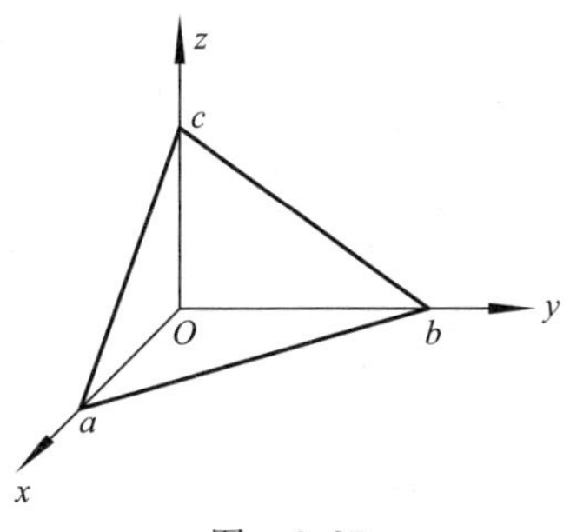

图　6-23

4. 特殊平面的方程

与例 2 类似的特殊平面还有很多，各种特殊位置的平面的一般方程形式及系数特征见表 6-1.

表　6-1

平面位置		平面方程	系数特征	简要证明
过原点		$Ax+By+Cz=0$	$D=0$	将(0,0,0)代入方程得 $D=0$
平行于	x 轴	$By+Cz+D=0$	$A=0$	$\boldsymbol{n}\perp\boldsymbol{i}\Leftrightarrow\boldsymbol{n}\cdot\boldsymbol{i}=0\Leftrightarrow A=0$
	y 轴	$Ax+Cz+D=0$	$B=0$	$\boldsymbol{n}\perp\boldsymbol{j}\Leftrightarrow\boldsymbol{n}\cdot\boldsymbol{j}=0\Leftrightarrow B=0$
	z 轴	$Ax+By+D=0$	$C=0$	$\boldsymbol{n}\perp\boldsymbol{k}\Leftrightarrow\boldsymbol{n}\cdot\boldsymbol{k}=0\Leftrightarrow C=0$
过	x 轴	$By+Cz=0$	$A=D=0$	过点(0,0,0),(1,0,0)
	y 轴	$Ax+Cz=0$	$B=D=0$	过点(0,0,0),(0,1,0)
	z 轴	$Ax+By=0$	$C=D=0$	过点(0,0,0),(0,0,1)
平行于	xOy 坐标面	$Cz+D=0$	$A=B=0$	法向量 $\boldsymbol{n}=\boldsymbol{k}=(0,0,1)$
	xOz 坐标面	$By+D=0$	$A=C=0$	法向量 $\boldsymbol{n}=\boldsymbol{j}=(0,1,0)$
	yOz 坐标面	$Ax+D=0$	$B=C=0$	法向量 $\boldsymbol{n}=\boldsymbol{i}=(1,0,0)$
重合于	xOy 坐标面	$z=0$	$A=B=D=0$	$\boldsymbol{n}=\boldsymbol{k}=(0,0,1)$，过点(0,0,0)
	xOz 坐标面	$y=0$	$A=C=D=0$	$\boldsymbol{n}=\boldsymbol{j}=(0,1,0)$，过点(0,0,0)
	yOz 坐标面	$x=0$	$B=C=D=0$	$\boldsymbol{n}=\boldsymbol{i}=(1,0,0)$，过点(0,0,0)

表 6-1 中，关于“平行”的情况，还可以使用口诀“**缺谁平行于谁**”记忆.

例如，平面方程 $2x-y+1=0$，因为缺"z"，因此该平面平行于 z 轴. 再如，平面方程 $2x-y=0$，因为缺"z,D"，因此该平面过 z 轴；平面方程 $x=4$，因为缺"y,z"，因此该平面平行于坐标平面 yOz.

例 4 指出下列平面的位置特点：

(1) $x-2y+3z=0$； (2) $4y+3z=0$； (3) $y=3$； (4) $2x-3y+1=0$.

解 (1)方程 $x-2y+3z=0$ 中，$D=0$，所以方程表示过原点的平面；

(2)方程 $4y+3z=0$ 中，$A=D=0$(或缺 x,D)，所以方程表示过 x 轴的平面；

(3)方程 $y=3$ 中，$A=C=0$(或缺 x,z)，所以方程表示与 xOz 坐标面平行的平面；

(4)方程 $2x-3y+1=0$ 中，$C=0$(或缺 z)，所以方程表示平行于 z 轴的平面.

例 5 求满足下列条件的平面方程：

(1)过点 $M(1,-1,2)$ 及 y 轴的平面；

(2)过点 $M(1,-1,2)$，$N(0,2,1)$，且平行于 z 轴的平面；

(3)过点 $M(0,3,1)$，$N(-2,1,4)$、$P(2,-2,1)$的平面.

解 (1)设所求平面方程为 $Ax+Cz=0$，因该平面过点 $M(1,-1,2)$，于是有

$$A+2C=0,\quad \text{即 } A=-2C,$$

所以，所求平面方程为 $-2Cx+Cz=0$，由已知分析得 $C\neq0$，因此，所求平面方程为 $2x-z=0$.

(2)设所求平面方程为 $Ax+By+D=0$，则

$$\begin{cases}A-B+D=0\\2B+D=0\end{cases},$$

解得 $D=-2B$，$A=3B$，于是平面方程为 $3Bx+By-2B=0$，由已知分析得 $B\neq0$，因此所求平面方程为 $3x+y-2=0$.

(3)**解法 1** 可以按照例 3 的方法计算，此处从略.

解法 2 如图 6-24 所示，取法向量 $\boldsymbol{n}=\overrightarrow{MN}\times\overrightarrow{MP}$，而

$$\overrightarrow{MN}=(-2,-2,3),\quad \overrightarrow{MP}=(2,-5,0),$$

$$\boldsymbol{n}=\begin{vmatrix}\boldsymbol{i}&\boldsymbol{j}&\boldsymbol{k}\\-2&-2&3\\2&-5&0\end{vmatrix}=15\boldsymbol{i}+6\boldsymbol{j}+14\boldsymbol{k}=(15,6,14).$$

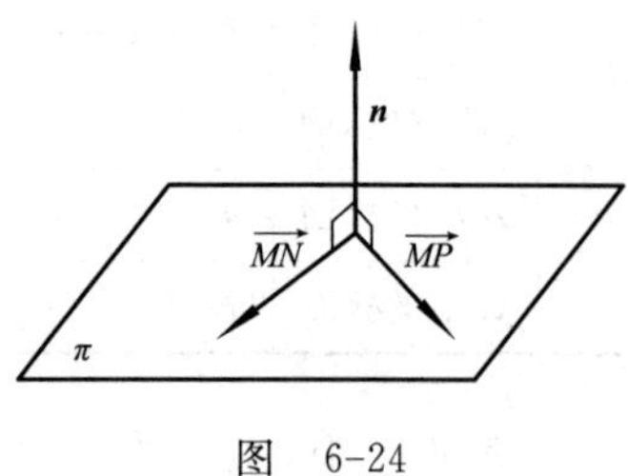

图 6-24

又点 $M(0,3,1)$在平面上，由平面的点法式，

所求平面方程为

$$15(x-0)+6(y-3)+14(z-1)=0,$$

即

$$15x+6y+14z-32=0.$$

例 6　求平面 $2x-3y+4z-12=0$ 与三个坐标平面所围成的空间立体的体积.

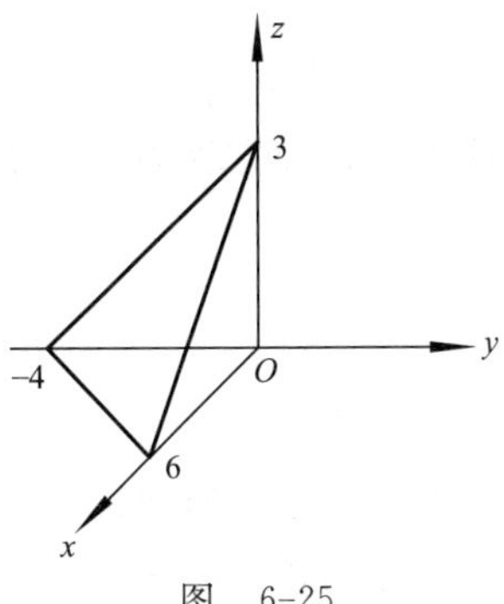

图　6-25

解　原方程可化为 $\frac{x}{6}+\frac{y}{-4}+\frac{z}{3}=1$.

根据图 6-25 的分析,所求空间立体的体积为

$$V=\frac{1}{3}\times\frac{1}{2}\times|6|\times|-4|\times|3|=12(\text{体积单位}).$$

6.3.2　点到平面的距离

点 $P_0(x_0,y_0,z_0)$ 到平面 $\pi:Ax+By+Cz+D=0$ 的距离为

$$d=\frac{|Ax_0+By_0+Cz_0+D|}{\sqrt{A^2+B^2+C^2}}.$$

例 7　求点 $P(1,2,1)$ 到平面 $2x+3y-4z+1=0$ 的距离.

解　由点到平面的距离公式得所求距离为

$$d=\frac{|2\times1+3\times2-4\times1+1|}{\sqrt{2^2+3^2+(-4)^2}}=\frac{5}{29}\sqrt{29}.$$

6.3.3　空间直线

生活中经常运用平面相交来得到直线,下面研究空间中直线的方程.

1. 直线的点向式方程

定义 2　与直线平行(共线)的非零向量,称为直线的**方向向量**.

设直线 l 过点 $M_0(x_0,y_0,z_0)$,方向向量为 $\boldsymbol{v}=(m,n,p)$,那么直线 l 的方程如何呢?

设 $M(x,y,z)$ 为直线 l 上任意一点(见图 6-26),则有 $\overrightarrow{M_0M}\parallel\boldsymbol{v}$, 而 $\overrightarrow{M_0M}=(x-x_0,y-y_0,z-z_0)$, 于是,有

$$\frac{x-x_0}{m}=\frac{y-y_0}{n}=\frac{z-z_0}{p}.$$

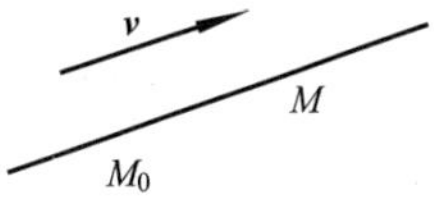

图　6-26

上式称为直线的**点向式方程**.

特殊地,当方向向量中的某个分量为零时,直线方程仍可用上式表示,其意义为对应的分子必须为零.

例如，$m=0,n\neq0,p\neq0$ 时，方程为 $\frac{x-x_0}{0}=\frac{y-y_0}{n}=\frac{z-z_0}{p}$，此时该方程应理解为直线方程为

$$\begin{cases}x-x_0=0\\ \frac{y-y_0}{n}=\frac{z-z_0}{p}\end{cases}.$$

2. 直线的一般式方程

根据立体几何知识可知，空间直线可以看成两个平面的交线，据此可以建立空间直线的一般式方程.

由平面 $\pi_1:A_1x+B_1y+C_1z+D=0$ 与平面 $\pi_2:A_2x+B_2y+C_2z+D=0$ 相交而成的直线方程为

$$\begin{cases}A_1x+B_1y+C_1z+D=0\\ A_2x+B_2y+C_2z+D=0\end{cases}$$

称为直线的**一般式方程**.

例如，直线 $\begin{cases}2x+y-z+1=0\\ x-y+z-3=0\end{cases}$ 就是平面 $2x+y-z+1=0$ 与平面 $x-y+z-3=0$ 的交线.

3. 直线的参数方程

直线的点向式方程 $\frac{x-x_0}{m}=\frac{y-y_0}{n}=\frac{z-z_0}{p}$ 中，令 $\frac{x-x_0}{m}=\frac{y-y_0}{n}=\frac{z-z_0}{p}=t$，就得到**直线的参数方程**

$$\begin{cases}x=x_0+mt\\ y=y_0+nt\\ z=z_0+pt\end{cases}\quad(t\text{ 为参数}).$$

该方程表示直线过点 $M_0(x_0,y_0,z_0)$，且方向向量为 $\boldsymbol{v}=(m,n,p)$.

例 8 求下列直线的方程：

(1)过点 $A(1,2,2)$，$B(2,1,-1)$ 的直线方程；

(2)过点 $M(1,-2,3)$，且与直线 $L_1:\frac{x-1}{3}=\frac{y+1}{2}=\frac{z-2}{-1}$ 平行的直线方程；

(3)过点 $B(-2,1,3)$，且与平面 $\pi:3x-2y-z+1=0$ 垂直的直线方程.

解 (1)取方向向量 $\boldsymbol{v}=\overrightarrow{BA}=(-1,1,3)$，则所求直线方程为

$$\frac{x-1}{-1}=\frac{y-2}{1}=\frac{z-2}{3}.$$

(2)取 $\boldsymbol{v}=\boldsymbol{v}_1=(3,2,-1)$，则所求直线方程为

$$\frac{x-1}{3}=\frac{y+2}{2}=\frac{z-3}{-1}.$$

(3)因为所求直线与平面 $\pi: 3x-2y-z+1=0$ 垂直，因此取 $\boldsymbol{v}=\boldsymbol{n}=(3,-2,-1)$，所以所求直线方程为

$$\frac{x+2}{3}=\frac{y-1}{-2}=\frac{z-3}{-1}.$$

例 9　已知直线 $l:\begin{cases}4x+y-z+5=0,\\3x-2y+z+2=0\end{cases}$，将该方程化为点向式方程和参数方程.

解　由 $\begin{cases}4x+y-z+5=0\\3x-2y+z+2=0\end{cases}$ 消去 z 得 $7x-y+7=0$，解得 $x=\dfrac{y-7}{7}$；

由 $\begin{cases}4x+y-z+5=0,\\3x-2y+z+2=0\end{cases}$ 消去 y 得 $11x-z+12=0$，解得 $x=\dfrac{z-12}{11}$.

于是，直线 l 的点向式方程为

$$\frac{x}{1}=\frac{y-7}{7}=\frac{z-12}{11};$$

令 $\dfrac{x}{1}=\dfrac{y-7}{7}=\dfrac{z-12}{11}=t$，得直线的参数方程为

$$\begin{cases}x=t\\y=7+7t\\z=12+11t\end{cases}\quad (t\text{ 为参数}).$$

4. 直线与直线位置关系的判定

设直线 l_1 的方向向量 $\boldsymbol{v}_1=(m_1,n_1,p_1)$，直线 l_2 的方向向量 $\boldsymbol{v}_2=(m_2,n_2,p_2)$，则

l_1 与 l_2 平行 $\Leftrightarrow \boldsymbol{v}_1 /\!/ \boldsymbol{v}_2 \Leftrightarrow \dfrac{m_1}{m_2}=\dfrac{n_1}{n_2}=\dfrac{p_1}{p_2}$，且不过同一点；

l_1 与 l_2 重合 $\Leftrightarrow \dfrac{m_1}{m_2}=\dfrac{n_1}{n_2}=\dfrac{p_1}{p_2}$，且过同一点；

l_1 与 l_2 垂直 $\Leftrightarrow \boldsymbol{v}_1 \perp \boldsymbol{v}_2 \Leftrightarrow m_1m_2+n_1n_2+p_1p_2=0$.

例 10　判别直线 $l:\dfrac{x-1}{2}=\dfrac{y+1}{3}=\dfrac{z-2}{-1}$ 与下列各直线的位置关系：

(1) $l_1:\dfrac{x-2}{2}=\dfrac{y+2}{-1}=\dfrac{z-3}{1}$；　(2) $l_2:\dfrac{x-1}{3}=\dfrac{y+1}{-2}=\dfrac{z-2}{1}$.

解　(1)因为 $\boldsymbol{v}=(2,3,1)$，$\boldsymbol{v}_1=(2,-1,1)$，所以 $\boldsymbol{v}\cdot\boldsymbol{v}_1=2\times2+3\times(-1)+(-1)\times1=0$，从而 $l_1\perp l_2$.

(2)因为 $\boldsymbol{v}=(2,3,1)$，$\boldsymbol{v}_2=(3,-2,1)$，$\dfrac{2}{3}\neq\dfrac{3}{-2}$，所以 $\boldsymbol{v}$ 与 $\boldsymbol{v}_2$ 不平行；

又由于 $\boldsymbol{v}\cdot\boldsymbol{v}_2=2\times3+3\times(-2)+(-1)\times1=-1\neq0$，所以 $\boldsymbol{v}$ 与 $\boldsymbol{v}_2$ 不垂直；

又直线 l,l_2 都过点 $(1,-1,2)$，所以直线 l 与直线 l_2 斜交.

扫一扫 看视频

6.3.4 直线与平面的夹角

定义 3 直线 l 与其在平面 π 上的投影所夹不大于直角的角，称为**直线与平面的夹角**，记作 φ（见图 6-27）. 显然，$\varphi\in\left[0,\dfrac{\pi}{2}\right]$.

设直线 l 的方向向量为 $\boldsymbol{v}$，平面 π 的法向量为 $\boldsymbol{n}$，则直线 l 与平面 π 夹角的计算公式为

$$\sin\varphi=|\cos\langle\boldsymbol{n},\boldsymbol{v}\rangle|=\frac{|\boldsymbol{n}\cdot\boldsymbol{v}|}{|\boldsymbol{n}|\,|\boldsymbol{v}|}$$

$$=\frac{|Am+Bn+Cp|}{\sqrt{A^2+B^2+C^2}\sqrt{m^2+n^2+p^2}}.$$

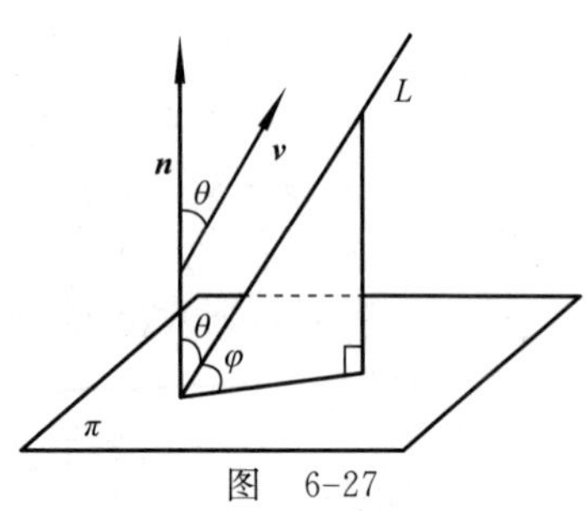

图 6-27

特别地：

$l/\!/\pi$ 或 $l\subset\pi$ 时，直线 l 与平面 π 的夹角为 $\varphi=0$，此时 $\boldsymbol{v}\perp\boldsymbol{n}$；

$l\perp\pi$ 时，直线 l 与平面 π 的夹角为 $\varphi=\dfrac{\pi}{2}$，此时 $\boldsymbol{v}/\!/\boldsymbol{n}$.

例 11 判别直线 L：$\dfrac{x-1}{2}=\dfrac{y-2}{-3}=\dfrac{z+3}{1}$ 与下列平面间的位置关系：

(1)π_1：$4x-6y+2z+1=0$；　　(2)π_2：$3x+2y-1=0$.

解 由已知得直线 l 的方向向量为 $\boldsymbol{v}=(2,-3,1)$.

(1)平面 π_1 的法向量为 $\boldsymbol{n}_1=(4,-6,2)$，因为 $\boldsymbol{v}=\dfrac{1}{2}\boldsymbol{n}_1$，故 $\boldsymbol{v}/\!/\boldsymbol{n}_1$，所以直线 $l\perp$ 平面 π_1.

(2)平面 π_2 的法向量为 $\boldsymbol{n}_2=(3,2,0)$，因为 $\boldsymbol{v}\cdot\boldsymbol{n}_2=0$，故 $\boldsymbol{v}\perp\boldsymbol{n}_2$，在直线 l 上取一点 $M(1,2,-3)$，经检验，M 不在平面 π_2 上，所以直线 $l/\!/$ 平面 π_2.

习　题　6.3

1. 说出下列平面的特征：

(1)$x-y+z=0$；　(2)$4x+3y-1=0$；　(3)$y+z=0$；

(4)$z-1=0$；　(5)$y=0$；　(6)$y=2x-1$.

2. 填空题：

(1)过点 $M(2,-1,3)$，垂直于向量 $\boldsymbol{a}=(-2,3,-1)$ 的平面方程为__________；

(2)过点 $A(1,-1,-1)$，且与 x 轴垂直的平面方程为__________；

(3)点 $P(1,1,-2)$ 到平面 $x-y+2z-1=0$ 的距离为__________；

(4)若平面 $\pi_1:x-y+z+2=0$ 与平面 $\pi_2:2x+3y+\lambda z-1=0$ 垂直，则 $\lambda=$__________；

(5)平面 $\pi:2x-y+3z-6=0$ 与三个坐标平面围成的空间立体的体积为__________；

(6)过点 $M(1,2,3)$，与向量 $\boldsymbol{a}=(2,-3,-4)$ 平行的直线方程为__________；

(7)若直线 $l:\dfrac{x-1}{2}=\dfrac{y+1}{3}=\dfrac{z+2}{m}$ 与平面 $\pi:4x+ny-2z-1=0$ 垂直，则 $m=$__________，$n=$__________；

(8)若直线 $l:\dfrac{x-1}{2}=\dfrac{y+2}{3}=\dfrac{z+3}{m}$ 与平面 $\pi:4x+2y-2z-1=0$ 平行，则 $m=$__________；

3. 求以下平面方程：

(1)过点 $(2,-1,3)$ 及 y 轴的平面；

(2)过点 $(2,-1,3)$ 且平行于平面 $3x-2y+4z-1=0$ 的平面；

(3)过点 $A(2,0,-1)$，$B(0,-1,2)$ 和 $C(-1,2,0)$ 的平面；

(4)过点 $M(2,0,-1)$ 和 $N(0,-1,2)$，并与 z 轴平行的平面；

(5)过点 $P(2,3,-4)$，且在 x,y,z 轴上的截距相等的平面；

(6)过点 $A(3,2,1)$，并与直线 $l:\dfrac{x+1}{2}=\dfrac{y-1}{3}=\dfrac{z+3}{-1}$ 垂直的平面.

4. 求以下直线方程：

(1)过点 $M(2,0,-1)$ 和 $N(0,-1,2)$ 的直线；

(2)过点 $M(-3,1,2)$ 并与平面 $3x-2y-z+2=0$ 垂直的直线；

(3)过点 $M(-3,1,2)$ 且与直线 $l:\dfrac{x-3}{2}=\dfrac{y+2}{3}=\dfrac{z+1}{-4}$ 平行的直线方程；

(4)过点 $M(-3,1,2)$ 且与直线 $\begin{cases}x=3+t\\ y=t\\ z=1-2t\end{cases}$ (t 为参数)平行的直线.

5. 判别平面 $\pi:x+y-2z+1=0$ 与下列平面的位置关系，若是斜交，求它们所成的角.

(1)$\pi_1: x+y-2z+1=0$;　　(2)$\pi_2: 3x-y+z-1=0$;

(3)$\pi_3: x+y-2z-1=0$;　　(4)$\pi_4: x-2y-z+1=0$.

6. 判别直线 $l: x-2=\frac{y-1}{3}=\frac{z}{-2}$ 与下列平面的位置关系,若是斜交,求它们的交点坐标.

(1)$\pi_1: x-y-z-3=0$;　　(2)$\pi_2: 2x+z+3=0$;

(3)$\pi_3: x+3y-2z+1=0$;　　(4)$\pi_4: 2x-3y-4z-4=0$.

6.4 空间曲面与曲线

本节将讨论空间曲面与空间曲线的方程,并介绍几种常见的曲面.

6.4.1 曲面及其方程

引例 国家大戏院的穹顶就是一张曲面,如图 6-28 所示.工程设计人员为了得到穹顶的受力结构和大小、选择怎样的材质以及用材料的多少等重要数据,首先要研究该穹顶(曲面)的形状、规律等特点,反映在数学上,就是要研究该曲面的相关规律、特点、性质,从而得到相关数据.

图 6-28

这就是本节要研究的曲面及其方程的问题.

1. 曲面方程的概念

任何曲面都可以看作点的轨迹.如果空间曲面Σ上任意一点的坐标(x,y,z)都满足方程 $F(x,y,z)=0$,而满足 $F(x,y,z)=0$ 的点(x,y,z)均在曲面Σ上,则称 $F(x,y,z)=0$ 为曲面Σ的方程,称曲面Σ为方程$F(x,y,z)=0$的图形.若方程是二次方程,则所表示的曲面称为二次曲面.我们主要研究常见的二次曲面，如球面、母线平行于坐标轴的柱面、旋转曲面等.

2. 球面

定义 1　在空间，到一定点的距离为定长的点的轨迹，称为**球面**. 其中定点称为**球心**，定长称为**半径**.

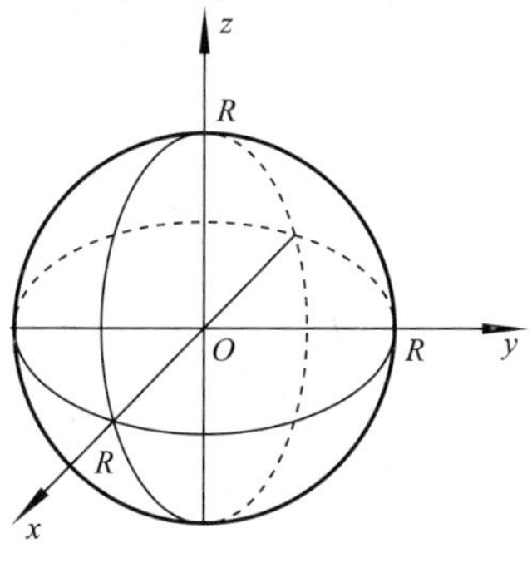

图 6-29

设点 $P(x_0,y_0,z_0)$ 为球心，R 为半径，$M(x,y,z)$ 为球面上任意一点，则由

$$|MP|=R,$$

不难推出其球面方程为

$$(x-x_0)^2+(y-y_0)^2+(z-z_0)^2=R^2.$$

特别地，当球心在原点、半径为 R 时（见图 6-29），球面方程为

$$x^2+y^2+z^2=R^2.$$

例 1　已知点 $A(1,-2,2)$，$B(3,-2,4)$，求以线段 AB 为直径的球面方程.

解　设球心坐标为 $C(a,b,c)$，则

$$\begin{cases}a=2\\b=-2\\c=3\end{cases}$$ 即球心坐标为 $C(2,-2,3)$.

又半径　$R=\frac{1}{2}|AB|=\frac{1}{2}\sqrt{(3-1)^2+(-2+2)^2+(4-2)^2}=\sqrt{2}$，

所以所求球面方程为

$$(x-2)^2+(y+2)^2+(z-3)^2=2.$$

例 2　判别方程 $x^2+y^2+z^2+2x-2y-1=0$ 表示怎样的曲面.

解　经配方得

$$(x+1)^2+(y-1)^2+z^2=3,$$

所以，原方程表示球心在$(-1,1,0)$、半径为$\sqrt{3}$的球面.

3. 母线平行于坐标轴的柱面

将一直线 l 沿某一给定的平面曲线 c 平行移动，直线 l 的轨迹形成的曲面，称为**柱面**. 其中，动直线 l 称为柱面的**母线**，曲线 c 称为柱面的**准线**.

我们仅讨论母线平行于坐标轴的柱面方程.

设柱面的准线是 xOy 面上的曲线 c：$F(x,y)=0$，柱面的母线平行于 z 轴，在柱面上任取一点 $M(x,y,z)$，过点 M 做平行于 z 轴的直线，交曲线 c 于点 $M_1(x,y,0)$（见图 6-30）. 故点 M_1 的坐标满足方程 $F(x,y)=0$，由于方程不含变量 z，而点 M 与 M_1 有相同的横、纵坐标，所以点 M 的坐标也满足此方程，因此，方程 $F(x,y)=0$ 就是母线平行于 z 轴的柱面方程.

例如,方程 $x+y=1$ 表示母线平行于 z 轴,在 xOy 面上的准线为 $x+y=1$ 的柱面(平面)方程,如图 6-31 所示.

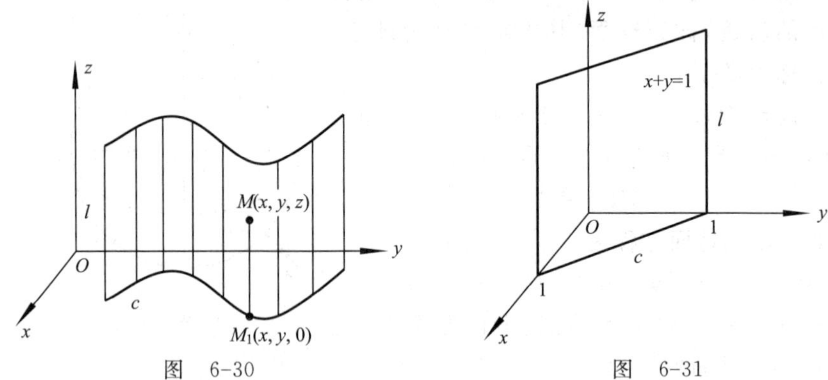

图 6-30　　　　图 6-31

可以看出,母线平行于 z 轴的柱面的方程中不含变量 z.

同理,不含 y 的方程 $F(x,z)=0$ 或不含 x 的方程 $F(y,z)=0$,分别表示母线平行于 y 轴或 x 轴的柱面方程.

显然,口诀"**缺谁平行于谁**"仍成立.

例如:

(1)方程 $x^2+y^2=R^2$ 表示母线平行于 z 轴,准线为 xOy 平面上的圆 $x^2+y^2=R^2$ 的柱面方程.称为**圆柱面**(见图 6-32).

(2)方程 $\frac{z^2}{a^2}+\frac{y^2}{b^2}=1(a>b>0)$ 表示母线平行于 x 轴,准线为 yOx 平面上的椭圆的柱面方程.称为**椭圆柱面**(见图 6-33).

(3)方程 $y=x^2$ 表示母线平行于 z 轴,准线为 xOy 平面上的抛物线$y=x^2$ 的柱面方程.称为**抛物柱面**(见图 6-34).

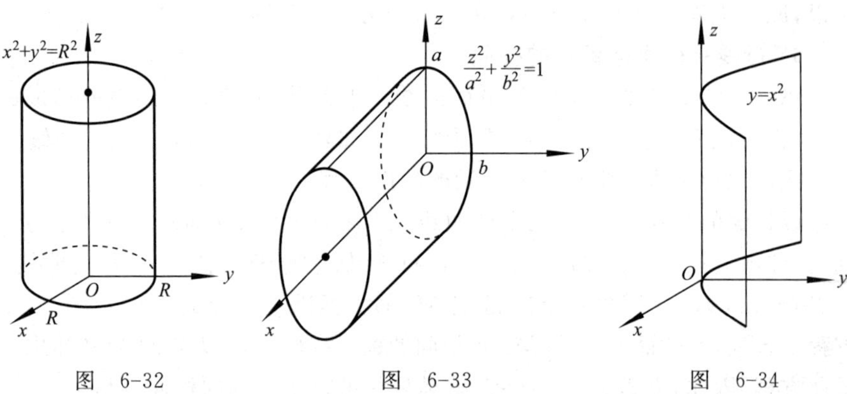

图 6-32　　　　图 6-33　　　　图 6-34

几种常见的柱面及方程(以母线平行于 z 轴为例)见表 6-2.

表 6-2

名称	圆柱面	椭圆柱面	抛物柱面	双曲柱面
准线	$\begin{cases}x^2+y^2=R^2\\z=0\end{cases}$	$\begin{cases}\dfrac{x^2}{a^2}+\dfrac{y^2}{b^2}=1\\z=0\end{cases}$ $(a>0,b>0)$	$\begin{cases}x^2=2py\\z=0\end{cases}$ $(p>0)$	$\begin{cases}\dfrac{y^2}{a^2}-\dfrac{x^2}{b^2}=1\\z=0\end{cases}$ $(a>0,b>0)$
柱面	$x^2+y^2=R^2$	$\dfrac{x^2}{a^2}+\dfrac{y^2}{b^2}=1$ $(a>0,b>0)$	$x^2=2py$ $(p>0)$	$\dfrac{y^2}{a^2}-\dfrac{x^2}{b^2}=1$ $(a>0,b>0)$
图像				

4. 旋转曲面

定义 2 平面内曲线 c 绕该平面内某定直线 l 旋转所形成的曲面,称为**旋转曲面**.其中,动曲线 c 称为旋转曲面的**母线**,定直线 l 称为旋转曲面的**旋转轴**.

在此仅讨论以坐标轴为旋转轴的旋转曲面的方程.

将 xOy 面上的曲线 $f(x,y)=0$ 绕 x 轴旋转一周,就得到一个旋转曲面,它的方程为

$$f(x,\pm\sqrt{y^2+z^2})=0.$$

说明 xOy 面上的曲线 $f(x,y)=0$ 也可由方程组表示如下

$$\begin{cases}f(x,y)=0\\z=0\end{cases}.$$

类似地,绕 y 轴旋转一周,所得旋转曲面的方程为

$$f(\pm\sqrt{x^2+z^2},y)=0.$$

一般地,坐标平面内的曲线绕哪个轴旋转,曲线方程中对应的变量保持不变,而另一个变量用其余两个变量的平方和的平方根代换,即得该旋

转曲面的方程.

再如,将 yOz 面上的曲线 $f(y,z)=0$ 绕 z 轴旋转一周,就得到一个旋转曲面,它的方程为

$$f(\pm\sqrt{x^2+y^2},z)=0.$$

我们有这样的经验,一个半圆,绕半径所在轴旋转一周,所得的旋转曲面为球面.

例如,将半圆

$$\begin{cases}y=\sqrt{R^2-z^2}\\x=0\end{cases}$$

绕 z 轴旋转一周,所得旋转曲面为球面(见图 6-35),其方程为

$$(\pm\sqrt{x^2+y^2})^2+z^2=R^2,$$

即

$$x^2+y^2+z^2=R^2.$$

此方程即为球面方程,它表示球心在 $O(0,0,0)$、半径为 R 的球面.

同理,曲线 $\begin{cases}\dfrac{y^2}{a^2}+\dfrac{z^2}{b^2}=1\\x=0\end{cases}$ 绕 y 轴旋转一周,所得旋转曲面为**旋转椭球面**,其方程为

$$\frac{x^2}{b^2}+\frac{y^2}{a^2}+\frac{z^2}{b^2}=1.$$

注意 旋转椭球面不是椭球面,因为此图形在空间中,从 xOz 平面方向看此图形是圆面,而不是椭圆面.或用平行于 xOz 平面的平面去截该图形所得的"截口"是圆(见图 6-36),其方程为

$$\begin{cases}x^2+z^2=b^2\left(1-\dfrac{h^2}{a^2}\right)\\y=h\end{cases}\quad(|h|<|a|).$$

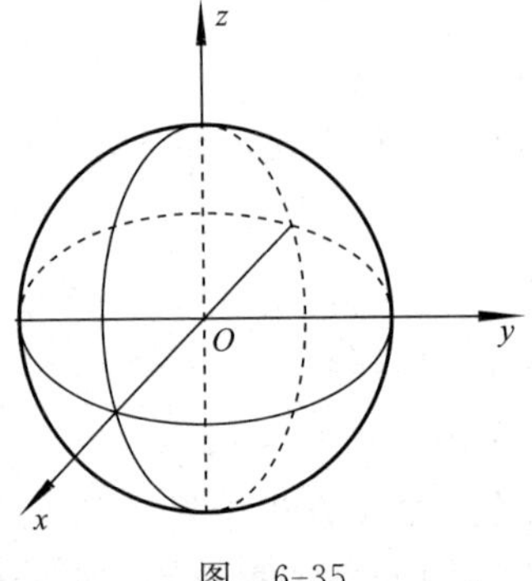

图 6-35

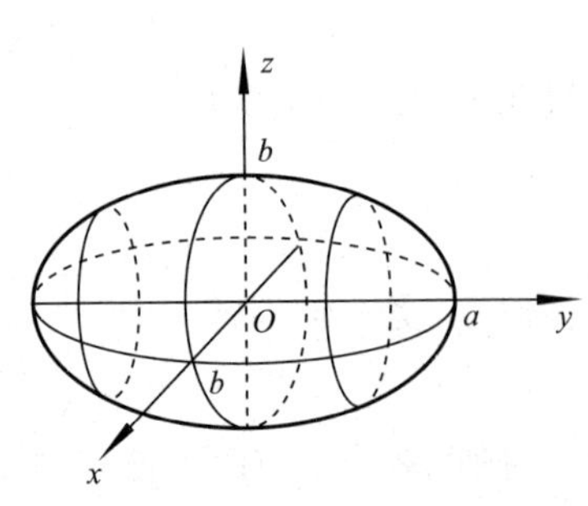

图 6-36

椭球面的方程为

$$\frac{y^2}{a^2}+\frac{x^2}{b^2}+\frac{z^2}{c^2}=1.$$

该曲面不是旋转面.

日常生活中,我们常见的卫星接收天线(见图 6-37)、太阳能炉灶等都是**旋转抛物面**;而发电厂的散热塔(见图 6-38)为**旋转双曲面**(单叶双曲面).

图　6-37

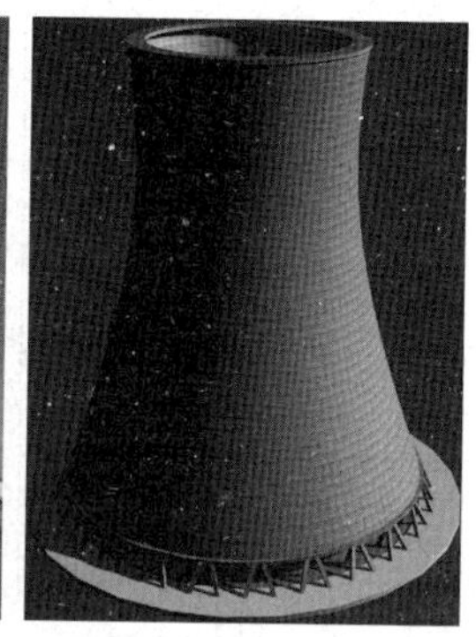

图　6-38

从物理学原理分析,旋转抛物面具有很好的聚焦性,因此卫星天线、太阳能炉灶都采用旋转抛物面的方式建造;而单叶双曲面散热效果最好,因此发电厂的散热塔都建成单叶双曲面的形状.

例 3　求曲线$\begin{cases} y=x^2 \\ z=0 \end{cases}$绕 y 轴旋转一周所得旋转曲面的方程.

解　曲线$\begin{cases} y=x^2 \\ z=0 \end{cases}$是坐标平面 xOy 内的一条抛物线,绕 y 轴旋转一周,所得旋转面的方程为

$$y=(\pm\sqrt{x^2+z^2})^2,$$

即

$$y=x^2+z^2.$$

此旋转曲面称为**旋转抛物面**.

例 4　求双曲线$\begin{cases} \dfrac{y^2}{9}-\dfrac{z^2}{16}=1 \\ x=0 \end{cases}$绕 z 轴旋转一周所得旋转面的方程.

解　依题意,所求旋转面方程为

$$\frac{(\pm\sqrt{x^2+y^2})^2}{9}-\frac{z^2}{16}=1,$$

即

$$\frac{x^2}{9}+\frac{y^2}{9}-\frac{z^2}{16}=1.$$

此旋转面称为**(单叶)旋转双曲面**(见表 6-3).

扫一扫 看视频

几种常见旋转曲面及方程(以旋转轴为 z 轴为例)见表 6-3.

表 6-3

名称	旋转椭球面	(单叶)旋转双曲面	旋转抛物面	圆锥面
母线	$\begin{cases}\frac{y^2}{a^2}+\frac{z^2}{b^2}=1\\ x=0\end{cases}$ $(a>0,b>0)$	$\begin{cases}\frac{y^2}{a^2}-\frac{z^2}{b^2}=1\\ x=0\end{cases}$ $(a>0,b>0)$	$\begin{cases}y^2=2pz\\ x=0\end{cases}$ $(p>0)$	$z=ky$ $(k>0)$
方程	$\frac{x^2}{a^2}+\frac{y^2}{a^2}+\frac{z^2}{b^2}=1$ $(a>0,b>0)$	$\frac{x^2}{a^2}+\frac{y^2}{a^2}-\frac{z^2}{b^2}=1$ $(a>0,b>0)$	$x^2+y^2=2pz$ $(p>0)$	$z^2=k^2(x^2+y^2)$ $(k>0)$
图像	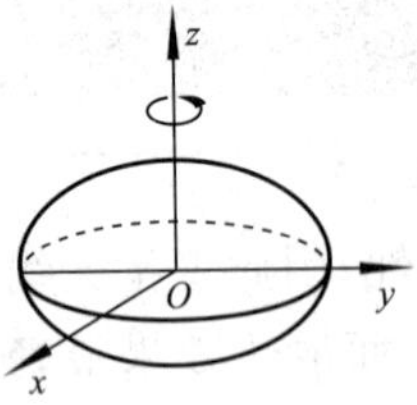	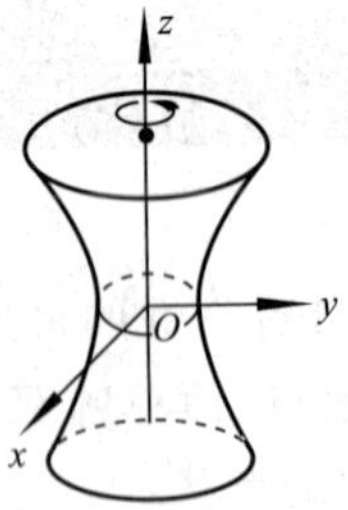	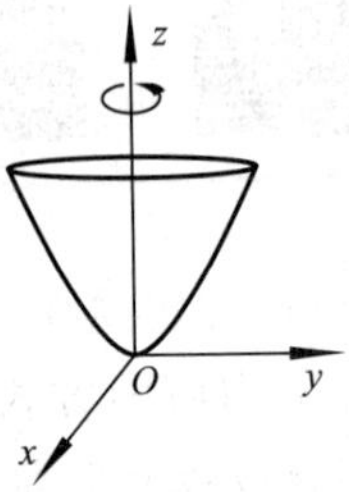	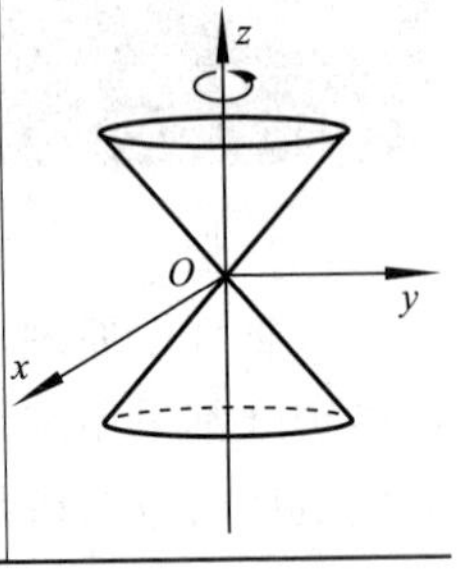

6.4.2 空间曲线及其方程

与空间直线类似,空间的任一曲线可以看作空间某两个曲面的交线.即若曲线 c 是曲面Σ_1:$F_1(x,y,z)=0$ 与曲面Σ_2:$F_2(x,y,z)=0$ 的交线,则其方程为

$$\begin{cases}F_1(x,y,z)=0\\ F_2(x,y,z)=0\end{cases}$$

称为**曲线的一般方程**.

例如,方程组$\begin{cases}x^2+y^2+z^2=4\\ z^2=6y\end{cases}$表示球面与抛物柱面的交线.

曲线 c 上的任一点 $M(x,y,z)$的三个坐标都可以表示成参数 t 的函数,即

$$\begin{cases}x=x(t)\\ y=y(t)\quad (t\text{ 为参数}),\\ z=z(t)\end{cases}$$

称为**曲线的参数方程**.

例如,螺旋线的参数方程:质点在圆柱面上以均匀的角速度 ω 绕 z 轴旋转,同时以均匀的线速度 v 向平行于 z 轴的方向上升(见图 6-39).

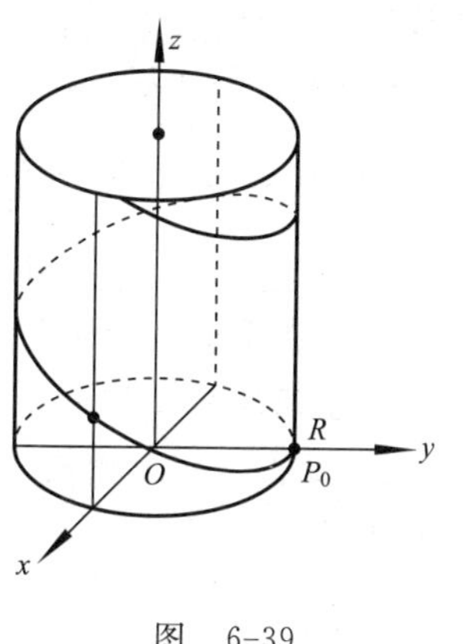

图 6-39

扫一扫 看视频

设运动开始时,质点在 $P_0(0,R,0)$ 处,则质点的运动方程为

$$\begin{cases} x=R\sin\omega t \\ y=R\cos\omega t \\ z=vt \end{cases} \quad (t \text{ 为参数}),$$

此为**螺旋线的参数方程**.

例 5 化参数方程 $\begin{cases} x=2\sin t \\ y=5\cos t \\ z=4\sin t \end{cases}$ (t 为参数)为普通方程.

解 由 $\sin^2 t+\cos^2 t=1$,得 $\begin{cases} \dfrac{x^2}{4}+\dfrac{y^2}{25}=1 \\ z=2x \end{cases}$.

习 题 6.4

1. 填空题:

(1)球面 $x^2+y^2+z^2-2x+4y+2z-3=0$ 的球心坐标为__________,半径 $R=$__________;

(2)方程 $x^2+y^2+z^2-2x+4y+2z=0$ 表示__________曲面.

(3)双曲柱面 $\dfrac{x^2}{4}-\dfrac{y^2}{6}=1$ 的准线方程为__________,母线平行于__________轴;

(4)准线为 $\begin{cases} x^2+y^2+z^2=8 \\ z=2 \end{cases}$ 母线平行于 z 轴的柱面方程为__________,准线为 $\begin{cases} x^2=4z \\ y=0 \end{cases}$ 母线平行于 y 轴的柱面方程为__________;

(5)旋转抛物面 $z=5x^2+5y^2$ 是由曲线__________或曲线__________,绕__________轴旋转所得;

(6)圆锥面 $x^2-3y^2-3z^2=0$ 是由曲线__________或曲线__________,

绕________轴旋转所得；

(7)以平面 $2x+3y+6z=12$ 在三个坐标轴的截距为半轴的椭球面方程为________；

(8)球面 $x^2+y^2+z^2=16$ 被平面 $y=2z$ 截得的交线方程为________；

(9)旋转曲面 $\frac{x^2}{2}-\frac{y^2}{4}+\frac{z^2}{2}=1$ 的旋转轴为________轴，它关于____________对称；

(10)在平面解析几何中 $y=x^2$ 表示____________图形；

在空间解析几何中 $y=x^2$ 表示____________图形.

2. 说出下列方程表示的曲面名称，如果是旋转曲面，请说明它们是如何形成的？

(1) $x^2+y^2=4$；　　(2) $z^2=2y$；　　(3) $\frac{y^2}{4}-\frac{z^2}{9}=1$；

(4) $\frac{x^2}{6}+\frac{y^2}{4}+\frac{z^2}{2}=1$；　　(5) $x^2+z^2=2y$；　　(6) $\frac{x^2}{4}+\frac{y^2}{4}-\frac{z^2}{9}=1$；

(7) $\frac{x^2}{6}+\frac{y^2}{4}+\frac{z^2}{6}=1$；　　(8) $\frac{x^2}{4}-\frac{y^2}{9}-\frac{z^2}{9}=1$.

3. (1)求 xOy 坐标面上的椭圆 $\frac{x^2}{4}+\frac{y^2}{9}=1$ 分别绕 x 轴和绕 y 轴旋转所形成的旋转椭球面方程.

(2)将 xOy 坐标面上的双曲线 $\frac{x^2}{4}-\frac{y^2}{5}=1$ 分别绕 x 轴及 y 轴旋转一周，求生成的旋转双曲面方程.

4. 说明下列的方程组各表示什么曲线.

(1) $\begin{cases} x^2-4y^2=8z \\ z=2 \end{cases}$；　　(2) $\begin{cases} \frac{x^2}{3}+\frac{y^2}{4}=1 \\ z=0 \end{cases}$；　　(3) $\begin{cases} x^2+y^2+z^2=5 \\ y=1 \end{cases}$.

5. 化下列参数方程为普通方程.

(1) $\begin{cases} x=2\cos 2t \\ y=3\cos t \\ z=4\sin t \end{cases}$；　　(2) $\begin{cases} x=2\sin^2 t \\ y=3\cos t \\ z=4\sin t \end{cases}$.

复习题6

1. 选择题：

(1)下列等式中，正确的是(　　).

A. $\boldsymbol{a}\times\boldsymbol{a}=0$　　B. $\boldsymbol{a}\times\boldsymbol{a}=|\boldsymbol{a}|^2$

C. $\boldsymbol{a}\times\boldsymbol{b}=\boldsymbol{b}\times\boldsymbol{a}$　　D. $\boldsymbol{a}\cdot\boldsymbol{a}=|a|^2$

(2)点$(-2,3,-1)$关于yOz平面对称的点是(　　).

A. $(-2,-3,1)$　　B. $(2,3,-1)$

C. $(2,-3,1)$　　D. $(2,3,1)$

(3)以下各组角中，可以作为某向量方向角的是(　　).

A. $30°,60°,90°$　　B. $30°,45°,60°$

C. $60°,60°,60°$　　D. $30°,60°,120°$

(4)过点$A(2,-2,0)$，$B(-1,0,1)$，$C(1,1,2)$的平面的一个法向量为(　　).

A. $(1,5,-7)$　　B. $(1,-5,-7)$

C. $(-1,-5,-7)$　　D. $(1,5,7)$

(5)设向量$\boldsymbol{a}=(1,1,-1)$，$\boldsymbol{b}=(-1,-1,1)$，则有(　　).

A. $\boldsymbol{a}/\!/\boldsymbol{b}$　　B. $\boldsymbol{a}\perp\boldsymbol{b}$

C. $\langle\boldsymbol{a},\boldsymbol{b}\rangle=\frac{\pi}{3}$　　D. $\langle\boldsymbol{a},\boldsymbol{b}\rangle=\frac{2\pi}{3}$

(6)与y轴垂直的平面方程为(　　).

A. $3x+y-1=0$　　B. $2x+z=1$

C. $y=2$　　D. $x=z$

(7)绕z轴旋转的曲面是(　　).

A. $y^2=4(x^2+z^2)$　　B. $\frac{x^2}{4}+\frac{y^2}{5}+\frac{z^2}{6}=1$

C. $\frac{x^2}{4}+\frac{y^2}{4}+\frac{z^2}{6}=1$　　D. $\frac{x^2}{4}+\frac{y^2}{6}+\frac{z^2}{6}=1$

(8)以平面$2x+3y+4z-12=0$在三个坐标轴的截距为半轴的椭球面方程为(　　).

A. $\frac{x^2}{6}+\frac{y^2}{4}+\frac{z^2}{3}=1$　　B. $\frac{x}{6}+\frac{y}{4}+\frac{z}{3}=1$

C. $\frac{x^2}{36}+\frac{y^2}{16}+\frac{z^2}{9}=1$　　D. $\frac{x^2}{4}+\frac{y^2}{9}+\frac{z^2}{16}=1$

(9)方程$2x^2+y^2=4$在空间解析几何中的表示为(　　).

A. 圆柱面　　B. 椭圆

C. 椭圆柱面　　D. 旋转椭球面

(10)直线$\frac{x-1}{2}=\frac{y+1}{3}=\frac{z-2}{4}$与平面$2x+3y+4z-1=0$的位置关系为(　　).

A. 平行 B. 垂直

C. 相交 D. 直线在平面内

2. 填空题:

(1)在空间直角坐标系中,点 $A(2,-1,3)$ 关于 x 轴的对称点为______,关于 xOz 平面的对称点为______,关于原点的对称点为______,到 z 轴的距离为______,到 yOz 平面的距离为______,到原点的距离为______,到平面 $2x-y+2z+3=0$ 的距离为______;

(2)在空间直角坐标系中,方程 $y=0$ 表示______平面;

(3)已知三点 $A(1,-2,3)$,$B(1,1,4)$,$C(2,0,2)$,则 $\overrightarrow{AB}\cdot\overrightarrow{AC}=$______,$\overrightarrow{AB}\times\overrightarrow{AC}=$______,$\triangle ABC$ 的面积为______;

(4)设向量 $\boldsymbol{a}=(1,\sqrt{2},-1)$,则 $|\boldsymbol{a}|=$______,$\boldsymbol{a}$ 的方向角为______、______、______,$\boldsymbol{a}$ 方向上的单位向量 $\boldsymbol{a}^0=$______;

(5)若 $\boldsymbol{m},\boldsymbol{n}$ 为相互垂直的单位向量,$\boldsymbol{a}=2\boldsymbol{m}+3\boldsymbol{n}$,$\boldsymbol{b}=2\boldsymbol{m}-3\boldsymbol{n}$,则 $\boldsymbol{a}\cdot\boldsymbol{b}=$______,$|\boldsymbol{a}\times\boldsymbol{b}|=$______;

(6)设向量 $\boldsymbol{a}=(2,1,-1)$,$\boldsymbol{b}=(-1,3,2)$,则 $5\boldsymbol{a}-3\boldsymbol{b}=$______,$\boldsymbol{a}\cdot\boldsymbol{b}=$______,$\cos\langle\boldsymbol{a},\boldsymbol{b}\rangle=$______,$\boldsymbol{a}\times\boldsymbol{b}=$______,$(\boldsymbol{a}\times\boldsymbol{b})\cdot\boldsymbol{b}=$______;

(7)已知点 $M(1,2,-3)$ 是线段 AB 的中点,点 A 的坐标为 $(-2,3,-4)$,则点 B 的坐标为______,直线 AB 的一个方向向量为______;

(8)球面 $x^2+y^2+z^2-4x+2y-6z-12=0$ 的球心坐标为______,半径为______;

(9)方程 $y=3x-1$ 表示的图形为______,它______ z 轴,它与 x 轴的交点坐标为______,与 y 轴的交点坐标为______,它与 xOz 平面的交线可表示为______,它与 yOz 平面的交线可表示为______.

3. 解答题:

(1)求通过两平面 $2x+y-4=0$ 与 $y=-2z$ 的交线及点 $M(-1,2,-1)$ 的平面方程.

(2)求过点 $M(-1,2,-1)$ 与平面 $\frac{x}{2}+\frac{y}{3}+\frac{z}{4}=1$ 平行的平面方程.

(3)求过点 $M(-1,2,-1)$ 与两平面 $\pi_1:2x+3y+z-1=0$,$\pi_2:3x-2y-z+1=0$ 都平行的直线方程.

(4)已知点 $M(1,2,-3)$，$N(2,-3,1)$，$P(-3,1,2)$，求 $\overrightarrow{MN}\cdot\overrightarrow{MP}$，$\overrightarrow{MN}\times\overrightarrow{MP}$；直线 MN 的方程；过 M,N,P 的平面方程；$\triangle MNP$ 的面积.

(5)求双曲线 $\begin{cases}\dfrac{x^2}{9}-\dfrac{y^2}{4}=1\\ z=0\end{cases}$ 分别绕 x 轴和绕 y 轴旋转所形成的旋转曲面的方程.

4. 试画出下列方程所表示的曲面的草图：

(1)$\dfrac{x}{4}+\dfrac{y}{3}+\dfrac{z}{2}=1$；　(2)$x^2+y^2+z^2=4$；　(3)$\dfrac{x^2}{4}+\dfrac{y^2}{9}+\dfrac{z^2}{4}=1$；

(4)$x+y-1=0$；　(5) $x^2+y^2=4$；　(6) $z=x^2+y^2$.

第7章　多元函数微积分

我们前面研究了一元函数微积分，研究的都是单个自变量的问题. 而在自然科学与工程技术的许多问题中，量的变化往往与多种因素有关，而这些因素之间在数量方面又存在着相互联系、相互制约的规律，这种客观存在的规律反映到数学上，就是一个变量依赖于多个变量的关系，这就是本章将要介绍的多元函数微积分学的内容.

本章以二元函数为主，讨论它的微积分法和应用，而二元以上的函数则可以类推. 二元函数微积分学是在一元函数微积分学的基础上发展起来的. 它的一些基本概念及研究问题的思想方法，虽然与一元函数的情形相仿，但是由于自变量个数的增加，将会产生一些新的问题，从而在内容和方法上有一些实质性的差别. 而从二元函数到三元函数或三元以上的函数，没有本质的差别，仅会产生一些技术上的困难. 因此，学习本章内容时应注意与一元函数微积分对照、类比，比较它们的异同点，以便更好地掌握多元函数微积分的基本概念和方法.

7.1　多元函数

本节介绍多元函数、极限和连续等相关概念.

7.1.1　多元函数的概念

1. 引例

引例1　圆柱体的体积 V 和它的底面半径 r 及高 h 之间的关系为

$$V=\pi r^2 h.$$

在三个变量 V,r,h 中，体积 V 是随着 r 和 h 的变化而变化的，当 r,h 在 $r>0,h>0$ 的范围内取定一对数值 (r,h) 时，V 有唯一的确定值与之对应. 此引例中，一个变量依赖于两个变量，这就产生了含有两个自变量的函数，即二元函数.

引例2　物体的运动动能 E_k 与其质量 m、速度 v 之间的关系为

$$E_k=\frac{1}{2}mv^2.$$

在这里，m 和 v 是两个独立变量，动能E_k会随着 m 和 v 的变化而变化的，当 m,v 在 $m>0,v>0$ 的范围内取定一对数值(m,v)时，E_k有唯一的确定值与之对应. 显然E_k依赖于质量 m 和速度 v，它也是一个二元函数.

上述两例，虽然实际背景意义不同，却具有相同的数学意义，即反映的均是一个变量与其他若干变量之间的相互依赖关系，这种依赖关系正是多元函数概念的实质. 由此给出多元函数的定义.

2. 二元函数的概念

定义 1　设有三个变量 x,y 和 z，如果当变量 x,y 在一定范围内取一对值时，变量 z 按照一定的规律，总有唯一确定的数值和它们对应，则变量 z 叫做变量 x,y 的**二元函数**，记作

$$z=f(x,y) \quad \text{或} \quad z=z(x,y)$$

其中，x,y 称为**自变量**，z 称为**因变量**，x,y 的变化范围称为函数的**定义域 D**. 设点$(x_0,y_0)\in D$，则对应的值 $f(x_0,y_0)$称为函数值，函数值的全体称为**值域**.

类似地，可以定义三元函数 $u=f(x,y,z)$以及三元以上的函数. 二元及二元以上的函数统称为多元函教.

虽然二元函数比一元函数复杂一些，但很多地方有相似的知识点. 例如，与一元函数相同，定义域 D 与对应法则 f 称为二元函数的两个要素，故当且仅当定义域和对应法则都相同时，两个二元函数为同一函数.

3. 平面点集与区域

已知一元函数的定义域是数轴上的点集，对于二元函数而言，由于自变量增加了一元，其定义域自然要由数轴上的点集拓展到平面上的点集，即二元函数须在平面点集上来定义. 因此，下面给出平面点集的概念.

定义 2　平面直角坐标系中满足某种条件 P 的二元有序实数组(x,y)的全体称为**平面点集**，记作

$$E=\{(x,y)\mid(x,y)\text{满足条件 }P\}.$$

当考虑两个自变量 x 与 y 时，x 与 y 的一组值(x,y)可以看作平面上一点 M，x,y 为该点的直角坐标，于是，两个变量 x 与 y 的变化范围(取值范围)就相当于平面上某个**点集**. 例如，

$$D=\{(x,y)\mid x>0,y<0\},$$

表示平面上所有满足 $x>0,y<0$ 的点(x,y)所组成的集合，即由直角坐标平面上第四象限的一切点所组成的集合.

$$E=\{(x,y)\mid x^2+y^2\leqslant 4\},$$

表示平面上所有满足 $x^2+y^2\leqslant 4$ 的点(x,y)所组成的集合，即由圆心在原

点，半径为 2 的圆内及圆周上的一切点所组成的集合.

平面上所有点构成的集合记作 $\mathbf{R}^2$，即 $\mathbf{R}^2=\{(x,y)\mid x\in\mathbf{R},y\in\mathbf{R}\}$，该集合表示的是整个坐标平面. $\mathbf{R}^2$ 又称为二维空间.

定义 3 由平面上的一条曲线或几条曲线所围成的平面上的一部分，称为**区域**. 区域通常用 D 表示，围成区域的曲线称为区域的边界. 包含边界在内的区域称为**闭区域**，不含边界的区域称为**开区域**.

例如，平面点集 $D_1=\{(x,y)\mid x^2+y^2\leqslant 4\}$ 是闭区域(见图 7-1)；平面点集 $D_1=\{(x,y)\mid x^2+y^2<4\}$ 是开区域(见图 7-2).

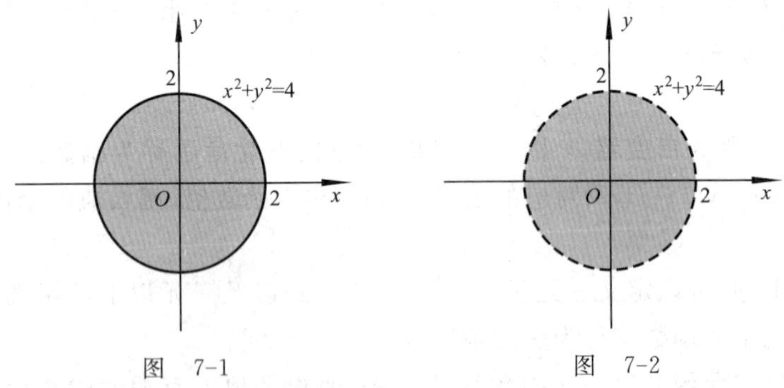

图 7-1 图 7-2

4. 求二元函数的函数值与定义域

求二元函数的函数值与定义域的方法与一元函数类似，但是二元函数的定义域是平面点集.

例 1 设 $f(x,y)=\dfrac{x^2+y^2}{2x^2y}$，求 $f(1,1)$，$f(a,b)$ 和 $f\left(\dfrac{1}{x},\dfrac{1}{y}\right)$.

解 $f(1,1)=\dfrac{1^2+1^2}{2\times1^2\times1}=1$，$f(a,b)=\dfrac{a^2+b^2}{2a^2b}$，

$$f\left(\frac{1}{x},\frac{1}{y}\right)=\frac{\left(\frac{1}{x}\right)^2+\left(\frac{1}{y}\right)^2}{2\left(\frac{1}{x}\right)^2\left(\frac{1}{y}\right)}=\frac{x^2+y^2}{2y}.$$

例 2 设 $z=\dfrac{1}{\sqrt{x}}\ln(x+y)$，求 $z|_{(1,1)}$，$z|_{\left(1,\frac{y}{x}\right)}$.

解 $z|_{(1,1)}=\dfrac{1}{\sqrt{1}}\ln(1+1)=\ln 2$，

$$z|_{\left(1,\frac{y}{x}\right)}=\ln\left(1+\frac{y}{x}\right)=\ln(x+y)-\ln x.$$

例 3 考察二元函数 $z=\dfrac{1}{\sqrt{x+y}}$ 的定义域.

解　要使函数有意义，需 $x+y>0$. 因此，得到函数的定义域为 $\{(x,y)\mid x+y>0\}$，用图形表示，则为直线 $x+y=0$ 上方的半平面(见图 7-3).

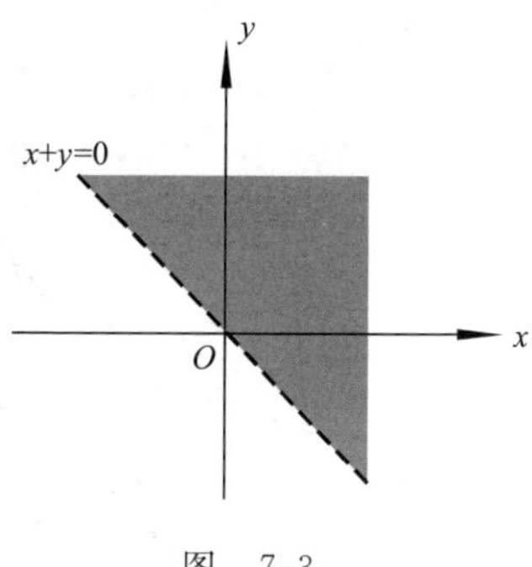

图　7-3

例 4　求二元函数 $z=\dfrac{1}{\sqrt{1-x^2}}$ 的定义域.

解　要使函数有意义，需 $1-x^2>0$，即 $|x|<1$. 因此作为二元函数时，其定义域为

$$\{(x,y)\mid |x|<1, y\in\mathbf{R}\},$$

用图形表示，则为直线 $x=\pm1$ 之间的带域(见图 7-4).

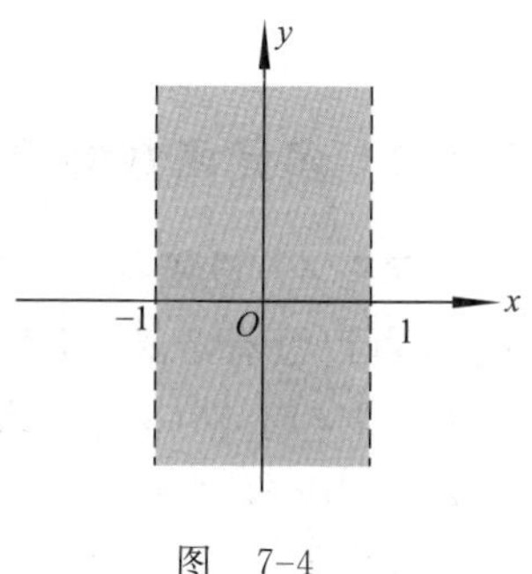

图　7-4

例 5　求函数 $z=\dfrac{\sqrt{4x-y^2}}{\sqrt{x-\sqrt{y}}}$ 的定义域.

解　要使函数有意义，需满足条件

$$\begin{cases}4x-y^2\geqslant 0\\ x-\sqrt{y}>0\\ y\geqslant 0\end{cases}，\quad 即\quad \begin{cases}y^2\leqslant 4x\\ 0\leqslant y<x^2\end{cases}，$$

定义域为 $\{(x,y)\mid y^2\leqslant 4x, 0\leqslant y<x^2\}$(见图 7-5).

图　7-5

5. 二元函数的几何意义

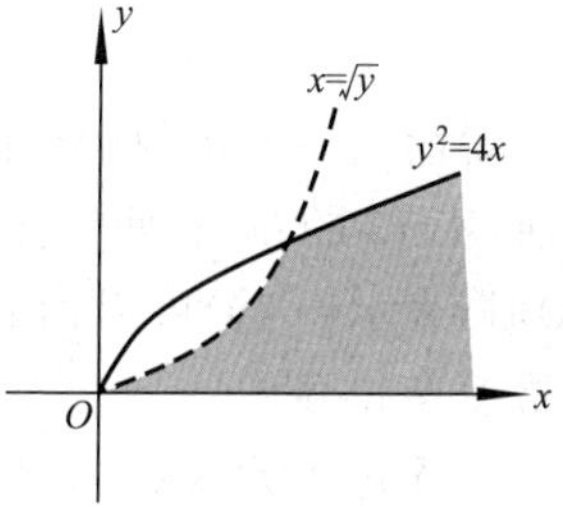

已知一元函数 $y=f(x)$ 表示 xOy 平面上的一条曲线. 对于二元函数 $z=f(x,y)$，因为当在其定义域 D 中每取定一点 $P(x,y)$ 时，必有唯一的函数值 $z=f(x,y)$ 与之对应，相应地便得到一个三元有序数组 (x,y,z)(其中 $z=f(x,y)$)，该数组在空间直角坐标系中唯一确定了一个以 x 为横坐标、y 为纵坐标、z 为竖坐标的点 $M(x,y,z)$. 当 $P(x,y)$ 取遍 D 中一切点时，点 $M(x,y,z)$ 的轨迹就构成空间中的一个曲面，所以二元函数 $z=f(x,y)$ 在几何上表示空间中的一个曲面，该曲面在 xOy 平面上的投影正是函数的定义域 D(见图 7-6).

例如，二元函数 $z=x^2+y^2$ 表示是一张旋转抛物面，而 $z=\sqrt{1-x^2-y^2}$ 表示上半单位球面.

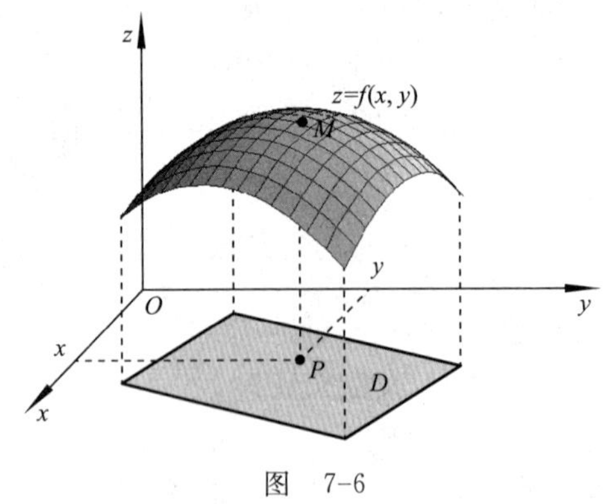

图 7-6

7.1.2 多元函数的极限

定义 4 设函数 $z=f(x,y)$ 在点 $P_0(x_0,y_0)$ 的某邻域内有定义(在点 P_0 处可以没有定义). $P(x,y)$ 为该邻域内任意一点,若当点 P 沿任意路径趋近于 P_0 时,$f(x,y)$ 趋近于一个确定的常数 A,则常数 A 叫做函数 $f(x,y)$ 当 $(x,y)\to(x_0,y_0)$ 时的**极限**,记为

$$\lim_{(x,y)\to(x_0,y_0)} f(x,y)=A \quad 或 \quad 当(x,y)\to(x_0,y_0)时, f(x,y)\to A.$$

也可记作

$$\lim_{\substack{x\to x_0\\ y\to y_0}} f(x,y)=A \quad 或 \quad \lim_{P\to P_0} f(x,y)=A.$$

说明 一元函数的极限在研究自变量变化时,$x\to x_0$ 仅表示点 x 沿着 x 轴,从 x_0 的左、右两个方向趋近于 x_0. 但二元函数的自变量 $(x,y)\to(x_0,y_0)$ 时,表示 (x,y) 可以沿着任意方向、任意路径趋近于 (x_0,y_0),这比一元函数复杂得多.

但无论二元函数的自变量 $(x,y)\to(x_0,y_0)$ 时有多复杂,当 $(x,y)\to(x_0,y_0)$ 时,总可以用 $\rho=\sqrt{(x-x_0)^2+(y-y_0)^2}\to 0$ 的方式表示 $(x,y)\to(x_0,y_0)$. 因此,二元函数的极限也可表示为

$$\lim_{\rho\to 0} f(x,y)=A.$$

求二元函数的极限可类似地使用一元函数极限的运算法则及相关定理、性质.

例 6 求极限 $\lim\limits_{\substack{x\to 1\\ y\to 2}}\dfrac{2x+y}{xy-3xy^2}$.

解 $\lim\limits_{\substack{x\to 1\\ y\to 2}}\dfrac{2x+y}{xy-3xy^2}=\dfrac{2\times 1+2}{1\times 2-3\times 1\times 2^2}=\dfrac{4}{-10}=-\dfrac{2}{5}$.

扫一扫 看视频

例 7　求极限$\lim\limits_{\substack{x\to1\\y\to0}}\dfrac{\ln(x+e^y)}{\sqrt{x^2+y^2}}$.

解　$\lim\limits_{\substack{x\to1\\y\to0}}\dfrac{\ln(x+e^y)}{\sqrt{x^2+y^2}}=\dfrac{\ln(1+e^0)}{\sqrt{1^2+0^2}}=\ln 2$.

例 8　求极限$\lim\limits_{\substack{x\to0\\y\to0}}\dfrac{\sin 2(x^2+y^2)}{x^2+y^2}$.

解　$\lim\limits_{\substack{x\to0\\y\to0}}\dfrac{\sin 2(x^2+y^2)}{x^2+y^2}=\lim\limits_{\substack{x\to0\\y\to0}}\dfrac{2\sin 2(x^2+y^2)}{2(x^2+y^2)}=2$.

表面看来，二元函数极限的定义与一元函数情形是类似的，似乎没有什么值得注意的地方. 事实是否如此呢？让我们看下面的例子.

例 9　考察二元函数

$$f(x,y)=\frac{xy^2}{x^2+y^4}$$

当$(x,y)\to(0,0)$时的极限情况.

解　这个函数在原点以外的任何点都有定义，所以，我们可以考察当$(x,y)\to(0,0)$时的极限情况.

设点(x,y)沿着直线 $y=kx$ 趋于原点，即$(x,kx)\to(0,0)$，它等价于$x\to0$. 于是

$$\lim_{\substack{x\to0\\y\to0}}f(x,y)=\lim_{x\to0}\frac{x\,(kx)^2}{x^2+(kx)^4}=\lim_{x\to0}\frac{k^2x}{1+k^4x^2}=0.$$

显然，无论 k 为何值，点(x,y)沿着直线 $y=kx$ 趋于原点时，均有$f(x,y)\to0$.

但如果令(x,y)沿着曲线 $y=\sqrt{x}$趋于原点时，就有

$$\lim_{\substack{x\to0\\y\to0}}f(x,y)=\lim_{x\to0}\frac{x(\sqrt{x})^2}{x^2+(\sqrt{x})^4}=\lim_{x\to0}\frac{x^2}{x^2+x^2}=\frac{1}{2}.$$

这说明，函数 $f(x,y)=\dfrac{xy^2}{x^2+y^4}$当点$(x,y)$沿着不同路径趋于原点时，有不同的极限. 根据二元函数极限的定义知，极限 $\lim\limits_{(x,y)\to(0,0)}\dfrac{xy^2}{x^2+y^4}$不存在.

一般地，判定极限 $\lim\limits_{(x,y)\to(x_0,y_0)}f(x,y)$不存在，首先选定直线 $y=kx+b$，如果极限值与 k 有关，则 $\lim\limits_{(x,y)\to(x_0,y_0)}f(x,y)$不存在；如果极限值与 k 无关，就再选另外曲线例如 $y=x^a$ 等判断. 只要能说明点(x,y)沿着两条不同路径趋于(x_0,y_0)时，其极限值不相等，就说明该极限不存在.

7.1.3 多元函数的连续性

类似于一元函数连续的定义，我们利用二元函数的极限给出二元函数连续的定义.

定义 5 设函数 $z=f(x,y)$ 在点 $P_0(x_0,y_0)$ 的某邻域内有定义，若 $\lim\limits_{\substack{x\to x_0\\ y\to y_0}}f(x,y)=f(x_0,y_0)$，则称函数 $z=f(x,y)$ 在点 $P_0(x_0,y_0)$ 处**连续**. 而点 P_0 称为函数 $z=f(x,y)$ 的**连续点**.

否则称函数 $z=f(x,y)$ 在点 $P_0(x_0,y_0)$ 处**不连续或间断**，称点 P_0 为 $z=f(x,y)$ 的**不连续点或间断点**.

如果函数 $z=f(x,y)$ 在平面区域 D 内每一点都连续，则称 $z=f(x,y)$ **在区域 D 内连续**.

由定义我们知道，$f(x,y)$ 在点 (x_0,y_0) 处连续应满足三点：

(1) $f(x,y)$ 在点 (x_0,y_0) 及其某一邻域内有定义；

(2) $\lim\limits_{\substack{x\to x_0\\ y\to y_0}}f(x,y)$ 存在；

(3) $\lim\limits_{\substack{x\to x_0\\ y\to y_0}}f(x,y)=f(x_0,y_0)$.

上述三点中至少有一点不满足，点 (x_0,y_0) 就是函数 $f(x,y)$ 的间断点.

二元函数的间断处可以是点，也可以是一条线.

根据连续定义判断一个二元函数的连续性是相当麻烦的. 我们可以利用下面这些结果，对于分析通常遇到的函数，基本上可以很快断定一个函数在哪些地方是连续的.

(1) 基本初等函数在作为二元函数时，在其定义域上都是连续的. 例如，$z=\sin x$ 在整个 xOy 平面上连续.

(2) 二元连续函数的和、差、积、商（分母不为零）是连续函数.

(3) 二元连续函数的复合函数仍为连续函数.

由以上几条可知，由基本初等函数通过四则运算和复合得到的函数，在定义域内是连续的.

一般地，我们研究的多元函数在其定义域内均连续，其在某点的极限值即为该点的函数值，这为求函数在连续点的极限值提供了理论依据.

例 10 讨论函数 $f(x,y)=x^2-xy+2y^3$ 在点 $(-1,1)$ 处的连续性.

解 因为该函数在整个 xOy 平面上是连续的，且点 $(-1,1)$ 是定义域内的点，所以函数在点 $(-1,1)$ 处是连续的.

与闭区间上一元连续函数的性质类似，有界闭区域上的二元函数有以下定理.

定理 1(最值定理)　在有界闭区域上连续的二元函数,在该区域上一定能取得最大值和最小值.

定理 2(介值定理)　在有界闭区域上连续的二元函数必能取得介于它的两个最值之间的任何值至少一次.

从二元函数的几何意义分析,以上两个定理显然是成立的.

习　题　7.1

1. 求下列函数的定义域,并作出简图.

(1)$z=\dfrac{xy}{x-y}$;　　(2)$z=\dfrac{1}{\sqrt{x^2+y^2-1}}$;

(3)$z=\ln(xy)$;　　(4)$z=\ln(x^2+y^2-4)$;

(5)$z=\sqrt{1-\dfrac{x^2}{a^2}-\dfrac{y^2}{b^2}}$;　　(6)$z=\sqrt{4-x^2-y^2}+\ln(y^2-2x+1)$.

2. 设 $f(x,y)=\dfrac{x^2-y^2}{2xy}$,求 $f(-2,3)$,$f(a,a)$.

3. 设 $f(x,y)=(xy)^{x+y}$,求 $f(x-y,x+y)$.

4. 设 $f\left(x+y,\dfrac{x}{y}\right)=x^2-y^2$,求 $f(x,y)$.

5. 设 $f(x+y,x-y)=x^2+xy$,求 $f(x,y)$.

6. 求下列极限:

(1) $\lim\limits_{(x,y)\to(1,0)}\arctan\sqrt{x^2+y^2}$;　　(2) $\lim\limits_{(x,y)\to(0,0)}\dfrac{xy}{\sqrt{xy+2}-\sqrt{2}}$;

(3) $\lim\limits_{(x,y)\to(0,0)}\dfrac{\sin 3(x^2+y^2)}{x^2+y^2}$;　　(4) $\lim\limits_{(x,y)\to(0,2)}\dfrac{\sin xy}{x}$;

(5) $\lim\limits_{(x,y)\to(\infty,\infty)}\left(1+\dfrac{1}{x^2+y^2}\right)^{x^2+y^2}$;　　(6) $\lim\limits_{(x,y)\to(+\infty,+\infty)}\dfrac{1}{x+y}\arctan(x+y)$.

7.2　偏导数与全微分

在一元函数中,我们已经知道导数就是函数对自变量的变化率. 对于二元函数我们同样要研究它的“变化率”. 然而,由于自变量多了一个,情况就要复杂得多. 在 xOy 平面内,当变点由(x_0,y_0)沿不同方向变化时,函数$f(x,y)$在(x_0,y_0)的附近变化快慢一般说来是不同的,因此就需要研究$f(x,y)$在(x_0,y_0)点处沿不同方向的变化率.

在这里只学习(x,y)沿着平行于x轴和平行于y轴两个特殊方位变动时$f(x,y)$的变化率.

7.2.1 偏导数的概念

引例 天气热的时候,潮湿会让我们感觉比实际温度高,然而在天气干的时候,我们会感觉比实际温度低.这样就产生了热度指标,用来指出温度和湿度共同影响的结果.热度指标I是当实际温度为T、湿度为H时的感知温度,所以I是T和H的函数,即$I=f(T,H)$.当T一定时(假设为T_0),则函数变成$I=f(T_0,H)$,这时热度指标I可以看成湿度H的一元函数.同理,湿度H一定时,热度指标可以看成温度T的一元函数.

1. 偏导数的定义

扫一扫 看视频

定义 1 设函数$z=f(x,y)$在点(x_0,y_0)的某一邻域内有定义,当y固定在y_0,而x在x_0处有增量Δx时,相应的函数有增量(称为偏增量)$f(x_0+\Delta x,y_0)-f(x_0,y_0)$,如果极限

$$\lim_{\Delta x\to 0}\frac{f(x_0+\Delta x,y_0)-f(x_0,y_0)}{\Delta x}$$

存在,则称此极限值为函数$z=f(x,y)$在点(x_0,y_0)处**关于x的偏导数**,记作

$$\left.\frac{\partial z}{\partial x}\right|_{\substack{x=x_0\\y=y_0}},\left.\frac{\partial f}{\partial x}\right|_{\substack{x=x_0\\y=y_0}},\left.\frac{\partial z}{\partial x}\right|_{(x_0,y_0)},\left.\frac{\partial f}{\partial x}\right|_{(x_0,y_0)},\left.z'_x\right|_{\substack{x=x_0\\y=y_0}},f'_x(x_0,y_0).$$

同理,如果极限

$$\lim_{\Delta y\to 0}\frac{f(x_0,y_0+\Delta y)-f(x_0,y_0)}{\Delta y}$$

存在,则称此极限值为函数$z=f(x,y)$在点(x_0,y_0)处**关于y的偏导数**,记作

$$\left.\frac{\partial z}{\partial y}\right|_{\substack{x=x_0\\y=y_0}},\left.\frac{\partial f}{\partial y}\right|_{\substack{x=x_0\\y=y_0}},\left.\frac{\partial z}{\partial y}\right|_{(x_0,y_0)},\left.\frac{\partial f}{\partial y}\right|_{(x_0,y_0)},\left.z'_y\right|_{\substack{x=x_0\\y=y_0}},f'_y(x_0,y_0).$$

当函数$z=f(x,y)$在点(x_0,y_0)处的两个偏导数$f'_x(x_0,y_0)$与$f'_y(x_0,y_0)$都存在时,称函数$z=f(x,y)$在点(x_0,y_0)处可导.

对于区域D内任意一点(x,y),如果函数$z=f(x,y)$都存在偏导数$f'_x(x,y)$,$f'_y(x,y)$,则这两个偏导数本身也是D上的函数,故称它们为函数$z=f(x,y)$的**偏导函数**,简称为**偏导数**,记为

$$\frac{\partial z}{\partial x},\frac{\partial f}{\partial x},z'_x,f'_x(x,y);\quad \frac{\partial z}{\partial y},\frac{\partial f}{\partial y},z'_y,f'_y(x,y).$$

仿照二元函数偏导数的定义，可以把偏导数的概念推广到三元及以上的函数，此处不作一一叙述.

2. 偏导数的求法

由偏导数的定义可见，函数 $z=f(x,y)$ 在点 (x_0,y_0) 处关于 x 的偏导数，实际上就是把 y 固定在 y_0，即将 y_0 看成常数，于是 $f'_x(x_0,y_0)$ 就是一元函数 $z=f(x,y_0)$ 在 x_0 处的导数，而函数 $z=f(x,y)$ 在点 (x_0,y_0) 处关于 y 的偏导数，则是把 x 固定在 x_0 并将其看成常数后，一元函数 $z=f(x_0,y)$ 在 y_0 处的导数. 因此求多元函数对某一自变量的偏导数时，只需将其他自变量看成常数，用一元函数求导法则对该自变量求导即可.

例 1　求函数 $z=x^3+2x^2y+y^2-1$ 在点 $(1,1)$ 处的两个偏导数.

解　把 y 看作常量，对 x 求导数，得

$$\frac{\partial z}{\partial x}=3x^2+4xy,\quad \left.\frac{\partial z}{\partial x}\right|_{(1,1)}=3\times1^2+4\times1\times1=7;$$

把 x 看作常量，对 y 求导数得

$$\frac{\partial z}{\partial y}=2x^2+2y,\quad \left.\frac{\partial z}{\partial y}\right|_{(1,1)}=2\times1^2+2\times1=4.$$

例 2　求 $z=x^y$ 的偏导数.

解　$\frac{\partial z}{\partial x}=y\cdot x^{y-1}$（把 y 看作常数，用幂函数的求导公式）；

$\frac{\partial z}{\partial y}=x^y\ln x$（把 x 看作常数，用指数函数的求导公式）.

例 3　求 $z=\frac{x\mathrm{e}^y}{y^2}$ 的偏导数.

解　$\frac{\partial z}{\partial x}=\frac{\mathrm{e}^y}{y^2}$；　$\frac{\partial z}{\partial y}=\frac{x\mathrm{e}^y\cdot y^2-2yx\mathrm{e}^y}{y^4}=\frac{x\mathrm{e}^y(y-2)}{y^3}$.

例 4　求 $u=x\mathrm{e}^{xyz}$ 的偏导数.

解　把 y 和 z 都看成常量，得

$$\frac{\partial u}{\partial x}=\mathrm{e}^{xyz}+x\mathrm{e}^{xyz}(xyz)'_x=\mathrm{e}^{xyz}+xyz\mathrm{e}^{xyz}=\mathrm{e}^{xyz}(1+xyz);$$

同理，得

$$\frac{\partial u}{\partial y}=x\mathrm{e}^{xyz}(xyz)'_y=x^2z\mathrm{e}^{xyz};$$

$$\frac{\partial u}{\partial z}=x\mathrm{e}^{xyz}(xyz)'_z=x^2y\mathrm{e}^{xyz}.$$

例 5 设 $f(x,y)=\begin{cases}1 & 当\ xy=0\\ 0 & 当\ xy\neq 0\end{cases}$,求它在原点(0,0)处的偏导数.

解 由偏导数的定义得

$$f'_x(0,0)=\lim_{\Delta x\to 0}\frac{f(0+\Delta x,0)-f(0,0)}{\Delta x}=\lim_{\Delta x\to 0}\frac{1-1}{\Delta x}=0,$$

$$f'_y(0,0)=\lim_{\Delta y\to 0}\frac{f(0+\Delta y,0)-f(0,0)}{\Delta y}=\lim_{\Delta y\to 0}\frac{1-1}{\Delta y}=0,$$

即函数 $f(x,y)$ 在点(0,0)处的两个偏导数均为0.

3. 二元函数偏导数的几何意义

根据偏导数的定义,二元函数 $z=f(x,y)$ 在点 (x_0,y_0) 处对 x 的偏导数 $f'_x(x_0,y_0)$,就是一元函数 $z=f(x,y_0)$ 在 x_0 处的导数,所以偏导数为 $\frac{\mathrm{d}}{\mathrm{d}x}f(x,y_0)\Big|_{x=x_0}$. 由导数的几何意义可知,$f'_x(x_0,y_0)$(即 $\frac{\mathrm{d}}{\mathrm{d}x}f(x,y_0)\Big|_{x=x_0}$)是曲线 $\begin{cases}z=f(x,y)\\ y=y_0\end{cases}$ 在点 $M_0(x_0,y_0,f(x_0,y_0))$ 处的切线对 Ox 轴的斜率,即

$$f'_x(x_0,y_0)=\frac{\mathrm{d}}{\mathrm{d}x}f(x,y_0)\Big|_{x=x_0}=\tan\alpha,$$

同理,偏导数 $f'_y(x_0,y_0)$ 是曲线 $\begin{cases}z=f(x,y)\\ x=x_0\end{cases}$ 在点 $M_0(x_0,y_0,f(x_0,y_0))$ 处的切线对 Oy 轴的斜率,即

$$f'_y(x_0,y_0)=\frac{\mathrm{d}}{\mathrm{d}y}f(x,y_0)\Big|_{y=y_0}=\tan\beta \quad (见图 7-7).$$

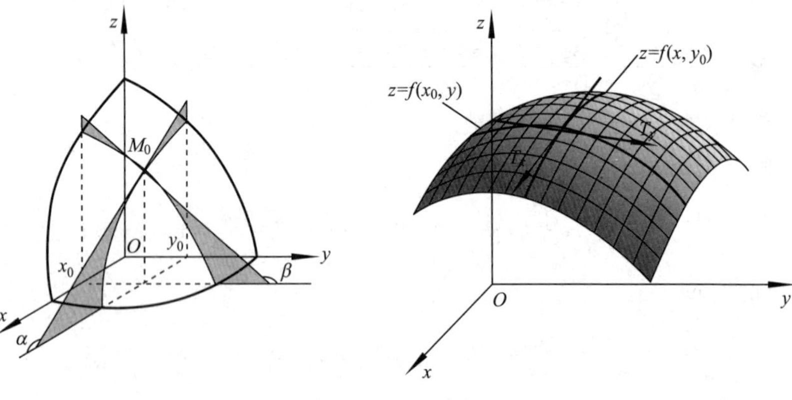

图 7-7

4. 多元函数偏导数存在与连续的关系

在一元函数中,如果函数在某点处可导,则它在该点处必定连续. 但是对于多元函数来说,在某点处即使各个偏导数都存在,也不能保证函数在该点处连续. 即

$$\boxed{\text{多元函数连续}} \;\substack{\not\longrightarrow \\ \not\longleftarrow}\; \boxed{\text{偏导数存在}}$$

例如,讨论函数 $f(x,y)=\begin{cases}\dfrac{xy^2}{x^2+y^4} & \text{当 } x^2+y^2\neq 0\\ 0 & \text{当 } x=y=0\end{cases}$ 在点(0,0)处的连续性和可导性.

由第一节中的例 9 和连续性的定义可知, $f(x,y)=\dfrac{xy^2}{x^2+y^4}$ 在点(0,0)处是不连续的,但利用偏导数的定义,可知

$$f'_x(0,0)=\lim_{\Delta x\to 0}\frac{f(0+\Delta x,0)-f(0,0)}{\Delta x}=\lim_{\Delta x\to 0}\frac{0}{\Delta x}=0,$$

$$f'_y(0,0)=\lim_{\Delta y\to 0}\frac{f(0,0+\Delta y)-f(0,0)}{\Delta y}=\lim_{\Delta y\to 0}\frac{0}{\Delta y}=0.$$

可见,多元函数的理论除与一元函数的理论有许多类似之处外,还会产生一些本质的差别.

注意　对于一元函数的导数记号 $\dfrac{\mathrm{d}y}{\mathrm{d}x}$,可以看作函数的微分 $\mathrm{d}y$ 与自变量的微分 $\mathrm{d}x$ 之商,而多元函数的偏导数记号 $\dfrac{\partial z}{\partial x}$ 是一个整体记号,表示二元函数 $z=f(x,y)$ 对 x 的偏导数.

7.2.2　高阶偏导数

若二元函数 $z=f(x,y)$ 在区域 D 内的两个偏导数 $f'_x(x,y)$ 和 $f'_y(x,y)$ 都存在,则 $f'_x(x,y)$, $f'_y(x,y)$ 一般仍然是 x,y 的函数,若它们的偏导数仍然存在,那么这种偏导数的偏导数,叫做 $z=f(x,y)$ 的**二阶偏导数**. 二元函数的二阶偏导数共有四个,分别记为

$$\frac{\partial}{\partial x}\left(\frac{\partial z}{\partial x}\right)=\frac{\partial^2 z}{\partial x^2}=f''_{xx}(x,y)=z''_{xx},\quad \frac{\partial}{\partial y}\left(\frac{\partial z}{\partial x}\right)=\frac{\partial^2 z}{\partial x\partial y}=f''_{xy}(x,y)=z''_{xy},$$

$$\frac{\partial}{\partial x}\left(\frac{\partial z}{\partial y}\right)=\frac{\partial^2 z}{\partial y\partial x}=f''_{yx}(x,y)=z''_{yx},\quad \frac{\partial}{\partial y}\left(\frac{\partial z}{\partial y}\right)=\frac{\partial^2 z}{\partial y^2}=f''_{yy}(x,y)=z''_{yy}.$$

其中, $\dfrac{\partial^2 z}{\partial x\partial y}$, $\dfrac{\partial^2 z}{\partial y\partial x}$ 叫做**混合偏导数**.

类似地可以定义三阶、四阶以至 n 阶偏导数，二阶及二阶以上的偏导数都叫做高阶偏导数. 也可以定义三元以及三元以上的函数的高阶偏导数，在此就不一一阐述了.

例 6 设 $z=x^3y+2xy^2-3y^3$，求其二阶偏导数.

解 $\dfrac{\partial z}{\partial x}=3x^2y+2y^2$，$\dfrac{\partial z}{\partial y}=x^3+4xy-9y^2$；

$$\frac{\partial^2 z}{\partial x^2}=6xy,\quad \frac{\partial^2 z}{\partial x\partial y}=3x^2+4y,\quad \frac{\partial^2 z}{\partial y\partial x}=3x^2+4y,\quad \frac{\partial^2 z}{\partial y^2}=4x-18y.$$

例 7 求 $f(x,y)=e^{xy}$ 的二阶偏导数.

解 $f'_x(x,y)=ye^{xy}$，$f'_y(x,y)=xe^{xy}$；

$$f''_{xx}(x,y)=y^2e^{xy},\quad f''_{xy}(x,y)=e^{xy}+xye^{xy}=(1+xy)e^{xy},$$

$$f''_{yx}(x,y)=e^{xy}+xye^{xy}=(1+xy)e^{xy},\quad f''_{yy}(x,y)=x^2e^{xy}.$$

由以上例题可以看出我们所研究的二阶混合偏导数是相等的，所以求二元函数的二阶偏导数时，只需求三个二阶偏导数即可. 但是必须注意，这个结论是有条件的，下面给出定理：

定理 1 如果函数 $z=f(x,y)$ 的两个二阶混合偏导数 $\dfrac{\partial^2 z}{\partial x\partial y}$ 和 $\dfrac{\partial^2 z}{\partial y\partial x}$ 在区域 D 内连续，那么，在该区域内这两个混合偏导数必相等. 即

$$\frac{\partial^2 z}{\partial x\partial y}=\frac{\partial^2 z}{\partial y\partial x}.$$

例 8 求 $z=e^x\cos y$ 的所有二阶偏导数.

解 $\dfrac{\partial z}{\partial x}=e^x\cos y$，$\dfrac{\partial z}{\partial y}=-e^x\sin y$；

$$\frac{\partial^2 z}{\partial x^2}=e^x\cos y,\quad \frac{\partial^2 z}{\partial y^2}=-e^x\cos y,$$

$$\frac{\partial^2 z}{\partial x\partial y}=\frac{\partial^2 z}{\partial y\partial x}=-e^x\sin y.$$

例 9 验证函数 $z=\ln\sqrt{x^2+y^2}$ 满足方程 $\dfrac{\partial^2 z}{\partial x^2}+\dfrac{\partial^2 z}{\partial y^2}=0$.

解 所给函数即 $z=\dfrac{1}{2}\ln(x^2+y^2)$，则

$$\frac{\partial z}{\partial x}=\frac{1}{2}\cdot\frac{2x}{x^2+y^2}=\frac{x}{x^2+y^2},\quad \frac{\partial^2 z}{\partial x^2}=\frac{x^2+y^2-x\cdot 2x}{(x^2+y^2)^2}=\frac{y^2-x^2}{(x^2+y^2)^2},$$

$$\frac{\partial z}{\partial y}=\frac{1}{2}\cdot\frac{2y}{x^2+y^2}=\frac{y}{x^2+y^2},\quad \frac{\partial^2 z}{\partial y^2}=\frac{x^2+y^2-y\cdot 2y}{(x^2+y^2)^2}=\frac{x^2-y^2}{(x^2+y^2)^2},$$

所以

$$\frac{\partial^2 z}{\partial x^2}+\frac{\partial^2 z}{\partial y^2}=\frac{y^2-x^2}{(x^2+y^2)^2}+\frac{x^2-y^2}{(x^2+y^2)^2}=0.$$

7.2.3　全微分的概念和计算

一元函数 $y=f(x)$在点 x_0 的微分是这样定义的：若 $y=f(x)$在 x_0 的增量 Δy 可表示为 $\Delta y=f'(x_0)\Delta x+o(\Delta x)$，其中 $o(\Delta x)$是 Δx 的高阶无穷小，则称 $\mathrm{d}y=f'(x_0)\Delta x$ 为函数 $y=f(x)$在 x_0 处的微分. 与之类似，如下定义二元函数的全微分.

定义 2　若二元函数 $z=f(x,y)$在点(x_0,y_0)的全增量

$$\Delta z=f(x_0+\Delta x,y_0+\Delta y)-f(x_0,y_0)$$

可表示为

$$\Delta z=\left.\frac{\partial z}{\partial x}\right|_{(x_0,y_0)}\Delta x+\left.\frac{\partial z}{\partial y}\right|_{(x_0,y_0)}\Delta y+o(\rho),$$

其中，$\rho=\sqrt{(\Delta x)^2+(\Delta y)^2}$，则称$\left.\frac{\partial z}{\partial x}\right|_{(x_0,y_0)}\Delta x+\left.\frac{\partial z}{\partial y}\right|_{(x_0,y_0)}\Delta y$ 为 $z=f(x,y)$在(x_0,y_0)点处的全微分，记作 $\mathrm{d}z$，即

$$\mathrm{d}z\big|_{(x_0,y_0)}=\left.\frac{\partial z}{\partial x}\right|_{(x_0,y_0)}\Delta x+\left.\frac{\partial z}{\partial y}\right|_{(x_0,y_0)}\Delta y,$$

这时也称函数 $z=f(x,y)$在点(x_0,y_0)可微.

若 $z=f(x,y)$在区域 D 内每一点均可微，则称它在 D 内可微. 在 D 内任一点的微分可写成

$$\mathrm{d}z=\frac{\partial z}{\partial x}\Delta x+\frac{\partial z}{\partial y}\Delta y,$$

将 $\Delta x,\Delta y$ 改写成 $\mathrm{d}x,\mathrm{d}y$，则

$$\mathrm{d}z=\frac{\partial z}{\partial x}\mathrm{d}x+\frac{\partial z}{\partial y}\mathrm{d}y.$$

例 10　求函数 $f(x,y)=x^2+y$ 在点$(1,1)$处，当 $\Delta x=0.1,\Delta y=-0.1$ 时的全增量和全微分.

解　全增量

$$\begin{aligned}\Delta z&=f(x_0+\Delta x,y_0+\Delta y)-f(x_0,y_0)\\&=f(1+0.1,1-0.1)-f(1,1)\\&=(1.1^2+0.9)-(1+1)=1.21+0.9-2=0.11.\end{aligned}$$

因为 $$f_x'(x,y)=2x,\quad f_y'(x,y)=1,$$
所以 $$f_x'(1,1)=2x|_{(1,1)}=2,\quad f_y'(1,1)=1|_{(1,1)}=1,$$
全微分

$$dz=\frac{\partial z}{\partial x}\Delta x+\frac{\partial z}{\partial y}\Delta y=2\times 0.1-1\times 0.1=0.1.$$

由此例也可看出全微分和全增量之间相差高阶无穷小.

例 11 求函数 $z=\sin x+\frac{x}{y}$ 的全微分.

解 因为

$$\frac{\partial z}{\partial x}=\cos x+\frac{1}{y},\quad \frac{\partial z}{\partial y}=-\frac{x}{y^2},$$

于是全微分为

$$dz=\left(\cos x+\frac{1}{y}\right)dx-\frac{x}{y^2}dy.$$

例 12 求函数 $z=e^{xy}$ 在点(2,1)处的全微分.

解 因为

$$\frac{\partial z}{\partial x}=ye^{xy},\quad \frac{\partial z}{\partial y}=xe^{xy},$$

则

$$\left.\frac{\partial z}{\partial x}\right|_{\substack{x=2\\y=1}}=e^2,\quad \left.\frac{\partial z}{\partial y}\right|_{\substack{x=2\\y=1}}=2e^2,$$

所以

$$dz=e^2dx+2e^2dy.$$

例 13 设 $u=xe^{xy+2z}$,求 u 的全微分.

解 $$\frac{\partial u}{\partial x}=e^{xy+2z}+xe^{xy+2z}\cdot y=(1+xy)e^{xy+2z},$$

$$\frac{\partial u}{\partial y}=xe^{xy+2z}\cdot x=x^2e^{xy+2z},\quad \frac{\partial u}{\partial z}=xe^{xy+2z}\cdot 2=2xe^{xy+2z},$$

于是

$$\begin{aligned}du&=\frac{\partial u}{\partial x}dx+\frac{\partial u}{\partial y}dy+\frac{\partial u}{\partial z}dz=(1+xy)e^{xy+2z}dx+x^2e^{xy+2z}dy+2xe^{xy+2z}dz\\&=e^{xy+2z}[(1+xy)dx+x^2dy+2xdz].\end{aligned}$$

函数在一点可微、可导、连续、偏导连续,它们之间有什么关系呢?

定理 2(可微的必要条件) 若函数 $z=f(x,y)$ 在点 (x,y) 处可微,则函

数 $z=f(x,y)$ 在点 (x,y) 处的两个偏导数存在，且有

$$A=\frac{\partial z}{\partial x},\quad B=\frac{\partial z}{\partial y}.$$

一般地，记 $\Delta x=\mathrm{d}x,\Delta y=\mathrm{d}y$，则函数 $z=f(x,y)$ 的全微分可写成

$$\mathrm{d}z=\frac{\partial z}{\partial x}\mathrm{d}x+\frac{\partial z}{\partial y}\mathrm{d}y.$$

定理 3(可微的充分条件)　若函数 $z=f(x,y)$ 在点 (x,y) 处的两个偏导数连续，则函数 $z=f(x,y)$ 在该点一定可微.

多元函数可微、偏导数连续、偏导数存在、二元函数连续关系如图 7-8 所示.

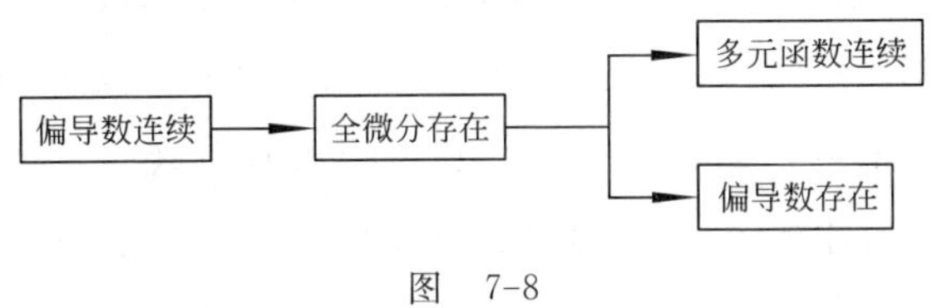

图　7-8

7.2.4　全微分在近似计算中的应用

多元函数的全微分也可用来作近似计算. 若函数 $z=f(x,y)$ 在点 (x_0,y_0) 可微，根据全微分的定义，当 $|\Delta x|$ 和 $|\Delta y|$ 都很小时，有近似计算公式

$$\Delta z\approx \mathrm{d}z=f'_x(x_0,y_0)\Delta x+f'_y(x_0,y_0)\Delta y;$$

$$f(x_0+\Delta x,y_0+\Delta y)\approx f(x_0,y_0)+f'_x(x_0,y_0)\Delta x+f'_y(x_0,y_0)\Delta y.$$

前者可以理解为函数**全增量的近似值问题**，后者可以理解为**函数值的近似值问题**.

例 14　求 $(1.02)^{2.04}$ 的近似值.

解　所要计算的值可以看作函数 $f(x,y)=x^y$ 在 $x=1.02,y=2.04$ 时的函数值. 取

$$x_0=1,\quad y_0=2,\quad \Delta x=0.02,\quad \Delta y=0.04,$$

因为

$$f'_x(x,y)=yx^{y-1},\quad f'_y(x,y)=x^y\ln x,$$

所以

$$f'_x(1,2)=yx^{y-1}|_{(1,2)}=2,\quad f'_y(1,2)=x^y\ln x|_{(1,2)}=0.$$

这是求函数值的近似值，故由

$$f(x_0+\Delta x,y_0+\Delta y)\approx f(x_0,y_0)+f'_x(x_0,y_0)\Delta x+f'_y(x_0,y_0)\Delta y,$$

得

$$(1.02)^{2.04}\approx f(1,2)+f'_x(1,2)\times 0.02+f'_y(1,2)\times 0.04$$
$$=1^2+2\times 0.02+0\times 0.04=1.04.$$

例 15 用水泥建造一个无盖的圆柱形水池，其内半径为 2 m，内高为 4 m，侧壁及底的厚度为 0.1 m，问需要多少水泥？

解 设圆柱的底半径和高分别为 x,y，则体积为

$$V=\pi x^2 y,$$

于是做水池需要的水泥可以看作当 $x=2.1$ m，$y=4.1$ m 与 $x_0=2$ m，$y_0=4$ m 时，两个圆柱体体积之差 ΔV，这是求函数全增量的近似值，因此可利用

$$\Delta V\approx \mathrm{d}V=f'_x(x_0,y_0)\Delta x+f'_y(x_0,y_0)\Delta y=2\pi x_0 y_0\Delta x+\pi x_0^2\Delta y$$

来计算，此时取 $x_0=2,y_0=4,\Delta x=0.1,\Delta y=0.1$，所以

$$\Delta V\approx \mathrm{d}V=2\pi\times 2\times 4\times 0.1+\pi\times 2^2\times 0.1=2\pi(\mathrm{m}^3)$$

即建造这个水池大约需要水泥 $2\pi\ \mathrm{m}^3$.

习 题 7.2

1. 求下列函数的一阶偏导数：

(1) $z=\dfrac{x-y}{x+y}$； (2) $z=\arctan\dfrac{y}{x}$；

(3) $z=x^2\ln(x^2+y^2)$； (4) $z=\dfrac{xy}{x^2+y^2}$；

(5) $z=\dfrac{\cos x^2}{y^2}$； (6) $z=\mathrm{e}^{xy}\cos(x^2+y^2)$；

(7) $u=\sqrt{x^2+y^2+z^2}$； (8) $u=\sin xy+2z^3$.

2. 设 $z=\ln(\sqrt{x}+\sqrt{y})$，证明 $x\dfrac{\partial z}{\partial x}+y\dfrac{\partial z}{\partial y}=\dfrac{1}{2}$.

3. 求下列函数的二阶偏导数：

(1) $z=x^4y+x^2y^3$； (2) $z=\ln(xy+y^2)$；

(3) $z=\sqrt{xy}$； (4) $z=x^2\arctan(xy)$.

4. 设 $z=x\ln(xy)$，求 $\dfrac{\partial^3 z}{\partial x^2\partial y}$，$\dfrac{\partial^3 z}{\partial x\partial y^2}$.

5. 设 $u=z\arctan\dfrac{x}{y}$，验证 $\dfrac{\partial^2 u}{\partial x^2}+\dfrac{\partial^2 u}{\partial y^2}+\dfrac{\partial^2 u}{\partial z^2}=0$.

6. 求下列函数的全微分：

(1) $z=\dfrac{x}{\sqrt{x^2+y^2}}$；　(2) $z=\dfrac{y}{x}+x^2y^2$；

(3) $z=\ln(x^2+y^2)$；　(4) $z=\arctan\dfrac{x}{y}$；

(5) $z=x^y$；　(6) $z=\mathrm{e}^{xy}$；

(7) $z=\mathrm{e}^{x+y}\cos(x-y)$；　(8) $u=\mathrm{e}^x(x^2+y^2+z^2)$；

(9) $u=z\cot(xy)$；　(10) $u=z^{xy}$.

7. 求函数 $z=\ln(1+x^2+y^2)$ 当 $x=1,y=2$ 时的全微分.

8. 求函数 $z=2x+3y^2$，当 $x=10,y=8,\Delta x=0.2,\Delta y=0.3$ 时的全微分.

9. 求 $(1.99)^{1.01}$ 的近似值.($\ln 2=0.693$)

10. 求 $\sqrt{(1.01)^2+(1.99)^2}$ 的近似值.

11. 有一圆柱体，它的底面半径 R 由 2 cm 增加到 2.05 cm，其高 H 由 10 cm 减少到 9.8 cm，试求体积变化的近似值.

7.3　复合函数微分法与隐函数求导法则

7.3.1　复合函数微分法

对于一元函数的复合函数 $y=f(\varphi(x))$，如果函数 $y=f(u)$ 在点 u 处可导，而 $u=\varphi(x)$ 又在点 x 处可导，则有一元复合函数的微分法则

$$\frac{\mathrm{d}y}{\mathrm{d}x}=\frac{\mathrm{d}y}{\mathrm{d}u}\cdot\frac{\mathrm{d}u}{\mathrm{d}x}.$$

这一法则在求导过程中起着重要作用. 对于多元函数，情况也是类似的. 下面以二元复合函数为例，讨论多元复合函数的微分法则.

定义　设函数 $z=f(u,v)$，而 u,v 均为 x,y 的函数，即 $u=u(x,y)$，$v=v(x,y)$，则函数 $z=f(u(x,y),v(x,y))$ 叫做 x,y 的复合函数. 其中 u,v 叫做中间变量，x,y 叫做自变量.

二元复合函数有如下微分法则：

定理　设 $u=u(x,y)$，$v=v(x,y)$ 在点 (x,y) 处对 x,y 的偏导数都存在，函数 $z=f(u,v)$ 在对应点 (u,v) 处具有连续偏导数，则复合函数 $z=f(u(x,y),v(x,y))$ 在点 (x,y) 处的两个偏导数 $\dfrac{\partial z}{\partial x},\dfrac{\partial z}{\partial y}$ 存在，且具有下列公式

$$\frac{\partial z}{\partial x}=\frac{\partial z}{\partial u}\cdot\frac{\partial u}{\partial x}+\frac{\partial z}{\partial v}\cdot\frac{\partial v}{\partial x},$$

$$\frac{\partial z}{\partial y}=\frac{\partial z}{\partial u}\cdot\frac{\partial u}{\partial y}+\frac{\partial z}{\partial v}\cdot\frac{\partial v}{\partial y}.$$

多元复合函数的求导法则可以叙述为：多元复合函数对某一自变量的偏导数，等于函数对各个中间变量的偏导数与这个中间变量对该自变量的偏导数的乘积之和．这一法则也称为**“链式法则”**．“链式法则”可以是一元的，也可以是多元的(自变量的个数可以变化)．

在计算时，常用图示法表示各变量之间的关系．例如，二元复合函数的链式法则如图 7-9(a)所示．

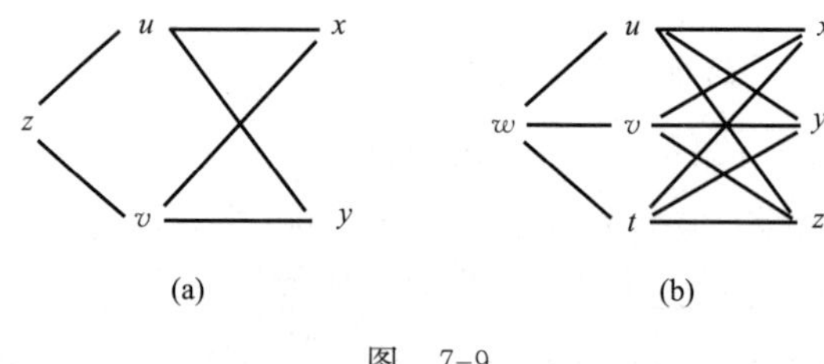

图 7-9

一般地，无论复合函数的复合关系如何，因变量到达自变量有几条路径，就有几项相加，而一条路径中有几个环节，这项就有几个偏导数相乘．

例如，设 $w=f(u,v,t)$，$u=u(x,y,z)$，$v=v(x,y,z)$，$t=t(x,y,z)$构成可导复合函数，则链式法则如图 7-9(b)所示，且

$$\frac{\partial w}{\partial x}=\frac{\partial w}{\partial u}\cdot\frac{\partial u}{\partial x}+\frac{\partial w}{\partial v}\cdot\frac{\partial v}{\partial x}+\frac{\partial w}{\partial t}\cdot\frac{\partial t}{\partial x},$$

$$\frac{\partial w}{\partial y}=\frac{\partial w}{\partial u}\cdot\frac{\partial u}{\partial y}+\frac{\partial w}{\partial v}\cdot\frac{\partial v}{\partial y}+\frac{\partial w}{\partial t}\cdot\frac{\partial t}{\partial y},$$

$$\frac{\partial w}{\partial z}=\frac{\partial w}{\partial u}\cdot\frac{\partial u}{\partial z}+\frac{\partial w}{\partial v}\cdot\frac{\partial v}{\partial z}+\frac{\partial w}{\partial t}\cdot\frac{\partial t}{\partial z}.$$

例 1 设 $z=u^2\mathrm{e}^v$，而 $u=xy$，$v=2x+3y$，求$\frac{\partial z}{\partial x},\frac{\partial z}{\partial y}$．

解 函数各变量之间的关系如图 7-9(a)所示，于是

$$\frac{\partial z}{\partial x}=\frac{\partial z}{\partial u}\cdot\frac{\partial u}{\partial x}+\frac{\partial z}{\partial v}\cdot\frac{\partial v}{\partial x}=2u\mathrm{e}^v\cdot y+u^2\mathrm{e}^v\cdot 2=2xy^2\mathrm{e}^{2x+3y}+2x^2y^2\mathrm{e}^{2x+3y}.$$

$$\frac{\partial z}{\partial y}=\frac{\partial z}{\partial u}\cdot\frac{\partial u}{\partial y}+\frac{\partial z}{\partial v}\cdot\frac{\partial v}{\partial y}=2u\mathrm{e}^v\cdot x+u^2\mathrm{e}^v\cdot 3=2x^2y\mathrm{e}^{2x+3y}+3x^2y^2\mathrm{e}^{2x+3y}.$$

多元复合函数的复合关系是多种多样的，但根据链式法则，可以灵活地掌握复合函数的求导法则. 下面举例讨论几种情形.

例 2　设函数 $z=uv^2$，$u=\sin x$，$v=x^2-y^2$，求 $\frac{\partial z}{\partial x}$，$\frac{\partial z}{\partial y}$.

解　函数各变量之间的关系如图 7-10 所示，于是

$$\frac{\partial z}{\partial x}=\frac{\partial z}{\partial u}\cdot\frac{\mathrm{d}u}{\mathrm{d}x}+\frac{\partial z}{\partial v}\cdot\frac{\partial v}{\partial x}=v^2\cdot\cos x+2uv\cdot 2x$$

$$=(x^2-y^2)^2\cos x+4x(x^2-y^2)\sin x.$$

$$\frac{\partial z}{\partial y}=\frac{\partial z}{\partial v}\cdot\frac{\partial v}{\partial y}=2uv\cdot(-2y)$$

$$=-4y(x^2-y^2)\sin x.$$

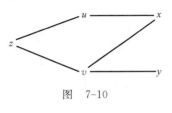

图　7-10

例 3　设函数 $w=f(x+y+z,xyz)$，求 $\frac{\partial w}{\partial x}$.

解　设 $u=x+y+z$，$v=xyz$，则 $w=f(u,v)$.

函数各变量之间的关系如图 7-11 所示，于是

$$\frac{\partial w}{\partial x}=\frac{\partial w}{\partial u}\cdot\frac{\partial u}{\partial x}+\frac{\partial w}{\partial v}\cdot\frac{\partial v}{\partial x}$$

$$=\frac{\partial f}{\partial u}\cdot 1+\frac{\partial f}{\partial v}\cdot yz=\frac{\partial f}{\partial u}+\frac{\partial f}{\partial v}\cdot yz.$$

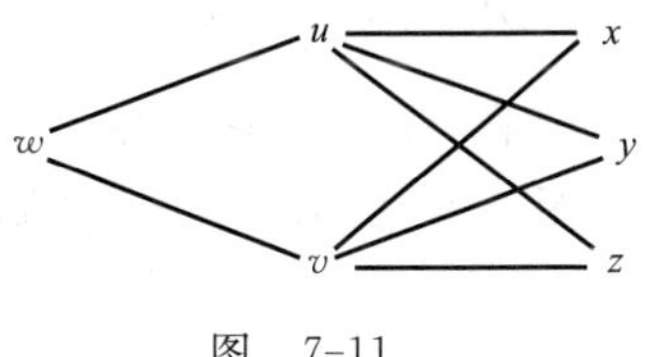

图　7-11

例 4　设 $z=x^y$，而 $x=\sin t$，$y=\cos t$，求 $\frac{\mathrm{d}z}{\mathrm{d}t}$.

解　函数各变量之间的关系如图 7-12 所示，由链式法则，得

$$\frac{\mathrm{d}z}{\mathrm{d}t}=\frac{\partial z}{\partial x}\cdot\frac{\mathrm{d}x}{\mathrm{d}t}+\frac{\partial z}{\partial y}\cdot\frac{\mathrm{d}y}{\mathrm{d}t}$$

$$=yx^{y-1}\cos t+x^y\ln x(-\sin t)$$

$$=yx^{y-1}\cos t-x^y\ln x\sin t$$

$$=(\sin t)^{\cos t-1}\cos^2 t-(\sin t)^{\cos t+1}\ln\sin t.$$

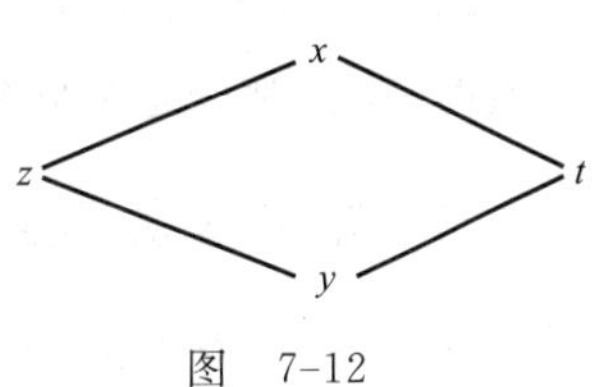

图　7-12

上面的例题只有一个自变量 t，即复合函数 $z=f(x(t),y(t))$ 是 t 的一元函数. 这时 z 对 t 的导数不再是偏导数，而称为**全导数**，记作 $\frac{\mathrm{d}z}{\mathrm{d}t}$.

例 5　设 $z=uv+\sin t$，且 $u=\mathrm{e}^t$，$v=\cos t$，求全导数 $\frac{\mathrm{d}z}{\mathrm{d}t}$.

解　函数各变量之间的关系如图 7-13 所示，由链式法则，得

$$\frac{dz}{dt}=\frac{\partial z}{\partial u}\cdot\frac{du}{dt}+\frac{\partial z}{\partial v}\cdot\frac{dv}{dt}+\frac{\partial z}{\partial t}$$
$$=ve^t+u(-\sin t)+\cos t$$
$$=e^t\cos t-e^t\sin t+\cos t$$
$$=e^t(\cos t-\sin t)+\cos t.$$

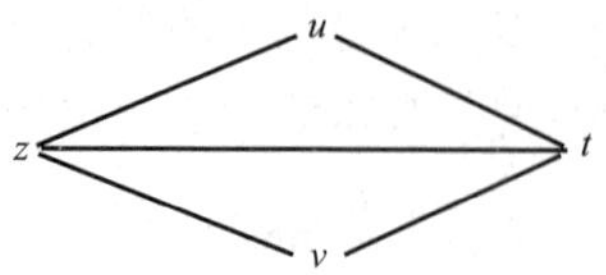

图 7-13

例 6 设 $z=f(x,u)$ 的偏导数连续，且 $u=3x^2+y^4$，求 $\frac{\partial z}{\partial x},\frac{\partial z}{\partial y}$.

解 函数各变量之间的关系如图 7-14 所示，由链式法则，得

$$\frac{\partial z}{\partial x}=\frac{\partial f}{\partial x}+\frac{\partial f}{\partial u}\frac{\partial u}{\partial x}=f'_x(x,u)+f'_u(x,u)\cdot 6x$$
$$=f'_x(x,u)+6xf'_u(x,u),$$
$$\frac{\partial z}{\partial y}=\frac{\partial f}{\partial u}\frac{\partial u}{\partial y}=4y^3f'_u(x,u).$$

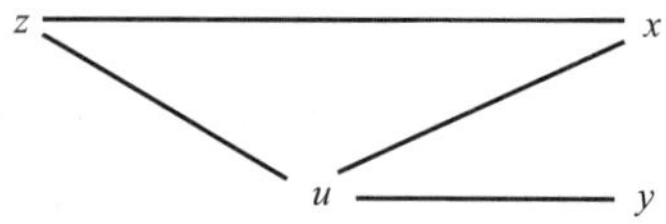

图 7-14

例 7 设 $u=f(x,y,z)$ 的偏导数连续，且 $z=\varphi(x,y)$，求 $\frac{\partial u}{\partial x},\frac{\partial u}{\partial y}$.

解 在这个函数中，x、y 既是中间变量又是自变量，各变量之间的关系如图 7-15 所示，由链式法则，得

$$\frac{\partial u}{\partial x}=\frac{\partial f}{\partial x}+\frac{\partial f}{\partial z}\frac{\partial z}{\partial x},$$
$$\frac{\partial u}{\partial y}=\frac{\partial f}{\partial y}+\frac{\partial f}{\partial z}\frac{\partial z}{\partial y}.$$

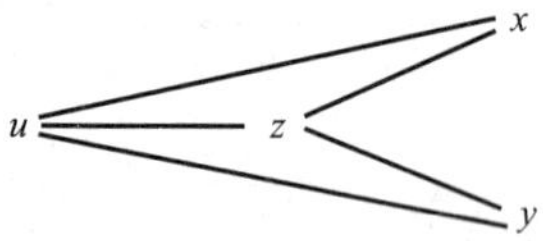

图 7-15

通过上面的例题可以看到，在利用复合函数的求导法则对复合函数求导数时，搞清楚变量之间的关系是关键.

7.3.2 隐函数求导法则

在一元函数的导数与微分中，我们已经给出隐函数的概念，并且学习过隐函数的求导法则，但有些问题尚待解决. 在什么条件下，方程 $F(x,y)=0$ 可以定义一个隐函数；在什么条件下，方程 $F(x,y)=0$ 所定义的隐函数 $y=f(x)$ 连续且可微的. 另外我们也没有给出其导数的一般公式. 下面介绍隐函数存在定理. 然后根据多元函数复合函数微分法导出隐函数的导数公式.

隐函数存在定理 1 设函数 $F(x,y)$ 在点 (x_0,y_0) 的某一邻域内具有连续的偏导数 $F'_x(x,y)$，$F'_y(x,y)$，并且 $F(x_0,y_0)=0$，$F'_y(x_0,y_0)\neq 0$，则方程 $F(x,y)=0$ 在点 (x_0,y_0) 的某一邻域内能唯一确定一个单值连续且具有连

续导数的函数 $y=f(x)$，它满足 $y_0=f(x_0)$，其导数为

$$\frac{dy}{dx}=-\frac{F'_x(x,y)}{F'_y(x,y)}.$$

事实上，公式可以根据一元函数隐函数求导法及多元复合函数求导法则（其链式结构如图 7-16 所示）推出，即方程 $F(x,y)=0$ 两边对 x 求导，得

$$F'_x(x,y)\cdot 1+F'_y(x,y)\cdot\frac{dy}{dx}=0,$$

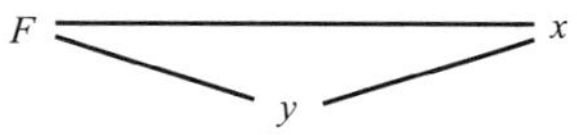

图　7-16

于是

$$\frac{dy}{dx}=-\frac{F'_x(x,y)}{F'_y(x,y)}.$$

例 8　设 $x^3+y^3=16x$，求 $\frac{dy}{dx}$.

解　令 $F(x,y)=x^3+y^3-16x$，则

$$F'_x(x,y)=3x^2-16,\quad F'_y(x,y)=3y^2,$$

所以

$$\frac{dy}{dx}=-\frac{F'_x(x,y)}{F'_y(x,y)}=-\frac{3x^2-16}{3y^2}=\frac{16-3x^2}{3y^2}.$$

与一元函数的隐函数类似，多元函数的隐函数也是由方程式来确定的一个函数. 一般地，由方程 $F(x,y,z)=0$ 所确定的函数 $z=f(x,y)$ 叫做**二元隐函数**. 但不是所有的方程式都能确定一个函数，也不能保证这个函数是连续的和可以求导的. 例如 $x^2+2y^2+3z^2+4=0$，由于 x,y,z 无论取什么实数都不满足这个方程，从而这个方程不能确定任何实函数 $z=f(x,y)$. 因此，我们同样需要解决在什么条件下，可以由方程式确定一个函数，且这个函数是连续的、可导的，以及具体的求导方法. 隐函数存在定理 1 可以推广到多元函数的情形.

隐函数存在定理 2　设函数 $F(x,y,z)$ 在点 (x_0,y_0,z_0) 的某一邻域内具有连续的偏导数 $F'_x(x,y,z)$，$F'_y(x,y,z)$ 及 $F'_z(x,y,z)$，并且 $F(x_0,y_0,z_0)=0$，$F'_z(x_0,y_0,z_0)\neq 0$，则方程 $F(x,y,z)=0$ 在点 (x_0,y_0,z_0) 的某一邻域内能唯一确定一个单值连续且具有连续偏导数的二元函数 $z=f(x,y)$，并满足 $z_0=f(x_0,y_0)$，其偏导数为

$$\frac{\partial z}{\partial x}=-\frac{F'_x(x,y,z)}{F'_z(x,y,z)},\quad \frac{\partial z}{\partial y}=-\frac{F'_y(x,y,z)}{F'_z(x,y,z)}.$$

证明略.

此公式是二元隐函数的求偏导数公式. 该公式的推导过程如下：

如果函数 $F(x,y,z)$ 满足隐函数存在定理 2 的条件，则由方程 $F(x,y,z)=0$ 定义了隐函数 $z=f(x,y)$，将它带入方程 $F(x,y,z)=0$ 中，得到恒

等式 $F(x,y,f(x,y))\equiv 0$，其左端是 x,y 的复合函数，链式结构如图 7-17 所示. 则

$$\frac{\partial F}{\partial x}+\frac{\partial F}{\partial z}\cdot\frac{\partial z}{\partial x}=0,\quad \frac{\partial F}{\partial y}+\frac{\partial F}{\partial z}\cdot\frac{\partial z}{\partial y}=0.$$

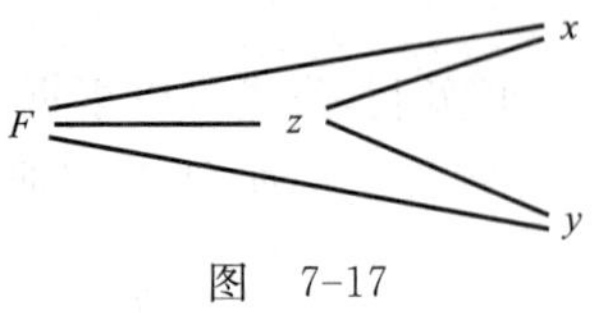

图 7-17

或

$$F'_x+F'_z\cdot\frac{\partial z}{\partial x}=0,\quad F'_y+F'_z\cdot\frac{\partial z}{\partial y}=0.$$

由于偏导数 $F'_z(x,y,z)$ 连续，且 $F'_z(x_0,y_0,z_0)\neq 0$，所以存在点 (x_0,y_0,z_0) 的某一邻域，使得 $F'_z(x,y,z)\neq 0$，于是

$$\frac{\partial z}{\partial x}=-\frac{F'_x(x,y,z)}{F'_z(x,y,z)},\quad \frac{\partial z}{\partial y}=-\frac{F'_y(x,y,z)}{F'_z(x,y,z)}.$$

这个公式可以推广到三元及三元以上隐函数的求导公式.

例如，由 $F(x,y,z,u)=0$ 所确定的三元隐函数 $u=f(x,y,z)$ 的偏导数是

$$\frac{\partial u}{\partial x}=-\frac{F'_x}{F'_u},\quad \frac{\partial u}{\partial y}=-\frac{F'_y}{F'_u},\quad \frac{\partial u}{\partial z}=-\frac{F'_z}{F'_u}\quad (F'_u\neq 0).$$

例 9 求由方程 $x^2+2y^2+3z^2=4x$ 所确定的隐函数 $z=f(x,y)$ 的偏导数 $\frac{\partial z}{\partial x}$ 和 $\frac{\partial z}{\partial y}$.

解 设 $F(x,y,z)=x^2+2y^2+3z^2-4x$，则有

$$F'_x=2x-4,\quad F'_y=4y,\quad F'_z=6z,$$

所以

$$\frac{\partial z}{\partial x}=-\frac{F'_x}{F'_z}=-\frac{2x-4}{6z}=\frac{2-x}{3z},\quad \frac{\partial z}{\partial y}=-\frac{F'_y}{F'_z}=-\frac{4y}{6z}=-\frac{2y}{3z}.$$

例 10 设 $z^x=y^z$，求 $\frac{\partial z}{\partial x}$ 和 $\frac{\partial z}{\partial y}$.

解 设 $F(x,y,z)=z^x-y^z$，则有

$$F'_x=z^x\ln z,\quad F'_y=-zy^{z-1},\quad F'_z=xz^{x-1}-y^z\ln y,$$

所以

$$\frac{\partial z}{\partial x}=-\frac{F'_x}{F'_z}=-\frac{z^x\ln z}{xz^{x-1}-y^z\ln y},\quad \frac{\partial z}{\partial y}=-\frac{F'_y}{F'_z}=-\frac{zy^{z-1}}{xz^{x-1}-y^z\ln y}.$$

例 11 求由方程 $\frac{x^5}{5}+\frac{y^4}{4}+\frac{z^3}{3}+\frac{u^2}{2}-1=0$ 所确定的隐函数的偏导数 $\frac{\partial u}{\partial x}$，$\frac{\partial u}{\partial y}$ 和 $\frac{\partial u}{\partial z}$.

解 设$F(x,y,z,u)=\frac{x^5}{5}+\frac{y^4}{4}+\frac{z^3}{3}+\frac{u^2}{2}-1$,则有

$$F'_x=x^4,\quad F'_y=y^3,\quad F'_z=z^2,\quad F'_u=u,$$

所以 $\frac{\partial u}{\partial x}=-\frac{F'_x}{F'_u}=-\frac{x^4}{u}$, $\frac{\partial u}{\partial y}=-\frac{F'_y}{F'_u}=-\frac{y^3}{u}$, $\frac{\partial u}{\partial z}=-\frac{F'_z}{F'_u}=-\frac{z^2}{u}$.

习 题 7.3

1. 求下列复合函数的偏导数(导数):

(1)设$z=u^2+v^2+uv,u=\cos t,v=t^3$,求$\frac{\mathrm{d}z}{\mathrm{d}t}$.

(2)设$u=\mathrm{e}^x(y-z),x=t,y=\sin t,z=\cos t$,求$\frac{\mathrm{d}u}{\mathrm{d}t}$.

(3)设$z=x^2y-xy^2,x=u\sin v,y=u\cos v$,求$\frac{\partial z}{\partial u},\frac{\partial z}{\partial v}$.

(4)设$z=\frac{x^2}{y},x=s-2t,y=2s+t$,求$\frac{\partial z}{\partial t},\frac{\partial z}{\partial s}$.

(5)设$z=\sin u+x-2y$,而$u=\mathrm{e}^{x+y}$,求$\frac{\partial z}{\partial x},\frac{\partial z}{\partial y}$.

(6)设$z=\ln[\mathrm{e}^{2(x+y^2)}+x^2+y]$,求$\frac{\partial z}{\partial x},\frac{\partial z}{\partial y}$.

(7)设$z=f(x,\mathrm{e}^x,\sin x)$,求$\frac{\mathrm{d}z}{\mathrm{d}x}$.

(8)设$u=f(x,y,z),y=\varphi(x,t),t=\psi(x,z)$,求$\frac{\partial u}{\partial x}$和$\frac{\partial u}{\partial z}$.

2. 设$z=xy+xf(u)$,而$u=\frac{y}{x}$,$f(u)$为微函数,证明

$$x\frac{\partial z}{\partial x}+y\frac{\partial z}{\partial y}=z+xy.$$

3. 求下列隐函数的导数:

(1)$x^4+y^4-x^2y^2=4$,求$\frac{\mathrm{d}y}{\mathrm{d}x}$;

(2)$x^2+y^2=\ln(x^2+y)$,求$\frac{\mathrm{d}y}{\mathrm{d}x}$;

(3)$\sin y+\mathrm{e}^x-xy^2=0$,求$\frac{\mathrm{d}y}{\mathrm{d}x}$;

(4)$x^2+y^2+z^2+2x+2y+2z=0$,求$\frac{\partial z}{\partial x}$和$\frac{\partial z}{\partial y}$;

(5)$2x+3y-\ln z+2\sqrt{xyz}=0$，求$\frac{\partial z}{\partial x}$和$\frac{\partial z}{\partial y}$；

(6)$e^z-xyz=0$，求$\frac{\partial z}{\partial x}$和$\frac{\partial z}{\partial y}$；

(7)$e^{-xy}-2z+e^z=0$，求$\frac{\partial z}{\partial x}$和$\frac{\partial z}{\partial y}$；

(8)$\frac{x}{z}=\ln\frac{z}{y}$，求$\frac{\partial z}{\partial x}$和$\frac{\partial z}{\partial y}$.

7.4 多元函数的极值和最值

在一元函数中，我们已经看到，利用函数的导数可以求得函数的极值，从而进一步解决了一些有关最大值、最小值的应用问题. 多元函数的最大值、最小值问题与一元函数相类似，多元函数的最大值、最小值与极大值、极小值有密切联系. 本节主要讨论二元函数的极值、最大值、最小值问题.

7.4.1 多元函数的极值

引例 一个无盖的长方体盒子是用 12 m^2 纸板做成的，显然，这个盒子一定存在一个最大体积，当盒子的长宽高分别取多少时盒子体积最大. 这就是一个关于多元函数最大值问题.

定义 设函数 $z=f(x,y)$在点(x_0,y_0)的某个邻域内有定义，对于该邻域内异于(x_0,y_0)的点(x,y)，如果都适合不等式

$$f(x,y)<f(x_0,y_0),$$

则称函数在点(x_0,y_0)有**极大值** $f(x_0,y_0)$；如果都适合不等式

$$f(x,y)>f(x_0,y_0),$$

则称函数在点(x_0,y_0)有**极小值** $f(x_0,y_0)$. 极大值和极小值统称为**极值**. 使函数取得极值的点称为**极值点**.

类似地可定义三元函数 $u=f(x,y,z)$的极大值和极小值.

例如，函数 $f(x,y)=x^2+3y^2+2$ 在点(0,0)处有极小值 2. 因为对于点(0,0)的任一邻域内异于(0,0)的点，函数值都大于 2. 所以，点(0,0)是这个函数的极小点，$f(0,0)=2$ 是这个函数的极小值. 从几何上考虑是显然的，因为点(0,0,2)是开口向上的椭圆抛物面 $f(x,y)=x^2+3y^2+2$ 的顶点(见图 7-18).

再如，函数 $f(x,y)=\sqrt{1-x^2-y^2}$ 在点(0,0)处有极大值 $f(0,0)=1$，

因为在点(0,0)附近任意的(x,y),有

$$f(x,y)=\sqrt{1-x^2-y^2}<1=f(0,0)$$

从几何上考虑是显然的,函数的图形是上半球面,而点(0,0,1)是球面的最高点(见图 7-19).

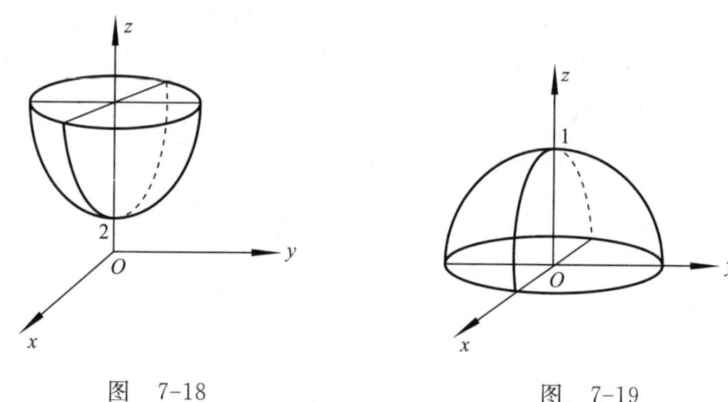

图　7-18　　　　图　7-19

对于一元可导函数来说,极值点必定为驻点.二元可微函数也有类似的结论.下面是关于二元函数极值问题的两个定理.

定理 1(极值存在的必要条件)　设函数 $z=f(x,y)$ 在点 (x_0,y_0) 可微,且在点 (x_0,y_0) 处有极值,则在该点的偏导数必然为零.即

$$f'_x(x_0,y_0)=0,\quad f'_y(x_0,y_0)=0.$$

仿照一元函数,凡是能使 $f'_x(x_0,y_0)=0$,$f'_y(x_0,y_0)=0$ 同时成立的点 (x_0,y_0) 称为函数 $z=f(x,y)$ 的**驻点**.从定理可知,可微函数的极值点一定是驻点.反之,函数的驻点不一定是极值点.例如,点(0,0)是函数 $z=xy$ 的驻点,但函数在该点并无极值.因为在点(0,0)处的函数值为零,而在点(0,0)的任一邻域内,总有使函数值为正的点,也有使函数值为负的点.

怎样判定一个驻点是否是极值点呢?来看以下定理.

定理 2(极值存在的充分条件)　设函数 $z=f(x,y)$ 在点 (x_0,y_0) 的某邻域内具有一阶及二阶连续偏导数,又 $f'_x(x_0,y_0)=0$,$f'_y(x_0,y_0)=0$,令

$$f''_{xx}(x_0,y_0)=A,\quad f''_{xy}(x_0,y_0)=B,\quad f''_{yy}(x_0,y_0)=C,$$

则 $z=f(x,y)$ 在点 (x_0,y_0) 处是否取得极值的条件如下:

扫一扫　看视频

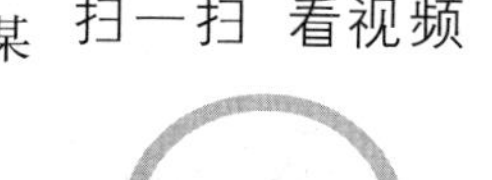

(1)当 $B^2-AC<0$ 时具有极值,且当 $A<0$(或 $C<0$)时有极大值 $f(x_0,y_0)$,当 $A>0$(或 $C>0$)时有极小值 $f(x_0,y_0)$;

(2)当 $B^2-AC>0$ 时没有极值;

(3)当 $B^2-AC=0$ 时可能有极值,也可能没有极值,还需另作讨论.

证明略.

根据以上两个定理，我们把具有一、二阶连续偏导数的函数 $z=f(x,y)$ 的极值求法归纳如下：

第一步　解方程组 $\begin{cases} f'_x(x,y)=0 \\ f'_y(x,y)=0 \end{cases}$，求得一切实数解，即求得一切驻点；

第二步　对于每个驻点 (x_0,y_0)，求出二阶偏导数的值 A,B 和 C；

第三步　求出 B^2-AC，按极值存在的充分条件判定 $f(x_0,y_0)$ 是否为极值，是极大值还是极小值.

例 1　求函数 $z=x^3+y^3-3xy$ 的极值.

解　$\dfrac{\partial z}{\partial x}=3x^2-3y,\dfrac{\partial z}{\partial y}=3y^2-3x$. 解方程组 $\begin{cases} 3x^2-3y=0 \\ 3y^2-3x=0 \end{cases}$，求得驻点为 $(0,0)$ 和 $(1,1)$.

因为

$$\frac{\partial^2 z}{\partial x^2}=6x,\quad \frac{\partial^2 z}{\partial x\partial y}=-3,\quad \frac{\partial^2 z}{\partial y^2}=6y.$$

在点 $(0,0)$ 处，$A=0,B=-3,C=0$，则 $B^2-AC=9>0$，即点 $(0,0)$ 不是极值点；

在点 $(1,1)$ 处，$A=6,B=-3,C=6$，则 $B^2-AC=-27<0$，且 $A=6>0$，即函数在 $(1,1)$ 点取得极小值，且极小值为 $z|_{(1,1)}=-1$.

例 2　求函数 $f(x,y)=x^3-2x^2+2xy+y^2$ 的极值.

解　$f'_x(x,y)=3x^2-4x+2y,f'_y(x,y)=2x+2y$.

解方程组 $\begin{cases} 3x^2-4x+2y=0 \\ 2x+2y=0 \end{cases}$，得驻点为 $(0,0)$ 和 $(2,-2)$.

因为

$$f''_{xx}=6x-4,\quad f''_{xy}=2,\quad f''_{yy}=2.$$

列表判定

(x_0,y_0)	A	B	C	B^2-AC	结　论
$(0,0)$	-4	2	2	$12>0$	不是极值点
$(2,-2)$	8	2	2	$-12<0$	极小值点

由表可知，在点 $(2,-2)$ 处，函数 $f(x,y)=x^3-2x^2+2xy+y^2$ 取得极小值，且极小值为

$$f(2,-2)=2^3-2\times 2^2+2\times 2\times(-2)+(-2)^2=-4.$$

例 3　求函数 $f(x,y)=x^3-y^3+3x^2+3y^2-9x$ 的极值.

解　$f'_x(x,y)=3x^2+6x-9,f'_y(x,y)=-3y^2+6y$.

解方程组$\begin{cases}3x^2+6x-9=0\\-3y^2+6y=0\end{cases}$，得驻点$(1,0)$，$(1,2)$，$(-3,0)$，$(-3,2)$.

因为

$$f''_{xx}=6x+6,\quad f''_{xy}=0,\quad f''_{yy}=-6y+6.$$

在点$(1,0)$处，$A=12$，$B=0$，$C=6$，则$B^2-AC=-72<0$，且$A=12>0$，即函数在点$(1,0)$处取得极小值，且极小值为$f(1,0)=-5$；

在点$(1,2)$处，$A=12$，$B=0$，$C=-6$，则$B^2-AC=72>0$，即点$(1,2)$不是极值点；

在点$(-3,0)$处，$A=-12$，$B=0$，$C=6$，则$B^2-AC=72>0$，即点$(-3,0)$不是极值点；

在点$(-3,2)$处，$A=-12$，$B=0$，$C=-6$，则$B^2-AC=-72<0$，且$A=-12<0$，即函数在点$(-3,2)$处取得极大值，且极大值为$f(-3,2)=31$.

例 4　求函数$f(x,y)=xy(a-x-y)(a\neq 0)$的极值.

解　$f'_x(x,y)=y(a-x-y)-xy$，$f'_y(x,y)=x(a-x-y)-xy$.

解方程组$\begin{cases}y(a-x-y)-xy=0\\x(a-x-y)-xy=0\end{cases}$，得驻点$(0,0)$，$(0,a)$，$(a,0)$，$\left(\frac{a}{3},\frac{a}{3}\right)$.

因为

$$f''_{xx}=-2y,\quad f''_{xy}=a-2x-2y,\quad f''_{yy}=-2x.$$

可以验证，在点$(0,0)$，$(0,a)$，$(a,0)$处，均有$B^2-AC=a^2>0$，故在这些点处无极值.

在点$\left(\frac{a}{3},\frac{a}{3}\right)$处，$A=-\frac{2}{3}a$，$B=-\frac{1}{3}a$，$C=-\frac{2}{3}a$，则$B^2-AC=-\frac{a^2}{3}<0$，故有极值$f\left(\frac{a}{3},\frac{a}{3}\right)=\frac{1}{27}a^3$. 且当$a>0$时，有$A<0$，此时$f\left(\frac{a}{3},\frac{a}{3}\right)$是极大值；当$a<0$时，有$A>0$，此时$f\left(\frac{a}{3},\frac{a}{3}\right)$是极小值.

与一元函数类似，多元函数的极值也可能在偏导数不存在的点处取得.

例如，函数$z=\sqrt{x^2+y^2}$几何上表示一圆锥面，显然在顶点$(0,0)$处取得极小值 0，但其在$(0,0)$处却不存在偏导数（因为$f'_x(0,0)=\lim\limits_{\Delta x\to 0}\frac{f(\Delta x,0)}{\Delta x}=\lim\limits_{\Delta x\to 0}\frac{|\Delta x|}{\Delta x}$不存在，同理$f'_y(0,0)$也不存在），所以在求极值时，还需讨论偏导数不存在（但有定义）的点处的极值情况.

7.4.2 多元函数的最大值与最小值

在实际问题中，经常遇到求多元函数的最大值最小值问题. 与一元函数相类似，我们可以利用函数的极值来求函数的最大值和最小值. 已经知道，如果函数 $f(x,y)$ 在有界闭区域 D 上连续，则函数 $f(x,y)$ 在 D 上必定能取得它的最大值和最小值. 由于在有界闭区域上的最大值和最小值只可能在驻点、一阶偏导数不存在的点、区域的边界上的点取到，所以求有界闭区域 D 上二元函数的最大值和最小值时，需要求出函数在 D 内的驻点以及偏导数不存在的点，将这些点的函数值与 D 的边界上的函数值做比较，最大者为 D 上的最大值，最小者为 D 上的最小值. 我们假定，函数在 D 内可微且只有有限个驻点，这时如果函数在 D 的内部取得最大值（最小值），那么这个最大值（最小值）也是函数的极大值（极小值）. 由此可得到求函数的最大值和最小值的一般步骤是：

第一步　解方程组 $\begin{cases} f'_x(x,y)=0 \\ f'_y(x,y)=0 \end{cases}$，求出区域 D 上的全部驻点，找出区域 D 上连续不可导的点；

第二步　求出这些驻点和连续不可导的点的函数值，并且求出函数在区域 D 的边界上的最大值和最小值；

第三步　把这些数值进行比较，其中最大（小）的就是函数在区域 D 上的最大（小）值.

例 5　求函数 $f(x,y)=xy\sqrt{1-x^2-y^2}$ 在区域 $D=\{(x,y)\mid x^2+y^2\leqslant 1, x>0, y>0\}$ 内的最大值.

解　$f'_x(x,y)=y\sqrt{1-x^2-y^2}-\dfrac{x^2y}{\sqrt{1-x^2-y^2}}$，

$$f'_y(x,y)=x\sqrt{1-x^2-y^2}-\frac{xy^2}{\sqrt{1-x^2-y^2}},$$

解方程组

$$\begin{cases} y\sqrt{1-x^2-y^2}-\dfrac{x^2y}{\sqrt{1-x^2-y^2}}=0 \\ x\sqrt{1-x^2-y^2}-\dfrac{xy^2}{\sqrt{1-x^2-y^2}}=0 \end{cases},$$

得区域 D 上的唯一驻点 $\left(\dfrac{1}{\sqrt{3}},\dfrac{1}{\sqrt{3}}\right)$.

容易看出这个函数在区域 D 内是可微的，且在边界上的函数值

$f(x,y)=0$，而 $f\left(\frac{1}{\sqrt{3}},\frac{1}{\sqrt{3}}\right)=\frac{\sqrt{3}}{9}$，经比较，驻点 $\left(\frac{1}{\sqrt{3}},\frac{1}{\sqrt{3}}\right)$ 是最大值点，且最大值是 $\frac{\sqrt{3}}{9}$.

在这种方法中，由于要求出 $f(x,y)$ 在区域 D 的边界上的最大值和最小值，所以往往相当复杂. 在通常遇到的实际问题中，如果根据问题的性质，知道函数 $f(x,y)$ 的最大值（最小值）一定在区域 D 的内部取得，且函数在区域 D 内只有一个驻点，那么可以肯定该驻点处的函数值就是函数 $f(x,y)$ 在区域 D 上的最大值（最小值）.

例 6　用铁板做一个容积为 4 m^3 的有盖长方体水箱，问长、宽、高为多少时，用料最省？

解　设长为 x m，宽为 y m，则高为 $\frac{4}{xy}$ m，于是所用材料的面积为

$$S=2\left(xy+\frac{4}{x}+\frac{4}{y}\right)\quad (x>0,y>0),$$

则 $S'_x=2\left(y-\frac{4}{x^2}\right)$，$S'_y=2\left(x-\frac{4}{y^2}\right)$. 解方程组

$$\begin{cases}2\left(y-\dfrac{4}{x^2}\right)=0,\\[2ex] 2\left(x-\dfrac{4}{y^2}\right)=0.\end{cases}$$

得唯一驻点 $(\sqrt[3]{4},\sqrt[3]{4})$.

由于驻点唯一，且由问题的实际意义可知最小值一定存在，故这唯一的驻点就是最小值点. 所以当长、宽都为 $\sqrt[3]{4}$ m，高为 $\frac{4}{\sqrt[3]{4}\times\sqrt[3]{4}}=\sqrt[3]{4}$ m 时，用料最省.

7.4.3　条件极值

在前面讨论的极值问题中，除对自变量给出定义域外，并无其他限制条件. 今后把这类极值问题称为**无条件极值**. 而在实际问题中，求多元函数的极值时，自变量往往受到一些条件的限制，把这类含有附加条件的极值问题称为**条件极值**. 例如，在曲面 $z=x+y$ 上求一点，使它到点(1,2,3)的距离最小. 这就是在 $z=x+y$ 的条件下求函数

$$f(x,y,z)=(x-1)^2+(y-2)^2+(z-3)^2$$

的极值.

当条件简单时，条件极值可以转化为无条件极值问题来解决. 例如，在上面的例子中，若把条件 $z=x+y$ 代入函数

$$f(x,y,z)=(x-1)^2+(y-2)^2+(z-3)^2$$

中得

$$f(x,y,z)=(x-1)^2+(y-2)^2+(x+y-3)^2,$$

于是就转化为二元函数的无条件极值问题了. 这也是我们介绍求条件极值的第一种方法.

例 7　鲑鱼问题. 通过长期观察，人们发现鲑鱼在河中逆流行进时，若相对于河水的速度为 v，那么游 T 小时所消耗的能量为 $E(v,T)=cv^2T$，(其中 c 为常数). 假设水流的速度为 4 km/h，鲑鱼逆流而上 200 km，问它游多快才能使消耗的能量最少？

解　因为鲑鱼相对于河岸的速度比相对于河水的速度少 4 km/h，所以变量 v,T 满足

$$v-4=\frac{200}{T},\quad \text{即 } T=\frac{200}{v-4}\text{(约束条件)},$$

则二元函数 $E(v,T)=cv^2T$ 可化为一元函数 $E(v)=200c\cdot\frac{v^2}{v-4}(4<v<+\infty)$，求导数，得 $E'(v)=200c\frac{v(v-8)}{(v-4)^2}$，令 $E'(v)=0$，解得 $v=8$. 又 $v<8$ 时，$E'(v)<0$；$v>8$ 时，$E'(v)>0$；而函数 $E(v)$ 在 $(4,+\infty)$ 内有唯一驻点 $v=8$，且由问题的实际意义可知一定存在最小值，故 $v=8$ 时，$E(v)$ 取得最小值. 即鲑鱼以 8 km/h 的速度游行时，所消耗的能量最少.

但是当附加条件较复杂时，特别是以隐函数形式给出时，这种方法有一定困难，甚至不能使用. 下面介绍另一种求条件极值的方法：**拉格朗日乘数法**.

求二元函数 $z=f(x,y)$ 在条件 $\varphi(x,y)=0$ 下的极值，可以用下面步骤求解：

(1)构造拉格朗日函数 $F(x,y,\lambda)=f(x,y)+\lambda\varphi(x,y)$；

(2)求出 F 的所有一阶偏导数并令其等于零，得联立方程组

$$\begin{cases}F'_x=f'_x(x,y)+\lambda\varphi'_x(x,y)=0\\F'_y=f'_y(x,y)+\lambda\varphi'_y(x,y)=0;\\F'_\lambda=\varphi(x,y)=0\end{cases}$$

(3)解方程组求出驻点 (x_0,y_0,λ_0)，则 (x_0,y_0) 就是函数 $z=f(x,y)$ 在条件 $\varphi(x,y)=0$ 下可能的极值点.

注意　在拉格朗日函数中，x,y,z,λ 都是独立的自变量，相互之间不存在函数关系.

类似地，拉格朗日乘数法可以推广，如当求函数 $u=f(x,y,z)$ 满足条件 $\varphi(x,y,z)=0$ 的极值时，仍可应用拉格朗日乘数法，在此就不阐述了.

至于如何判定所求得的可能极值点是否为极值点，已超出本书的要求，这里不再详述. 但是在实际问题中，通常可根据问题本身的性质来判定.

例 8　求函数 $z=x^2+y^2$ 在条件$\frac{x}{a}+\frac{y}{b}=1$ 下的极值.

解法 1　把条件代入函数，变成无条件极值.

由$\frac{x}{a}+\frac{y}{b}=1$ 解出 $y=b\left(1-\frac{x}{a}\right)$，代入函数 $z=x^2+y^2$，得

$$z=x^2+b^2\left(1-\frac{x}{a}\right)^2=\frac{a^2+b^2}{a^2}x^2-\frac{2b^2}{a}x+b^2,$$

这样就转化为一元函数的无条件极值问题.

由
$$z'_x=\frac{2(a^2+b^2)}{a^2}x-\frac{2b^2}{a}=0,$$

解得
$$x=\frac{ab^2}{a^2+b^2},\quad y=\frac{a^2b}{a^2+b^2}.$$

又
$$z''_x=\frac{2(a^2+b^2)}{a^2}>0,$$

因而点$\left(\frac{ab^2}{a^2+b^2},\frac{a^2b}{a^2+b^2}\right)$是极小值点，极小值是

$$f\left(\frac{ab^2}{a^2+b^2},\frac{a^2b}{a^2+b^2}\right)=\frac{a^2b^2}{a^2+b^2}.$$

解法 2　利用拉格朗日乘数法.

作拉格朗日函数

$$F(x,y,\lambda)=x^2+y^2+\lambda\left(\frac{x}{a}+\frac{y}{b}-1\right).$$

求 F 的各一阶偏导数，令其等于零，得

$$\begin{cases}F'_x=2x+\dfrac{\lambda}{a}=0\\ F'_y=2y+\dfrac{\lambda}{b}=0\\ F'_\lambda=\dfrac{x}{a}+\dfrac{y}{b}-1=0\end{cases},$$

解得 $x=\dfrac{ab^2}{a^2+b^2}, y=\dfrac{a^2b}{a^2+b^2}, \lambda=-\dfrac{2a^2b^2}{a^2+b^2}$. 所以点 $\left(\dfrac{ab^2}{a^2+b^2}, \dfrac{a^2b}{a^2+b^2}\right)$ 是可能的极值点，并且是唯一的一个可能点，由实际问题可知，一定存在极小值点，故

$$f\left(\frac{ab^2}{a^2+b^2}, \frac{a^2b}{a^2+b^2}\right)=\frac{a^2b^2}{a^2+b^2}$$

是函数 $z=x^2+y^2$ 在条件 $\dfrac{x}{a}+\dfrac{y}{b}=1$ 下的极小值.

例 9 为销售某种产品，需要做两种方式的广告，当两种广告费分别为 x, y 时，销售额为 $R=\dfrac{250x}{5+x}+\dfrac{125y}{10+y}$（万元），净利润是销售额的 $\dfrac{1}{5}$ 减去广告成本，而广告预算是 25 万元，问应该怎样分配两种形式的广告费，才能使净利润达到最大？最大净利润是多少？

解 这是在约束条件 $x+y=25$ 之下，求目标函数

$$L=\frac{1}{5}R-(x+y)=\frac{50x}{5+x}+\frac{25y}{10+y}-x-y$$

的最大值问题.

为此，作拉格朗日函数

$$F(x,y,\lambda)=\frac{50x}{5+x}+\frac{25y}{10+y}-x-y+\lambda(x+y-25).$$

求 F 的各一阶偏导数，令其等于零，得

$$\begin{cases} F'_x=\dfrac{250}{(5+x)^2}-1+\lambda=0 \\ F'_y=\dfrac{250}{(10+y)^2}-1+\lambda=0, \\ F'_\lambda=x+y-25=0 \end{cases}$$

解得 $x=15, y=10$.

由实际问题分析知，净利润函数存在最大值，而净利润函数有唯一可能极值点 $(15,10)$，因此，当两种广告费分别为 $x=15$ 万元，$y=10$ 万元时，净利润达到最大值. 且最大净利润为

$$L(15,10)=\frac{50\times15}{5+15}+\frac{25\times10}{10+10}-15-10=25\text{（万元）}.$$

例 10 要建造一个表面积为 $k(k>0)\mathrm{m}^2$ 的长方体无盖水池，应如何选择尺寸，才能使其容积最大.

解 设水池的长、宽和深分别为 $x(\mathrm{m})$、$y(\mathrm{m})$ 和 $z(\mathrm{m})$，那么水池的容积为 $V=xyz$，表面积为

$$xy+2xz+2yz=k.$$

现在的问题是，求函数 $V=f(x,y,z)=xyz$ 在约束条件 $xy+2xz+2yz=k$ 下的最大值.

构造函数

$$F(x,y,z,\lambda)=xyz+\lambda(xy+2xz+2yz-k).$$

求 $F(x,y,z,\lambda)$ 的偏导数，并建立方程组

$$\begin{cases} yz+\lambda(y+2z)=0 \\ xz+\lambda(x+2z)=0 \\ xy+\lambda(2x+2y)=0 \\ xy+2xz+2yz-k=0 \end{cases}.$$

由于 x,y,z 均为正数，由第 1,3 两个方程消去 λ，得

$$\frac{z}{x}=\frac{y+2z}{2x+2y},\quad \text{于是}, x=2z.$$

由第 1,2 两个方程消去 λ，得

$$\frac{y}{x}=\frac{y+2z}{x+2z},\quad \text{于是}, y=x.$$

从而有

$$x=y=2z.$$

再由条件 $xy+2xz+2yz=k$，得

$$x=y=\frac{\sqrt{3k}}{3},\quad z=\frac{\sqrt{3k}}{6}.$$

因为极值可能点唯一，从实际问题本身知，一定存在最大值，所以最大值必在该点处取得，即当 $x=y=\frac{\sqrt{3k}}{3}$(m)，$z=\frac{\sqrt{3k}}{6}$(m)时，水池的容积最大.

习　题　7.4

1. 求下列函数的极值：

(1) $f(x,y)=x^2+3xy+3y^2-6x-3y-6$；

(2) $f(x,y)=x^3+y^3-9xy+27$；

(3) $f(x,y)=4(x-y)-x^2-y^2$；

(4) $f(x,y)=e^{2x}(x+y^2+2y)$；

(5) $f(x,y)=(6x-x^2)(4y-y^2)$；

(6) $f(x,y)=e^{x-y}(x^2-2y^2)$.

2. 求函数 $z=xy$ 在约束条件 $x+y=1$ 下的极值.

3. 设有三个数之和是 18，问三个数为何值时其乘积最大？

4. 在 xOy 面上求一点，使它到 $x=0$，$y=0$ 及 $x+2y-16=0$ 三直线的距离平方和为最小.

5. 求原点到曲面 $z^2=xy+x-y+4$ 的最短距离.

6. 在平面 $3x-2z=0$ 上求一点，使它与点 $A(1,1,1)$ 和 $B(2,3,4)$ 的距离的平方和最小.

7. 建造一个长方体水池，其底和壁的总面积为 108 m^2，问水池的尺寸如何设计时其容积最大.

8. 要制造一个无盖的长方体水槽，已知它的底部造价为 18 元/m^2，侧面造价为 6 元/m^2，设计的总造价为 216 元，问如何选取尺寸，才能使水槽的容积最大.

9. 某工厂要建造一座长方体形状的厂房，其体积为 1 500 000 m^3，前墙和房顶的每单位面积所需造价分别是其他墙造价的 3 倍和 1.5 倍，问厂房前墙的长度和厂房的高度为多少时厂房的造价最小.

7.5 二重积分的概念及性质

二重积分是定积分的推广，二者都是由研究实际问题中的特定数学模型——“和式的极限”而引入的积分学概念. 定积分是一元函数“和式”的极限，二重积分是二元函数“和式”的极限，二者本质上是相同的. 由于二重积分的概念和性质与定积分有许多类似之处，因此，在学习本节内容时，要善于运用类比或化归思想方法，以把握规律和更深刻地理解多元函数积分学的新概念与新理论.

7.5.1 二重积分的概念

为了更好地理解二重积分的概念，先看下面两个引例.

1. 两个引例

引例 1 曲顶柱体的体积.

设有一几何体，它的底是 xOy 平面上的有界闭区域 D，它的侧面是以 D 的边界曲线为准线而母线平行于 z 轴的柱面，它的顶是曲面 $z=f(x,y)$，这里 $f(x,y)\geqslant 0$，且在 D 上连续（见图 7-20）. 这种几何体称为**曲顶柱体**. 现在我们来讨论它的体积.

已知对于平顶柱体,其体积可用公式"体积＝底面积×高"来定义和计算.而关于曲顶柱体,当点(x,y)在区域D上变动时,高$f(x,y)$是个变量,因此,它的体积不能直接用平顶柱体体积公式来计算.但却可以仿照第 5 章中求曲边梯形面积的方法(分割、近似代替、求和、取极限)来计算曲顶柱体的体积,步骤如下:

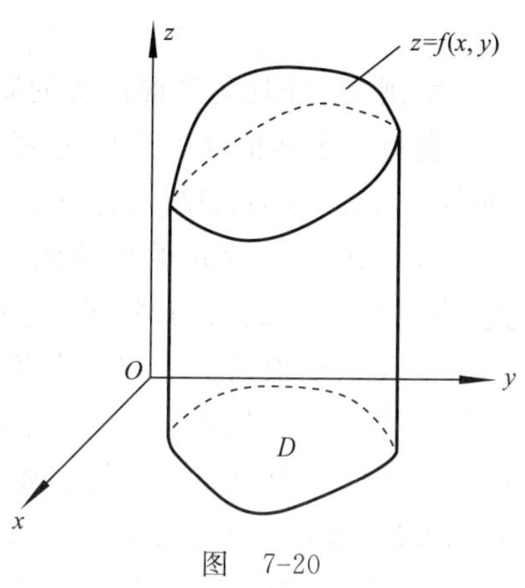

图　7-20

(1)**分割.**我们用一曲线网把区域D任意分成n个小区域

$$\Delta\sigma_1,\Delta\sigma_2,\cdots,\Delta\sigma_n,$$

小区域$\Delta\sigma_i$的面积也记作$\Delta\sigma_i$.以这些小区域的边界曲线为准线作母线平行于z轴的柱面,这些柱面把原来的曲顶柱体分为n个小曲顶柱体.它们的体积分别记作

$$\Delta V_1,\Delta V_2,\cdots,\Delta V_n.$$

(2)**近似代替.**对于任意一个小区域$\Delta\sigma_i$,当直径很小时,由于$f(x,y)$连续,$f(x,y)$在$\Delta\sigma_i$中的变化很小,因此可以近似地看作常数,即若任意取点$(\xi_i,\eta_i)\in\Delta\sigma_i$,则当$(x,y)\in\Delta\sigma_i$时,有$f(x,y)\approx f(\xi_i,\eta_i)$,从而以$\Delta\sigma_i$为底的小曲顶柱体可近似地看作以$f(\xi_i,\eta_i)$为高的平顶柱体(见图 7-21),于是

$$\Delta V_i\approx f(\xi_i,\eta_i)\Delta\sigma_i\quad(i=1,2,3,\cdots,n).$$

(3)**求和.**把n个小曲顶柱体体积的近似值$f(\xi_i,\eta_i)\Delta\sigma_i$累加起来,就得到所求的曲顶柱体体积$V$的近似值,即

$$V=\sum_{i=1}^{n}\Delta V_i\approx\sum_{i=1}^{n}f(\xi_i,\eta_i)\Delta\sigma_i.$$

(4)**取极限.**很显然,如果区域D分得越细,则上述和式就越接近于曲顶柱体体积V,当把区域D无限细分时,即当所有小区域的最大直径(区域内,最远端两点间的距离,称为该**区域的直径**)$\lambda\to0$时,则和式的极限就是所求的曲顶柱体的体积V,即

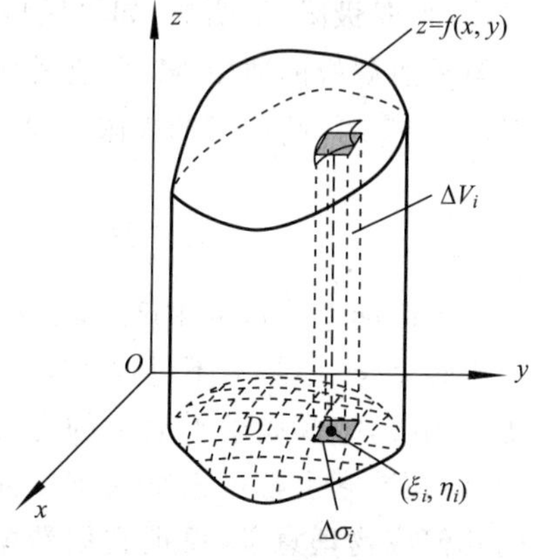

图　7-21

$$V=\lim_{\lambda\to 0}\sum_{i=1}^{n}f(\xi_i,\eta_i)\Delta\sigma_i.$$

引例 2 非均匀平面薄板的质量.

设有一平面薄片的形状为面上的闭区域 D（见图 7-22），其面密度 ρ 是点 (x,y) 的函数，即 $\rho=\rho(x,y)$ 在 D 上为正的连续函数，求薄片的质量. 当质量分布是均匀时，即 ρ 为常数，则质量 M 等于面密度乘以薄片 xOy 的面积 ρD. 当质量分布不均匀时，ρ 是随点 (x,y) 而变化，如何求质量呢？我们采用与曲顶柱体的体积相类似的思路和方法，来讨论求解薄片的质量.

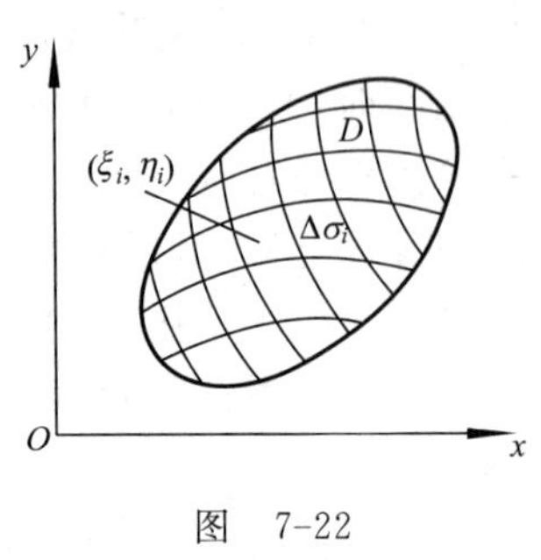

图 7-22

(1)**分割.** 把区域 D 任意分成 n 个小区域

$$\Delta\sigma_1,\Delta\sigma_2,\cdots,\Delta\sigma_n,$$

小区域 $\Delta\sigma_i$ 的面积也记作 $\Delta\sigma_i$. 该薄板就相应地分成 n 个小块薄板.

(2)**近似代替.** 对于一个小区域 $\Delta\sigma_i$，当直径很小时，由于 $\rho(x,y)$ 连续，$\rho(x,y)$ 在 $\Delta\sigma_i$ 中的变化很小，可以近似地看作常数. 即若任意取点 $(\xi_i,\eta_i)\in\Delta\sigma_i$，则当 $(x,y)\in\Delta\sigma_i$ 时，有 $\rho(x,y)\approx\rho(\xi_i,\eta_i)$，从而 $\Delta\sigma_i$ 上薄板的质量可近似地看作以 $\rho(\xi_i,\eta_i)$ 为面密度的均匀薄板的质量，于是

$$\Delta M_i\approx\rho(\xi_i,\eta_i)\Delta\sigma_i\quad(i=1,2,3,\cdots,n).$$

(3)**求和.** 把 n 个小薄板质量的近似值 $\rho(\xi_i,\eta_i)\Delta\sigma_i$ 累加起来，就得到所求的整块薄板质量的近似值，即

$$M=\sum_{i=1}^{n}\Delta M_i\approx\sum_{i=1}^{n}\rho(\xi_i,\eta_i)\Delta\sigma_i.$$

(4)**取极限.** 很明显，如果区域 D 分得越细，则上述和式就越接近于非均匀平面薄板的质量 M，当把区域 D 无限细分时，即当所有小区域的最大直径 $\lambda\to 0$ 时，则和式的极限就是所求的非均匀平面薄板的质量 M，即

$$M=\lim_{\lambda\to 0}\sum_{i=1}^{n}\rho(\xi_i,\eta_i)\Delta\sigma_i.$$

上面两个引例的求解步骤与一元函数 $f(x)$ 在闭区间 $[a,b]$ 上的定积分的步骤完全一样，只不过这里把一元函数 $f(x)$ 换成了二元函数 $f(x,y)$，把闭区间 $[a,b]$ 换成了平面上的有界闭区域 D. 虽然两个问题的实际意义不同，但在数学上都可归结为求二元函数某种和式的极限. 我们不考虑它们的几何或物理意义，仅把它们数学量的共性加以抽象和概括，便得到二重积分的概念.

2. 二重积分的概念

定义　设函数 $z=f(x,y)$ 在闭区域 D 上有定义，将区域 D 任意分成 n 个小区域

扫一扫 看视频

$$\Delta\sigma_1, \Delta\sigma_2, \cdots, \Delta\sigma_n,$$

其中，$\Delta\sigma_i$ 既表示第 i 个小区域，也表示它的面积. 在每个小区域 $\Delta\sigma_i$ 上任取一点 (ξ_i, η_i)，作乘积 $f(\xi_i, \eta_i)\Delta\sigma_i(i=1,2,3,\cdots,n)$，并作和式 $\sum\limits_{i=1}^{n} f(\xi_i, \eta_i)\Delta\sigma_i$. 如果当各小区域的直径中的最大值 λ 趋于零时，此和式的极限存在，则称此极限值为函数 $f(x,y)$ 在闭区域 D 上的**二重积分**，记作 $\iint\limits_D f(x,y)\mathrm{d}\sigma$，即

$$\iint\limits_D f(x,y)\mathrm{d}\sigma = \lim_{\lambda\to 0}\sum_{i=1}^{n} f(\xi_i, \eta_i)\Delta\sigma_i.$$

其中，$\iint$ 称为**二重积分号**，$f(x,y)$ 称为**被积函数**，$f(x,y)\mathrm{d}\sigma$ 称为**被积表达式**，$\mathrm{d}\sigma$ 称为**面积元素**，x,y 称为**积分变量**，D 称为**积分区域**.

3. 关于二重积分的几点说明

(1) 二重积分是一个和式的极限，它与区域 D 的分法和每个小区域 $\Delta\sigma_i$ 中点 (ξ_i, η_i) 的取法无关，仅与被积函数及积分区域有关，并且与积分变量所用符号也无关. 即有

$$\iint\limits_D f(x,y)\mathrm{d}\sigma = \iint\limits_D f(u,v)\mathrm{d}\sigma.$$

(2) 如果被积函数 $f(x,y)$ 在闭区域 D 上的二重积分存在，则称 $f(x,y)$ 在 D 上**可积**. 当 $f(x,y)$ 在闭区域 D 上连续时，$f(x,y)$ 在 D 上一定可积. 以后总假定 $f(x,y)$ 在 D 连续.

(3) 直角坐标系下二重积分面积元素 $\mathrm{d}\sigma$ 的表示. 由二重积分的定义可知，如果二重积分 $\iint\limits_D f(x,y)\mathrm{d}\sigma$ 存在，它的值与区域 D 的分法无关，其面积元素 $\mathrm{d}\sigma$ 象征着和式极限中的 $\Delta\sigma_i$. 因此，在直角坐标系下，可以采用便于计算的分割方法：用与坐标轴平行的两组直线把 D 划分成各边平行于坐标轴的一些小矩形（见图 7-23）. 于是，小矩形的面积 $\Delta\sigma=\Delta x\Delta y$，因此在直角坐标系下，面积元素为 $\mathrm{d}\sigma=\mathrm{d}x\mathrm{d}y$. 于是二重积分可写成

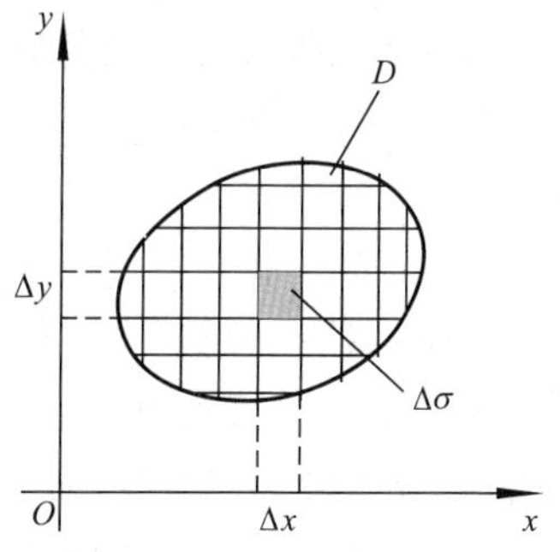

图　7-23

$$\iint_D f(x,y)\mathrm{d}\sigma = \iint_D f(x,y)\mathrm{d}x\mathrm{d}y.$$

4. 二重积分的几何意义

一般地，对于二重积分 $\iint_D f(x,y)\mathrm{d}\sigma$，其几何意义如下：

(1)当 $f(x,y)\geqslant 0$ 时，二重积分表示以 $z=f(x,y)$ 为顶，闭区域 D 为底的曲顶柱体的体积，即 $\iint_D f(x,y)\mathrm{d}\sigma = V$，如图 7-24(a)所示；

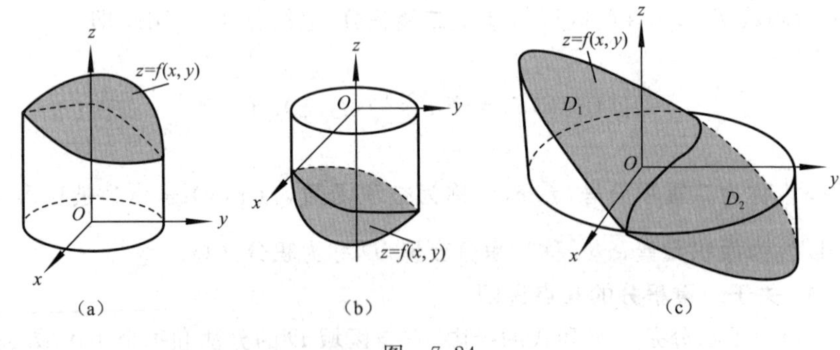

图 7-24

(2)若 $f(x,y)\leqslant 0$，二重积分表示以 $z=f(x,y)$ 为顶，闭区域 D 为底的曲顶柱体的体积的负值，即 $\iint_D f(x,y)\mathrm{d}\sigma = -V$，如图 7-24(b)所示；

(3)当 $f(x,y)$ 在 D 上的符号有正、有负时，二重积分表示 xOy 面上方的曲顶柱体的体积与下方的曲顶柱体的体积之差，如图 7-24(c)所示.

$$\iint_D f(x,y)\mathrm{d}\sigma = \iint_{D_1} f(x,y)\mathrm{d}\sigma + \iint_{D_2} f(x,y)\mathrm{d}\sigma = V_1 - V_2$$

例 1 利用二重积分的几何意义计算二重积分 $\iint_D \sqrt{4-x^2-y^2}\mathrm{d}\sigma$，其中积分区域 $D=\{(x,y)\mid x^2+y^2\leqslant 4\}$.

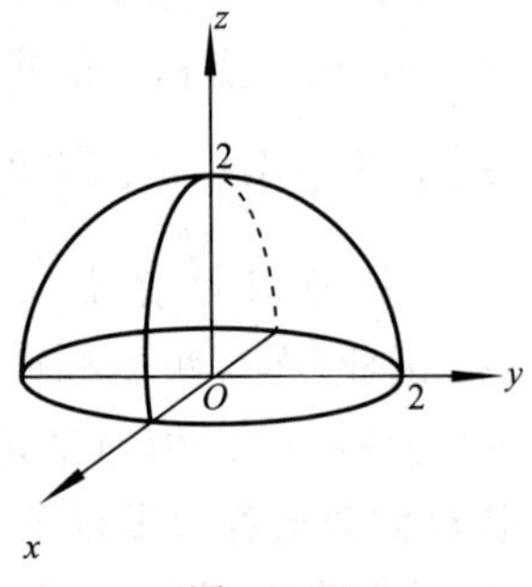

图 7-25

解 被积函数 $z=\sqrt{4-x^2-y^2}$ 的图像为直角坐标系下以原点为球心，以 2 为半径的上半球面，积分区域 D 为 xOy 面内的以原点为圆心，以 2 为半径的圆，也是被积函数对应的上半球面在 xOy 面上的投影(见图 7-25).由二重积分的几何意义可知，此二重积分表示上半球面与积分区域 D 围成的半球体的体积，

所以

$$\iint_D \sqrt{4-x^2-y^2}\,\mathrm{d}\sigma = \frac{1}{2}\times\frac{4}{3}\pi\times 2^3 = \frac{16}{3}\pi.$$

7.5.2　二重积分的性质

与定积分的性质类似，二重积分有如下性质.

假设二元函数 $f(x,y)$，$g(x,y)$ 在 xOy 平面内的积分区域 D 上都连续，因而它们在 D 上的二重积分是存在的.

性质 1　有限个函数代数和的二重积分等于各个函数二重积分的代数和，即

$$\iint_D [f(x,y)\pm g(x,y)]\mathrm{d}\sigma = \iint_D f(x,y)\mathrm{d}\sigma \pm \iint_D g(x,y)\mathrm{d}\sigma.$$

性质 2　被积函数的常数因子可以提到二重积分号的外面，即

$$\iint_D kf(x,y)\mathrm{d}\sigma = k\iint_D f(x,y)\mathrm{d}\sigma \quad (k\text{ 为常数}).$$

性质 3　如果把积分区域 D 分成两个闭子域 D_1 与 D_2，即 $D=D_1+D_2$，则

$$\iint_D f(x,y)\mathrm{d}\sigma = \iint_{D_1} f(x,y)\mathrm{d}\sigma + \iint_{D_2} f(x,y)\mathrm{d}\sigma.$$

性质 4　如果在 D 上，$f(x,y)=1$，D 的面积为 σ，则

$$\iint_D f(x,y)\mathrm{d}\sigma = \iint_D 1\mathrm{d}\sigma = \sigma.$$

性质 5　如果在 D 上有 $f(x,y)\leqslant g(x,y)$，则

$$\iint_D f(x,y)\mathrm{d}\sigma \leqslant \iint_D g(x,y)\mathrm{d}\sigma,$$

特别有

$$\left|\iint_D f(x,y)\mathrm{d}\sigma\right| \leqslant \iint_D |f(x,y)|\mathrm{d}\sigma.$$

性质 6(估值定理)　设 M，m 分别是 $f(x,y)$ 在闭区域 D 上的最大值和最小值，σ 是 D 的面积，则

$$m\sigma \leqslant \iint_D f(x,y)\mathrm{d}\sigma \leqslant M\sigma.$$

性质 7(中值定理)　设函数 $f(x,y)$ 在闭区域 D 上连续，σ 是 D 的面

积,则在 D 上至少存在一点 (ξ,η),使得下式成立

$$\iint_D f(x,y)\mathrm{d}\sigma = f(\xi,\eta)\sigma.$$

以上性质不难找到相应的几何意义,请读者利用几何意义一一验证.

例 2 根据二重积分的性质,比较 $\iint_D (x+y)^2\mathrm{d}\sigma$ 与 $\iint_D (x+y)^3\mathrm{d}\sigma$ 的大小,其中 D 是由 x 轴、y 轴和直线 $x+y=1$ 所围成的区域(如图 7-26 所示).

解 对于 D 上的任意一点 (x,y) 有 $0\leqslant x+y\leqslant 1$,因此在 D 上有 $(x+y)^3\leqslant(x+y)^2$,由性质 5 可知

$$\iint_D (x+y)^2\mathrm{d}\sigma \geqslant \iint_D (x+y)^3\mathrm{d}\sigma.$$

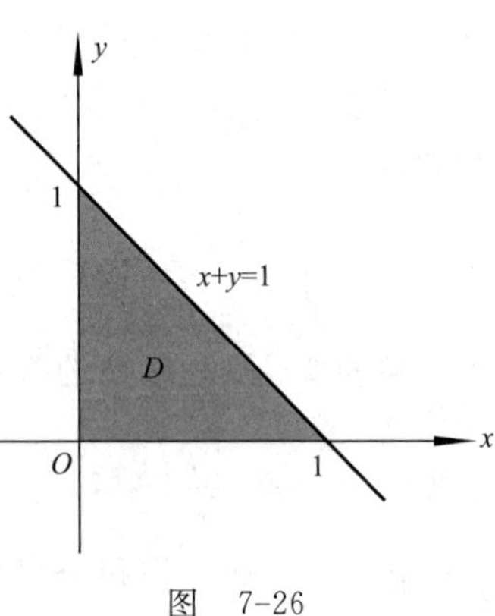

图 7-26

例 3 估计二重积分 $I=\iint_D \mathrm{e}^{-x^2-y^2}\mathrm{d}\sigma$ 的取值范围,其中积分区域 $D=\{(x,y)\mid x^2+y^2\leqslant 1\}$.

解 被积函数 $f(x,y)=\mathrm{e}^{-x^2-y^2}$ 在积分区域 $D=\{(x,y)\mid x^2+y^2\leqslant 1\}$ 上的最大值 M 和最小值 m 分别为

$$M=\mathrm{e}^0=1,\quad m=\mathrm{e}^{-1}=\frac{1}{\mathrm{e}},$$

而积分区域 D 的面积 $\sigma=\pi$,由性质 6 可得 $\frac{1}{\mathrm{e}}\cdot\pi\leqslant I\leqslant 1\cdot\pi$,即 $\frac{\pi}{\mathrm{e}}\leqslant I\leqslant\pi$.

习 题 7.5

1. 设有一平面薄片占有 xOy 平面上的区域为 D,它的面密度(单位面积上的质量)为 D 上的连续函数 $u(x,y)$,试用二重积分表示该平面薄片的质量.

2. 用二重积分表示下列曲顶柱体的体积:

(1) $f(x,y)=(x+y)^2$,其中 $D=\{(x,y)\mid 1\leqslant x\leqslant 2,1\leqslant y\leqslant 4\}$;

(2) $f(x,y)=x^2+y^2$,其中 $D=\{(x,y)\mid x^2+y^2\leqslant R^2\}$.

3. 根据二重积分的几何意义,说明下列积分值大于 0、小于 0 还是等于 0.

(1) $\iint\limits_{\substack{|x|\leqslant 1\\|y|\leqslant 1}} x\mathrm{d}\sigma$;　　(2) $\iint\limits_{x^2+y^2\leqslant 1} x^2\mathrm{d}\sigma$;　　(3) $\iint\limits_{\substack{|x|\leqslant 1\\|y|\leqslant 1}} (x-1)\mathrm{d}\sigma$.

4. 利用二重积分的几何意义计算二重积分：

(1) $\iint\limits_{D} \mathrm{d}\sigma$，其中积分区域 $D=\{(x,y) \mid x^2+y^2\leqslant 1\}$；

(2) $\iint\limits_{D} \mathrm{d}\sigma$，其中积分区域 $D=\left\{(x,y) \mid \frac{x^2}{a^2}+\frac{y^2}{b^2}\leqslant 1\right\}$.

5. 比较二重积分的大小：

(1) $\iint\limits_{D}(x+y)\mathrm{d}\sigma$ 与 $\iint\limits_{D}(x+y)^4\mathrm{d}\sigma$，其中 D 由 x 轴、y 轴与直线 $x+y+1=0$ 所围成；

(2) $\iint\limits_{D}\ln(x+y)\mathrm{d}\sigma$ 与 $\iint\limits_{D}\ln^2(x+y)\mathrm{d}\sigma$，其中 $D=\{(x,y) \mid 3\leqslant x\leqslant 5, 0\leqslant y\leqslant 1\}$.

6. 估算下列二重积分的取值范围：

(1) $\iint\limits_{D}(x+y+1)\mathrm{d}\sigma$，其中积分区域 $D=\{(x,y) \mid 0\leqslant x\leqslant 1, 0\leqslant y\leqslant 2\}$；

(2) $\iint\limits_{D}\sqrt{x^2+y^2+5}\,\mathrm{d}\sigma$，其中积分区域 $D=\{(x,y) \mid x^2+y^2\leqslant 4\}$.

7.6　二重积分的计算

一般情况下，直接利用二重积分的定义计算二重积分是非常困难的，二重积分的计算主要通过化为二次定积分来计算，也称化为二次积分或累次积分. 下面由二重积分的几何意义导出二重积分的计算方法.

7.6.1　直角坐标系下二重积分的计算

由上节的讨论可知，在直角坐标系中，面积元素表达式为 $\mathrm{d}\sigma=\mathrm{d}x\mathrm{d}y$，二重积分表达式为

$$\iint\limits_{D} f(x,y)\mathrm{d}\sigma=\iint\limits_{D} f(x,y)\mathrm{d}x\mathrm{d}y.$$

设函数 $z=f(x,y)$ 在区域 D 上连续，且 $f(x,y)\geqslant 0$，$(x,y)\in D$. 下面根据二重积分的几何意义，结合积分区域 D 的几何特点，分两种情形讨论直角坐标系下二重积分的计算方法.

1. 积分区域为 X-型域

如果积分区域 D 可以表示为 $\{(x,y) \mid a\leqslant x\leqslant b, \varphi_1(x)\leqslant y\leqslant \varphi_2(x)\}$，则

称区域 D 为 X-**型域或上下结构**，其中函数 $\varphi_1(x),\varphi_2(x)$ 在 $[a,b]$ 上连续(见图 7-27).

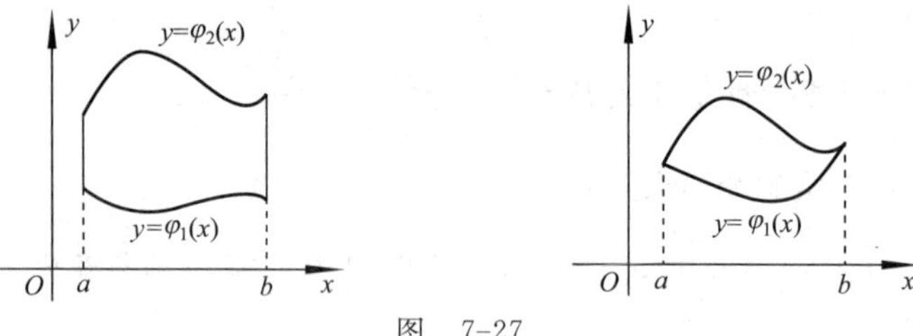

图 7-27

X-型域的特点是穿过区域 D 内部且平行于 y 轴的直线与区域 D 的边界至多有两个交点.

由二重积分的几何意义可知，$\iint\limits_D f(x,y)\mathrm{d}x\mathrm{d}y$ 表示以 D 为底，以曲面 $z=f(x,y)$ 为顶的曲顶柱体的体积，如图 7-28(a)所示. 可以应用一元函数定积分计算"平行截面面积为已知的立体的体积"的方法，来计算这个曲顶柱体的体积.

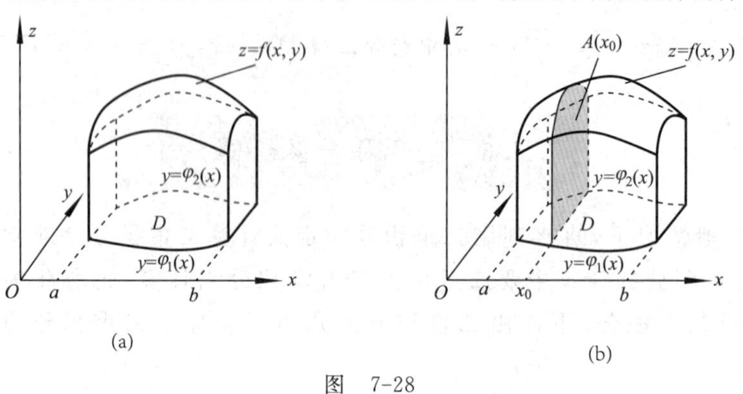

图 7-28

先计算截面面积. 在区间 $[a,b]$ 中任意取定一点 x_0，过 x_0 作平行于 yOz 面的平面 $x=x_0$，这个平面截曲顶柱体所得截面是一个以区间 $[\varphi_1(x_0),\varphi_2(x_0)]$ 为底，曲线 $z=f(x_0,y)$ 为曲边的曲边梯形，如图7-28(b)所示，其面积为

$$A(x_0)=\int_{\varphi_1(x_0)}^{\varphi_2(x_0)} f(x_0,y)\mathrm{d}y,$$

一般地，过区间 $[a,b]$ 上任意一点 x 且平行于 yOz 面的平面截曲顶柱体所得截面的面积为

$$A(x)=\int_{\varphi_1(x)}^{\varphi_2(x)} f(x,y)\mathrm{d}y.$$

于是，由定积分中“平行截面已知，求立体体积”的计算方法，得曲顶柱体的体积为

扫一扫 看视频

$$V=\int_a^b A(x)\mathrm{d}x=\int_a^b\left[\int_{\varphi_1(x)}^{\varphi_2(x)}f(x,y)\mathrm{d}y\right]\mathrm{d}x,$$

即

$$\iint_D f(x,y)\mathrm{d}x\mathrm{d}y=\int_a^b\left[\int_{\varphi_1(x)}^{\varphi_2(x)}f(x,y)\mathrm{d}y\right]\mathrm{d}x.$$

上式右端是一个先对 y、再对 x 的二次积分（累次积分），即先把 x 看作常数，把 $f(x,y)$ 只看作 y 的函数，并对 y 计算从 $\varphi_1(x)$ 到 $\varphi_2(x)$ 的定积分，然后把所得的结果（是 x 的函数）再对 x 计算从 a 到 b 的定积分. 在不引起混淆的情况下，这个先对 y、再对 x 的二次积分也常记作

$$\int_a^b \mathrm{d}x\int_{\varphi_1(x)}^{\varphi_2(x)}f(x,y)\mathrm{d}y.$$

通常把二重积分化为先对 y、再对 x 的二次积分的计算公式写作

$$\iint_D f(x,y)\mathrm{d}x\mathrm{d}y=\int_a^b \mathrm{d}x\int_{\varphi_1(x)}^{\varphi_2(x)}f(x,y)\mathrm{d}y.$$

在上述讨论中，我们假定 $f(x,y)\geqslant 0$. 但实际上公式的成立并不受此条件限制.

2. 积分区域为 Y-型域

如果积分区域 D 可以表示为 $\{(x,y)\mid \psi_1(y)\leqslant x\leqslant \psi_2(y),c\leqslant y\leqslant d\}$，称区域 D 为 **Y-型域**或**左右结构**，其中，函数 $\psi_1(y)$，$\psi_2(y)$ 在区间 $[c,d]$ 上连续（如图 7-29 所示）.

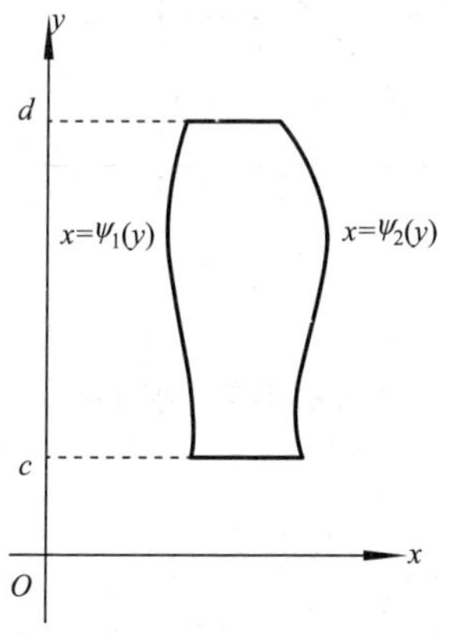

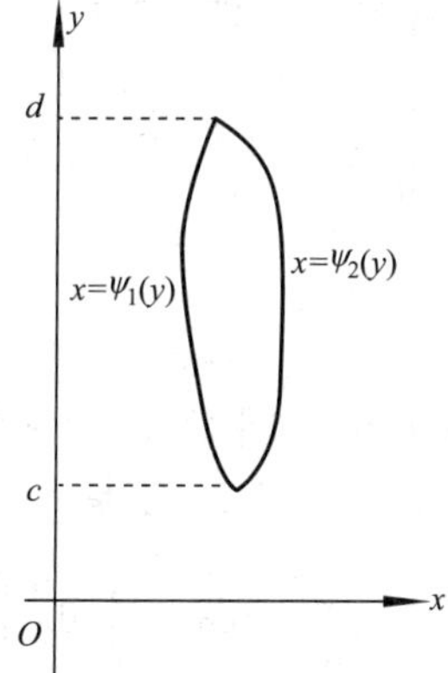

图　7-29

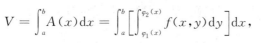

Y-型域的特点是穿过区域 D 内部且平行于 x 轴的直线与区域 D 的边界至多有两个交点.

仿照"X-型域"的计算方法,有"Y-型域"的计算方法:

$$\iint_D f(x,y)\mathrm{d}x\mathrm{d}y=\int_c^d\left[\int_{\psi_1(y)}^{\psi_2(y)}f(x,y)\mathrm{d}x\right]\mathrm{d}y=\int_c^d\mathrm{d}y\int_{\psi_1(y)}^{\psi_2(y)}f(x,y)\mathrm{d}x.$$

这就是把二重积分化为先对 x、再对 y 的二次积分的公式.

说明 X-型域和 Y-型域是二重积分中最基本的积分区域形式,因为任何有界平面区域都可用平行于坐标轴的直线分解为有限个除边界外无公共点的 X-型域或 Y-型域(图 7-30 表示将区域分为三个 X-型域),因而一般区域上的二重积分计算问题就化成 X-型域或 Y-型域上二重积分的计算问题.

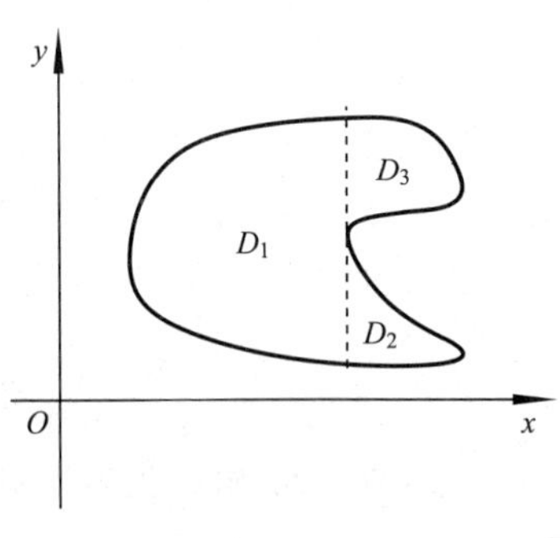

图 7-30

例 1 计算二重积分 $\iint\limits_D xy\,\mathrm{d}\sigma$,其中积分区域 D 由直线 $y=1,x=2$ 及 $y=x$ 所围成的闭区域.

解 画出积分区域 D 的图形,易见区域 D 既是 X-型域又是 Y-型域(见图 7-31).

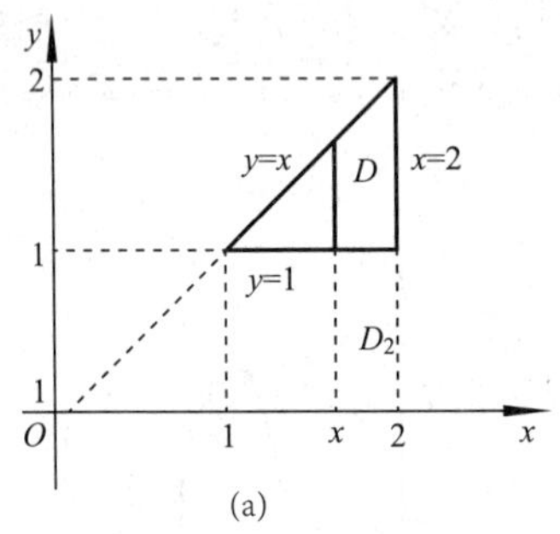

(a)

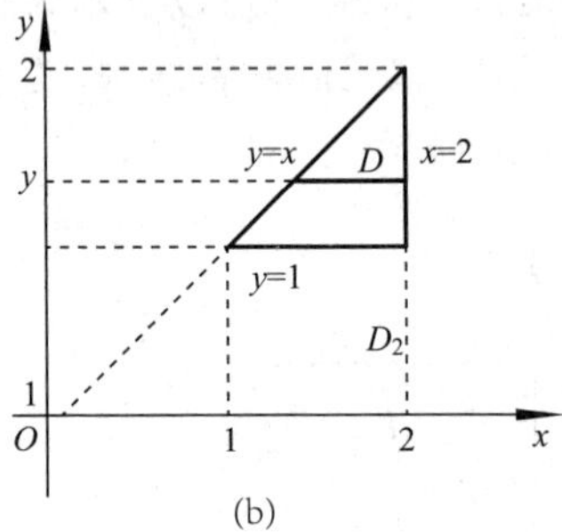

(b)

图 7-31

解法 1 如果将 D 看成是 X-型域,如图 7-31(a)所示,则 $D=\{(x,y)\mid 1\leqslant x\leqslant 2,1\leqslant y\leqslant x\}$,于是

$$\iint_D xy\,\mathrm{d}\sigma=\int_1^2\mathrm{d}x\int_1^x xy\,\mathrm{d}y=\int_1^2\left(x\cdot\frac{y^2}{2}\right)\Big|_1^x\mathrm{d}x$$

$$=\frac{1}{2}\int_1^2(x^3-x)\mathrm{d}x=\frac{1}{2}\left(\frac{x^4}{4}-\frac{x^2}{2}\right)\Big|_1^2=\frac{9}{8}.$$

解法 2　如果将 D 看成是 Y-型域，如图 7-31(b)所示，则 $D=\{(x,y)\mid y\leqslant x\leqslant 2,1\leqslant y\leqslant 2\}$，于是

$$\iint_D xy\,\mathrm{d}\sigma=\int_1^2\mathrm{d}y\int_y^2 xy\,\mathrm{d}x=\int_1^2\left(y\cdot\frac{x^2}{2}\right)\Big|_y^2\mathrm{d}y$$

$$=\int_1^2\left(2y-\frac{y^3}{2}\right)\mathrm{d}y=\left(y^2-\frac{y^4}{8}\right)\Big|_1^2=\frac{9}{8}.$$

例 2　计算二重积分 $\iint\limits_D\frac{x^2}{y^2}\mathrm{d}x\mathrm{d}y$，其中 D 是由直线 $x=2$，$y=x$ 及双曲线 $xy=1$ 所围成的区域.

解　直线 $y=x$ 与双曲线 $xy=1$ 在第一象限的交点为(1,1)，如图 7-32 所示，如果将 D 看成是 X-型域，则积分区域 $D=\left\{(x,y)\mid 1\leqslant x\leqslant 2,\frac{1}{x}\leqslant y\leqslant x\right\}$，于是

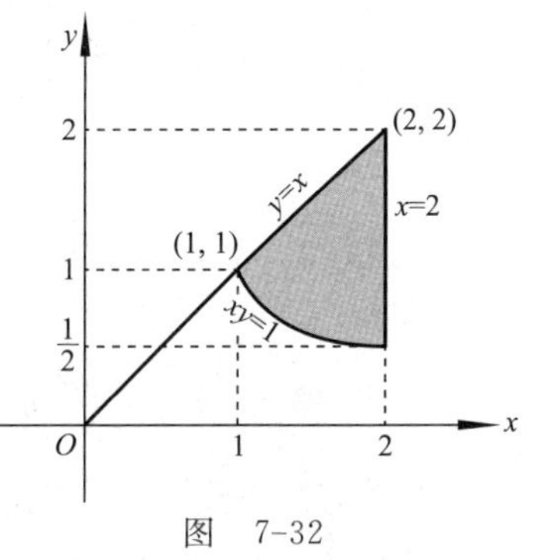

图　7-32

$$\iint_D\frac{x^2}{y^2}\mathrm{d}x\mathrm{d}y=\int_1^2\mathrm{d}x\int_{\frac{1}{x}}^{x}\frac{x^2}{y^2}\mathrm{d}y=\int_1^2x^2\left(-\frac{1}{y}\right)\Big|_{\frac{1}{x}}^{x}\mathrm{d}x$$

$$=\int_1^2(-x+x^3)\mathrm{d}x=\left(-\frac{1}{2}x^2+\frac{1}{4}x^4\right)\Big|_1^2=\frac{9}{4}.$$

当然，这个积分也可以选择将 D 看成是 Y-型域，即先对 x 后对 y 积分. 但必须把积分区域 D 划分成两个区域，分别表示为

$$D_1=\left\{(x,y)\mid\frac{1}{y}\leqslant x\leqslant 2,\frac{1}{2}\leqslant y\leqslant 1\right\}\quad 与\quad D_2=\{(x,y)\mid y\leqslant x\leqslant 2,1\leqslant y\leqslant 2\},$$

于是
$$\iint_D\frac{x^2}{y^2}\mathrm{d}x\mathrm{d}y=\int_{\frac{1}{2}}^{1}\mathrm{d}y\int_{\frac{1}{y}}^{2}\frac{x^2}{y^2}\mathrm{d}x+\int_1^2\mathrm{d}y\int_y^2\frac{x^2}{y^2}\mathrm{d}x$$

$$=\frac{1}{3}\int_{\frac{1}{2}}^{1}\frac{x^3}{y^2}\Big|_{\frac{1}{y}}^{2}\mathrm{d}y+\frac{1}{3}\int_1^2\frac{x^3}{y^2}\Big|_y^2\mathrm{d}y$$

$$=\frac{1}{3}\int_{\frac{1}{2}}^{1}\left(\frac{8}{y^2}-\frac{1}{y^5}\right)\mathrm{d}y+\frac{1}{3}\int_1^2\left(\frac{8}{y^2}-y\right)\mathrm{d}y$$

$$=\frac{1}{3}\left(-\frac{8}{y}+\frac{1}{4y^4}\right)\Big|_{\frac{1}{2}}^{1}+\frac{1}{3}\left(-\frac{8}{y}-\frac{1}{2}y^2\right)\Big|_1^2=\frac{9}{4}.$$

由此可见，如果将 D 看成是 Y-型域来计算比较麻烦.

例 3　计算二重积分 $\iint\limits_D y^2\mathrm{d}x\mathrm{d}y$，其中 D 是由抛物线 $y^2=x$ 和直线

$2x-y-1=0$所围成的区域.

解 画出积分区域的图形如图 7-33 所示，解方程组$\begin{cases}x=y^2\\2x-y-1=0\end{cases}$，得抛物线和直线的两个交点$(1,1)$，$\left(\frac{1}{4},-\frac{1}{2}\right)$. 将 D 看成是Y-型域，则积分区域

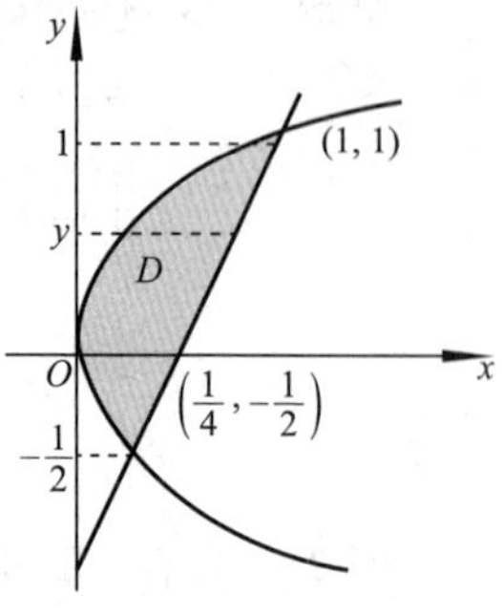

$$D=\left\{(x,y)\mid y^2\leqslant x\leqslant\frac{y+1}{2},-\frac{1}{2}\leqslant y\leqslant 1\right\},$$

图 7-33

于是

$$\iint\limits_D y^2\,\mathrm{d}x\mathrm{d}y=\int_{-\frac{1}{2}}^{1}\mathrm{d}y\int_{y^2}^{\frac{y+1}{2}}y^2\,\mathrm{d}x=\int_{-\frac{1}{2}}^{1}(y^2x)\Big|_{y^2}^{\frac{y+1}{2}}\mathrm{d}y$$

$$=\int_{-\frac{1}{2}}^{1}y^2\left(\frac{y+1}{2}-y^2\right)\mathrm{d}y=\left(\frac{y^4}{8}+\frac{y^3}{6}-\frac{y^5}{5}\right)\Big|_{-\frac{1}{2}}^{1}=\frac{63}{640}.$$

当然，这个积分也可以选择另一种积分次序，即将 D 看成是 X-型域，但必须把积分区域 D 划分成两个区域.

从上面两例可以看出，积分次序的选择直接影响着二重积分计算的繁简程度. 显然，积分次序的选择与积分区域有关.

例 4 计算二重积分$\iint\limits_D y\sqrt{1+x^2-y^2}\,\mathrm{d}x\mathrm{d}y$，其中 D 是由直线 $y=1$，$x=-1$ 及 $y=x$ 所围成的闭区域.

解 画出积分区域 D 的图形如图 7-34 所示，易见区域 D 既是 X-型域又是 Y-型域. 如果将 D 看成是 X-型域，则积分区域$D=\{(x,y)\mid -1\leqslant x\leqslant 1,x\leqslant y\leqslant 1\}$，于是

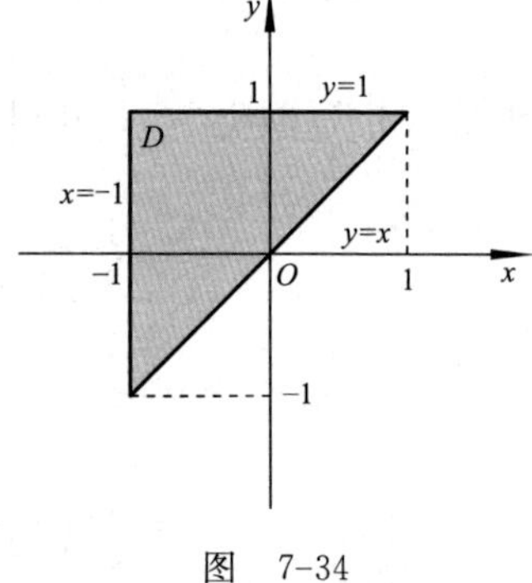

图 7-34

$$\iint\limits_D y\sqrt{1+x^2-y^2}\,\mathrm{d}x\mathrm{d}y$$

$$=\int_{-1}^{1}\mathrm{d}x\int_{x}^{1}y\sqrt{1+x^2-y^2}\,\mathrm{d}y$$

$$=-\frac{1}{2}\int_{-1}^{1}\mathrm{d}x\int_{x}^{1}(1+x^2-y^2)^{\frac{1}{2}}\mathrm{d}(1+x^2-y^2)$$

$$=-\frac{1}{3}\int_{-1}^{1}(1+x^2-y^2)^{\frac{3}{2}}\Big|_{x}^{1}\mathrm{d}x$$

$$=-\frac{1}{3}\int_{-1}^{1}(|x|^3-1)\mathrm{d}x$$

$$=-\frac{2}{3}\int_0^1(x^3-1)\mathrm{d}x=\frac{1}{2}.$$

如果将 D 看成是 Y-型域，则 $D=\{(x,y)\mid -1\leqslant x\leqslant y,-1\leqslant y\leqslant 1\}$，于是

$$\iint_D y\sqrt{1+x^2-y^2}\mathrm{d}x\mathrm{d}y=\int_{-1}^1\mathrm{d}y\int_{-1}^y y\sqrt{1+x^2-y^2}\mathrm{d}x,$$

其中关于 x 的积分 $\int_{-1}^y y\sqrt{1+x^2-y^2}\mathrm{d}x$ 比较麻烦，所以将 D 看成是 X-型域时计算较为简单.

例 5　计算 $\iint_D \mathrm{e}^{-y^2}\mathrm{d}x\mathrm{d}y$，其中 D 是由直线 $x=0,y=x,y=1$ 围成的区域.

解　画出积分区域 D 的图形如图 7-35 所示，易见区域 D 既是 X-型域又是 Y-型域. 如果将 D 看成是 X-型域，则积分区域 $D=\{(x,y)\mid 0\leqslant x\leqslant 1,x\leqslant y\leqslant 1\}$，于是

$$\iint_D \mathrm{e}^{-y^2}\mathrm{d}x\mathrm{d}y=\int_0^1\mathrm{d}x\int_x^1\mathrm{e}^{-y^2}\mathrm{d}y$$

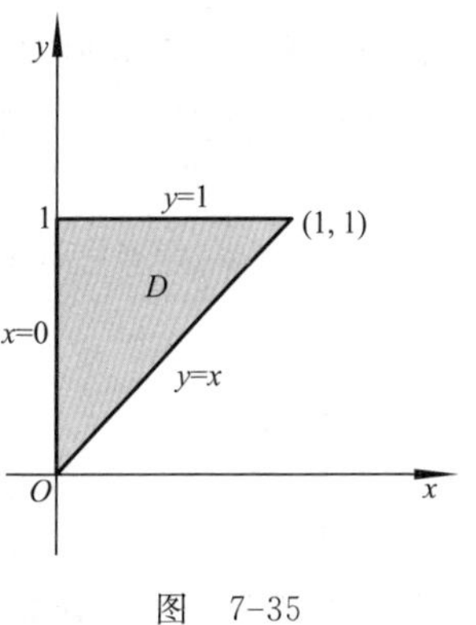

图　7-35

由于 e^{-y^2} 的原函数不能用初等函数表示，所以无法计算出二重积分的结果，因此应该选择另一种积分次序，即将 D 看成是 Y-型域，则 $D=\{(x,y)\mid 0\leqslant x\leqslant y,0\leqslant y\leqslant 1\}$，于是

$$\iint_D \mathrm{e}^{-y^2}\mathrm{d}x\mathrm{d}y=\int_0^1\mathrm{d}y\int_0^y\mathrm{e}^{-y^2}\mathrm{d}x=\int_0^1\mathrm{e}^{-y^2}x\Big|_0^y\mathrm{d}y=\int_0^1 y\mathrm{e}^{-y^2}\mathrm{d}y$$

$$=-\frac{1}{2}\mathrm{e}^{-y^2}\Big|_0^1=\frac{1}{2}\left(1-\frac{1}{\mathrm{e}}\right).$$

由例 4 和例 5 可以看出，选择积分次序也要考虑到被积函数的特点. 从以上这些例题看到，计算二重积分的关键是如何化二重积分为二次积分（累次积分），而在化二重积分为二次积分的过程中又要注意积分次序的选择.

由于二重积分化为二次积分时，有两种积分顺序，所以通过二重积分可以将已给的二次积分进行更换积分顺序，这种积分顺序的更换，有时可以简化问题的计算.

例 6　交换下列二次积分的积分顺序：

(1) $\int_1^e dx \int_0^{\ln x} f(x,y)dy$；　(2) $\int_{\frac{1}{2}}^1 dx \int_{\frac{1}{x}}^2 f(x,y)dy + \int_1^2 dx \int_x^2 f(x,y)dy$.

解　根据所给二次积分画出积分区域 D，再按另一种积分顺序写出二次积分.

(1)已知积分区域 D 为 X-型域，且 $D=\{(x,y) \mid 1 \leqslant x \leqslant e, 0 \leqslant y \leqslant \ln x\}$，画出区域 D 的图形如图 7-36 所示. 于是，将 D 看成是 Y-型域，则 $D=\{(x,y) \mid e^y \leqslant x \leqslant e, 0 \leqslant y \leqslant 1\}$，从而

$$\int_1^e dx \int_0^{\ln x} f(x,y)dy = \int_0^1 dy \int_{e^y}^e f(x,y)dx.$$

(2)已知积分区域 D 由两个 X-型域组成，且

$$D_1=\left\{(x,y) \,\middle|\, \frac{1}{2} \leqslant x \leqslant 1, \frac{1}{x} \leqslant y \leqslant 2\right\},$$

$$D_2=\{(x,y) \mid 1 \leqslant x \leqslant 2, x \leqslant y \leqslant 2\},$$

画出区域 D 的图形如图 7-37 所示. 于是，将 D 看成是 Y-型域，则 $D=\left\{(x,y) \,\middle|\, \frac{1}{y} \leqslant x \leqslant y, 1 \leqslant y \leqslant 2\right\}$，从而

$$\int_{\frac{1}{2}}^1 dx \int_{\frac{1}{x}}^2 f(x,y)dy + \int_1^2 dx \int_x^2 f(x,y)dy = \int_1^2 dy \int_{\frac{1}{y}}^y f(x,y)dx.$$

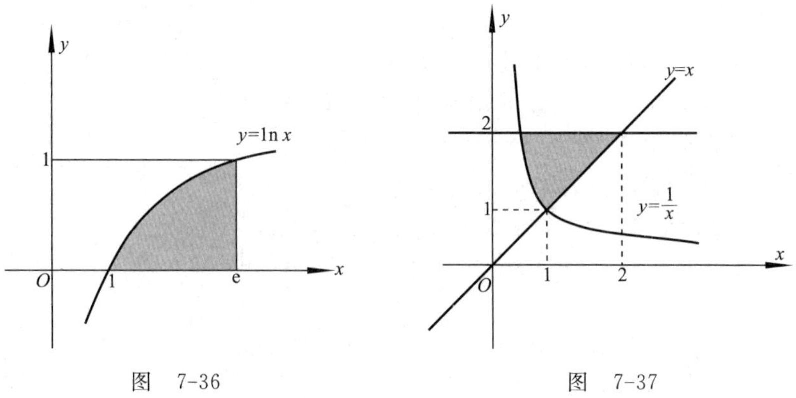

图 7-36　　　　图 7-37

7.6.2　极坐标系下二重积分的计算

计算二重积分时. 对于某些被积函数或某些积分区域，利用直角坐标系计算二重积分往往比较困难，而在极坐标系下计算则比较简单. 下面介绍极坐标系下二重积分 $\iint\limits_D f(x,y)d\sigma$ 的计算方法.

在极坐标系下计算二重积分，只要将被积函数和积分区域都化为极坐标表示即可. 将极点 O 与直角坐标系的原点重合，极轴与 x 轴正方向重合，

设点 P 的直角坐标为(x,y)，极坐标为(r,θ)，如图 7-38 所示，则两者的关系为

$$\begin{cases} x=r\cos\theta \\ y=r\sin\theta \end{cases} \quad 及 \quad \begin{cases} r=\sqrt{x^2+y^2} \\ \tan\theta=\dfrac{y}{x} \end{cases}.$$

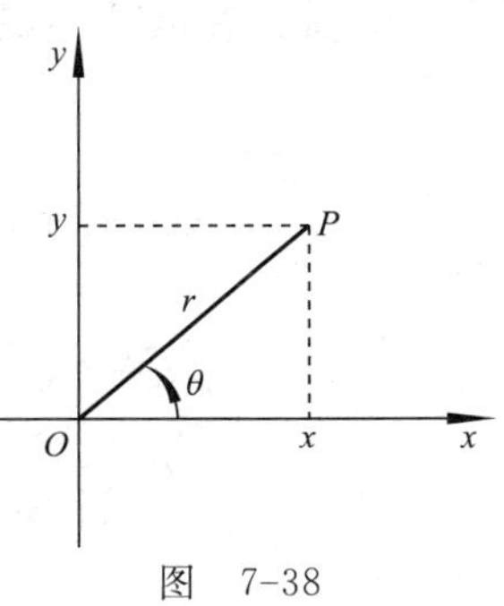

图　7-38

假定从极点 O 出发且穿过闭区域 D 内部的射线与 D 的边界曲线相交至多两点. 用 r 取一系列的常数(得到一族中心在极点的同心圆)和 θ 取一系列的常数(得到一族过极点的射线)的两组曲线将 D 分成若干小区域 $\Delta\sigma$，如图 7-39 所示.

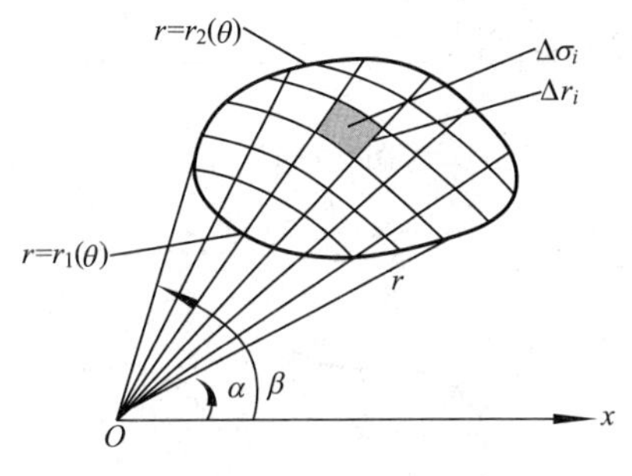

图　7-39

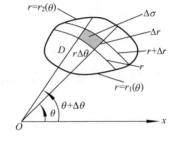

设 $\Delta\sigma$ 是半径为 r 和 $r+\Delta r$ 的两个圆弧及极角 θ 和 $\theta+\Delta\theta$ 的两条射线所围成的小区域，其面积可近似地表示为

$$\Delta\sigma\approx r\Delta r\cdot\Delta\theta,$$

因此，在极坐标系下的面积元素为

$$\mathrm{d}\sigma=r\mathrm{d}r\mathrm{d}\theta,$$

代入被积函数，于是得到二重积分在极坐标系下的表达式

$$\iint\limits_D f(x,y)\mathrm{d}\sigma=\iint\limits_D f(r\cos\theta,r\sin\theta)r\mathrm{d}r\mathrm{d}\theta.$$

如何将上式二重积分化成二次积分呢？就极点的不同位置，分三种情形加以讨论. 不管是哪种情形，总是先对 r 积分，后对 θ 积分.

1. 极点在区域 D 之外(见图 7-40)

$$D=\{(r,\theta)\mid\alpha\leqslant\theta\leqslant\beta,r_1(\theta)\leqslant r\leqslant r_2(\theta)\},$$

则
$$\iint\limits_D f(r\cos\theta,r\sin\theta)r\mathrm{d}r\mathrm{d}\theta=\int_\alpha^\beta\mathrm{d}\theta\int_{r_1(\theta)}^{r_2(\theta)}f(r\cos\theta,r\sin\theta)r\mathrm{d}r.$$

2. 极点在区域 D 的边界上(见图 7-41)

$$D=\{(r,\theta)\mid\alpha\leqslant\theta\leqslant\beta,0\leqslant r\leqslant r(\theta)\},$$

则
$$\iint_D f(r\cos\theta,r\sin\theta)r\mathrm{d}r\mathrm{d}\theta=\int_\alpha^\beta\mathrm{d}\theta\int_0^{r(\theta)}f(r\cos\theta,r\sin\theta)r\mathrm{d}r.$$

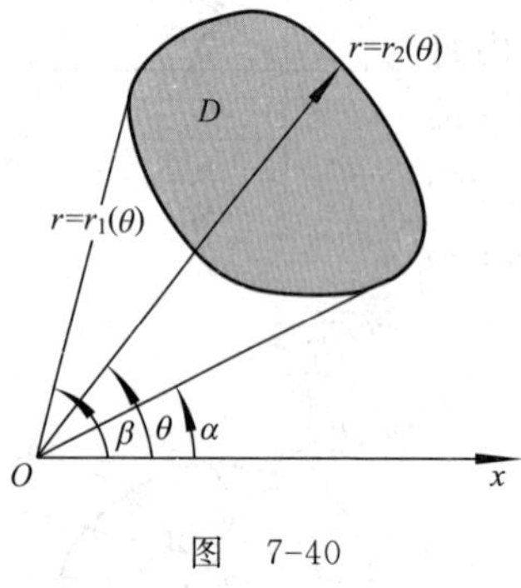

图 7-40

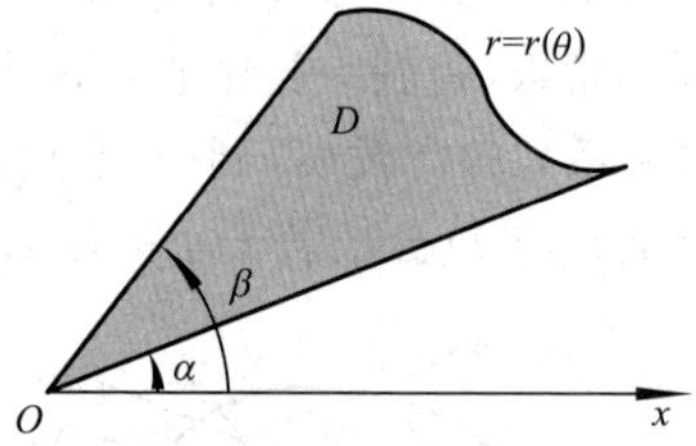

图 7-41

3. 极点在区域 D 之内(见图 7-42)

$$D=\{(r,\theta)\mid0\leqslant\theta\leqslant2\pi,0\leqslant r\leqslant r(\theta)\},$$

则
$$\iint_D f(r\cos\theta,r\sin\theta)r\mathrm{d}r\mathrm{d}\theta$$
$$=\int_0^{2\pi}\mathrm{d}\theta\int_0^{r(\theta)}f(r\cos\theta,r\sin\theta)r\mathrm{d}r.$$

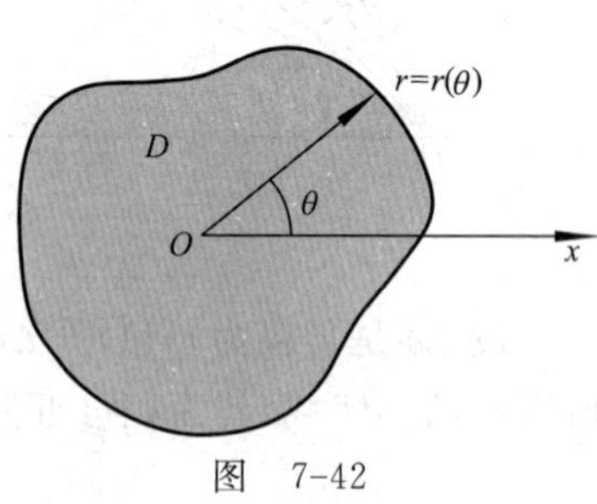

图 7-42

一般情况下,当二重积分的被积函数中含有 $x^2+y^2,x^2-y^2,xy,\dfrac{x}{y}$ 等形式,以及积分区域为以原点为中心的圆形、扇形、圆环形或过原点中心在坐标轴上的圆域时,利用极坐标来计算往往比较简单.

例 7 计算二重积分 $\iint\limits_D(x^2+y^2)\mathrm{d}\sigma$,其中 D 为 $a^2\leqslant x^2+y^2\leqslant b^2$,如图7-43所示.

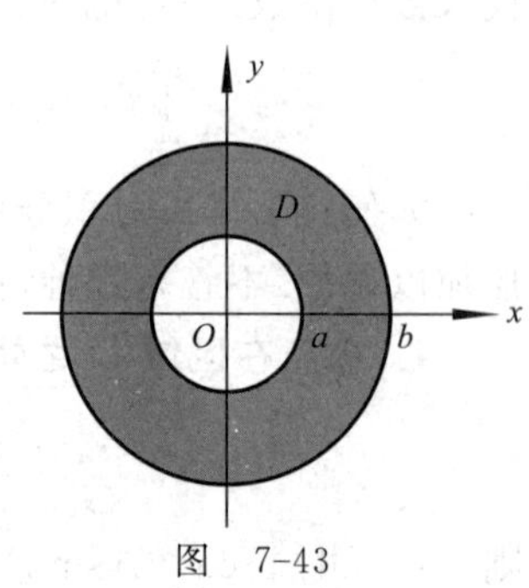

图 7-43

解 积分区域 D 属于第一种情况. $D=\{(r,\theta)\mid0\leqslant\theta\leqslant2\pi,a\leqslant r\leqslant b\}$,于是

$$\iint_D(x^2+y^2)\mathrm{d}\sigma=\int_0^{2\pi}\mathrm{d}\theta\int_a^b r^3\mathrm{d}r$$
$$=\int_0^{2\pi}\frac{1}{4}r^4\Big|_a^b\mathrm{d}\theta$$

$$= \frac{\pi}{2}(b^4 - a^4).$$

例 8　计算二重积分 $\iint\limits_D \sqrt{x^2+y^2}\,\mathrm{d}\sigma$，其中 $D:(x-a)^2+y^2 \leqslant a^2(a>0)$.

解　积分区域 D 如图 7-44 所示，D 的边界曲线 $(x-a)^2+y^2=a^2(a>0)$ 的极坐标方程为 $r=2a\cos\theta(a>0)$. 属于第二种情况，$D=\left\{(r,\theta)\,\middle|\,-\frac{\pi}{2}\leqslant\theta\leqslant\frac{\pi}{2},0\leqslant r\leqslant 2a\cos\theta\right\}$，于是

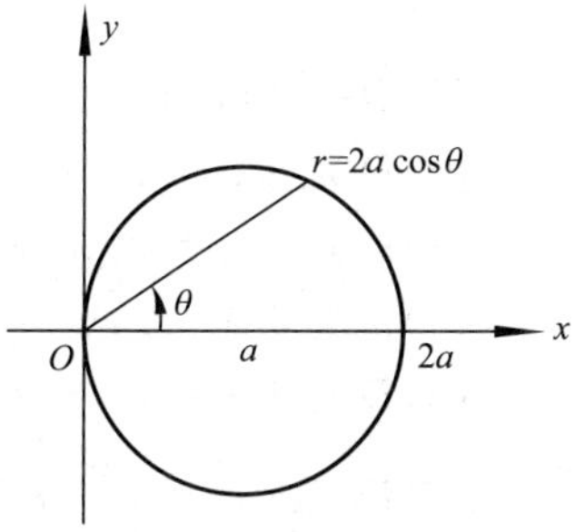

图　7-44

$$\iint\limits_D \sqrt{x^2+y^2}\,\mathrm{d}\sigma = \int_{-\frac{\pi}{2}}^{\frac{\pi}{2}}\mathrm{d}\theta\int_0^{2a\cos\theta} r^2\,\mathrm{d}r$$

$$= \int_{-\frac{\pi}{2}}^{\frac{\pi}{2}} \frac{1}{3}r^3\Big|_0^{2a\cos\theta}\mathrm{d}\theta$$

$$= \frac{8a^3}{3}\int_{-\frac{\pi}{2}}^{\frac{\pi}{2}}\cos^3\theta\,\mathrm{d}\theta = \frac{8a^3}{3}\int_{-\frac{\pi}{2}}^{\frac{\pi}{2}}(1-\sin^2\theta)\cos\theta\,\mathrm{d}\theta$$

$$= \frac{8a^3}{3}\left(\sin\theta - \frac{1}{3}\sin^3\theta\right)_{-\frac{\pi}{2}}^{\frac{\pi}{2}} = \frac{32}{9}a^3.$$

例 9　计算二重积分 $\iint\limits_D \mathrm{e}^{-x^2-y^2}\,\mathrm{d}x\mathrm{d}y$，其中 D 为圆 $r=a$.

解　积分区域 D 如图 7-45 所示，属于第三种情况，$D=\{(r,\theta)\mid 0\leqslant\theta\leqslant 2\pi,0\leqslant r\leqslant a\}$，于是

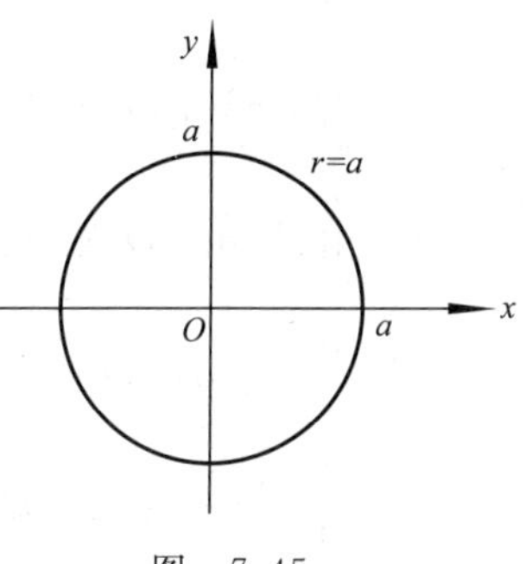

图　7-45

$$\iint\limits_D \mathrm{e}^{-x^2-y^2}\,\mathrm{d}x\mathrm{d}y = \int_0^{2\pi}\mathrm{d}\theta\int_0^a \mathrm{e}^{-r^2}r\,\mathrm{d}r$$

$$= -\frac{1}{2}\int_0^{2\pi}(\mathrm{e}^{-r^2})\Big|_0^a\mathrm{d}\theta$$

$$= -\frac{1}{2}\int_0^{2\pi}(\mathrm{e}^{-a^2}-1)\,\mathrm{d}\theta = \pi(1-\mathrm{e}^{-a^2}).$$

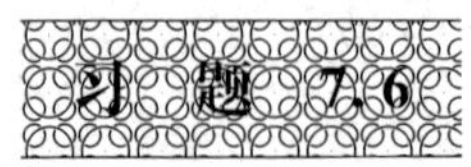

习题 7.6

1. 将二重积分$\iint\limits_D f(x,y)\mathrm{d}\sigma$化为二次积分：

(1)$D=\{(x,y)\mid 1\leqslant x\leqslant 2,3\leqslant y\leqslant 4\}$；

(2)D是由$x+y=1,x-y=1,x=0$所围成的区域；

(3)D是由$y=x,y=3x,x=1$和$x=3$所围成的区域；

(4)D是由$y=x,y^2=4x$所围成的区域；

(5)D是由$y=x^2,y=4-x^2$所围成的区域；

(6)$D=\left\{(x,y)\,\middle|\,\dfrac{x^2}{4}+\dfrac{y^2}{9}\leqslant 1\right\}$.

2. 计算下列各累次积分：

(1) $\int_0^2\mathrm{d}x\int_0^{\sqrt{x}}\mathrm{d}y$；　　(2) $\int_1^2\mathrm{d}x\int_x^{x^2}\dfrac{y}{x}\mathrm{d}y$；

(3) $\int_1^3\mathrm{d}x\int_{x-1}^2\sin y^2\,\mathrm{d}y$；　　(4) $\int_0^1\mathrm{d}y\int_y^1\dfrac{\sin x}{x}\mathrm{d}x$.

3. 计算下列二重积分：

(1) $\iint\limits_D(4-y^2)\mathrm{d}\sigma$, $D=\{(x,y)\mid 0\leqslant x\leqslant 3,0\leqslant y\leqslant 2\}$；

(2) $\iint\limits_D\mathrm{e}^{x+y}\mathrm{d}\sigma$, $D=\{(x,y)\mid 0\leqslant x\leqslant\ln 3,0\leqslant y\leqslant\ln 2\}$；

(3) $\iint\limits_D y\cos(xy)\mathrm{d}\sigma$, $D=\{(x,y)\mid 0\leqslant x\leqslant\pi,0\leqslant y\leqslant 1\}$；

(4) $\iint\limits_D x^2y\mathrm{d}\sigma$, D是由$xy=2,x+y=3$所围成的闭区域；

(5) $\iint\limits_D x\sqrt{y}\mathrm{d}\sigma$, D是由$y=x^2,y=\sqrt{x}$所围成的闭区域；

(6) $\iint\limits_D(3x+2y)\mathrm{d}\sigma$, D是由两坐标轴及直线$x+y=2$所围成的闭区域；

(7) $\iint\limits_D x\cos(x+y)\mathrm{d}x\mathrm{d}y$, D是顶点分别为$(0,0)$，$(\pi,0)$和(π,π)的三角形闭区域；

(8) $\iint\limits_D(x+y)\mathrm{d}x\mathrm{d}y$, D是由$y=x^2,y=4x^2,y=1$所围成的闭区域；

(9) $\iint\limits_D|y-x^2|\mathrm{d}x\mathrm{d}y$, $D=\{(x,y)\mid -1\leqslant x\leqslant 1,0\leqslant y\leqslant 1\}$.

4. 交换下列积分的积分顺序：

(1) $\int_0^2 dx \int_{x^2}^{2x} f(x,y)dy$；

(2) $\int_0^1 dy \int_y^{\sqrt{y}} f(x,y)dx$；

(3) $\int_0^1 dy \int_0^{2y} f(x,y)dx + \int_1^3 dy \int_0^{3-y} f(x,y)dx$；

(4) $\int_0^{2a} dx \int_{\sqrt{2ax-x^2}}^{\sqrt{2ax}} f(x,y)dy \quad (a>0)$.

5. 将二重积分 $\iint\limits_D f(x,y)dxdy$ 化成极坐标系下的二次积分，其中积分区域为：

(1) $D=\{(x,y)\,|\,x^2+y^2\leqslant 1, x\geqslant 0, y\geqslant 0\}$；

(2) $D=\{(x,y)\,|\,1\leqslant x^2+y^2\leqslant 4\}$；

(3) $D=\{(x,y)\,|\,x^2+y^2\leqslant 2Ry, x\geqslant 0\}$.

6. 把下列直角坐标系下的二次积分化为极坐标系下的二次积分：

(1) $\int_0^a dx \int_0^{\sqrt{a^2-x^2}} f(x,y)dy \quad (a>0)$；

(2) $\int_0^2 dx \int_x^{\sqrt{3}x} f(\sqrt{x^2+y^2})dy$.

7. 在极坐标系下计算二重积分：

(1) $\iint\limits_D \arctan\frac{y}{x}dxdy$，其中 D 是由圆周 $x^2+y^2=1$，$x^2+y^2=4$ 及直线 $y=0$，$y=x$ 所围成的在第一象限内的区域；

(2) $\iint\limits_D e^{x^2+y^2}dxdy$，其中 D 是由圆周 $x^2+y^2=4$ 所围成的闭区域.

(3) $\iint\limits_D \sqrt{x^2+y^2}dxdy$，$D=\{(x,y)\,|\,x^2+y^2\leqslant 2x\}$；

(4) $\iint\limits_D |1-x^2-y^2|dxdy$，$D=\{(x,y)\,|\,x^2+y^2\leqslant 4, y\geqslant 0\}$.

7.7　二重积分的简单应用

7.7.1　二重积分在几何上的应用

1. 平面图形的面积

在定积分中我们计算过平面图形的面积，用二重积分也可以计算平

面图形的面积. 由二重积分的性质 4 可知,当被积函数 $f(x,y)=1$ 时,则有

$$\iint\limits_D \mathrm{d}\sigma=\sigma.$$

其中 σ 为积分区域 D 的面积.

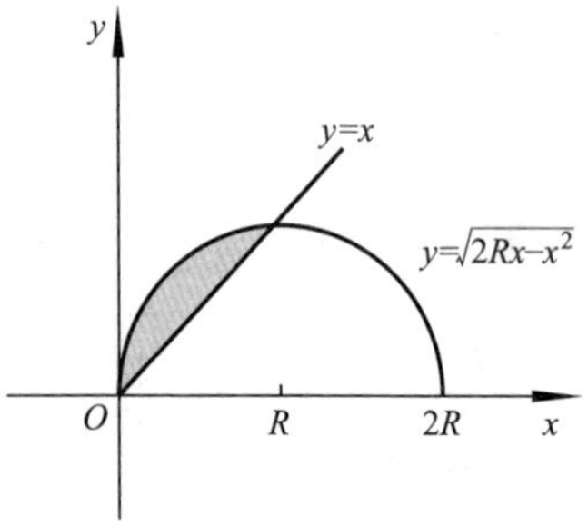

例 1 求曲线 $y=\sqrt{2Rx-x^2}\,(R>0)$ 与 $y=x$ 所围成的平面图形的面积.

解 如图 7-46 所示,将曲线方程化为极坐标方程:

$$r=2R\cos\theta,\quad \theta=\frac{\pi}{4}.$$

图 7-46

于是

$$S=\iint\limits_D \mathrm{d}\sigma=\iint\limits_D r\,\mathrm{d}r\mathrm{d}\theta=\int_{\frac{\pi}{4}}^{\frac{\pi}{2}}\mathrm{d}\theta\int_0^{2R\cos\theta} r\mathrm{d}r=\left(\frac{\pi}{4}-\frac{1}{2}\right)R^2.$$

2. 曲顶柱体的体积

由二重积分的几何意义可知,当 $f(x,y)\geqslant 0$ 时,以 $z=f(x,y)$ 为顶,闭区域 D 为底的曲顶柱体的体积可表示为二重积分,即

$$V=\iint\limits_D f(x,y)\mathrm{d}x\mathrm{d}y;$$

当 $f(x,y)<0$ 时,以 $z=f(x,y)$ 为顶,闭区域 D 为底的曲顶柱体的体积可表示为二重积分,即

$$V=-\iint\limits_D f(x,y)\mathrm{d}x\mathrm{d}y.$$

例 2 求由两个圆柱面 $x^2+y^2=a^2$ 和 $x^2+z^2=a^2$ 相交所形成的立体的体积.

解 先画出立体在第一卦限的部分如图 7-47所示,根据图形的对称性,所求的体积是图 7-47 中所画出的第一卦限中的体积的八倍. 它可看成一个曲顶住体. 曲顶是圆柱面 $z=\sqrt{a^2-x^2}$,底是 xOy 平面上圆 $x^2+y^2=a^2$ 在第一象限内的部分,表示为

$$D=\{(x,y)\,|\,0\leqslant x\leqslant a,0\leqslant y\leqslant\sqrt{a^2-x^2}\},$$

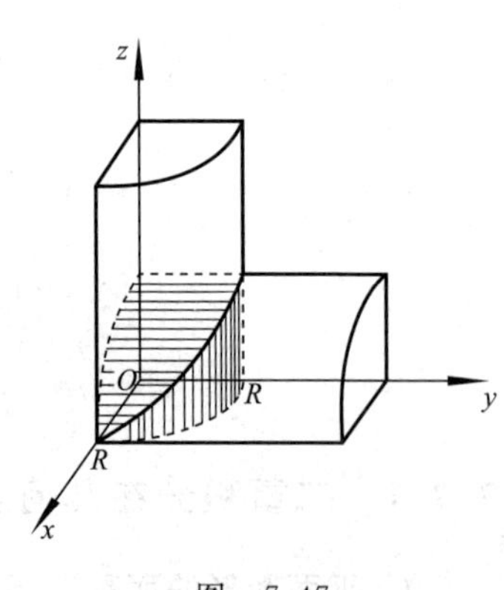

图 7-47

于是所求体积为

$$V=8\iint_D \sqrt{a^2-x^2}\,dxdy=8\int_0^a dx\int_0^{\sqrt{a^2-x^2}}\sqrt{a^2-x^2}\,dy$$

$$=8\int_0^a\left(\sqrt{a^2-x^2}\cdot y\Big|_0^{\sqrt{a^2-x^2}}\right)dx$$

$$=8\int_0^a(a^2-x^2)dx=8\left(a^2x-\frac{1}{3}x^3\right)\Big|_0^a=\frac{16}{3}a^3.$$

3. 曲面的面积

设曲面 S 由方程 $z=f(x,y)$ 给出，D 为曲面 S 在 xOy 面上的投影区域，函数 $f(x,y)$ 在 D 上具有连续偏导数 $f'_x(x,y)$ 和 $f'_y(x,y)$，那么曲面 S 的面积可由下面公式计算：

$$A=\iint_D\sqrt{1+f'^2_x(x,y)+f'^2_y(x,y)}\,dxdy.$$

也可以写成

$$A=\iint_D\sqrt{1+\left(\frac{\partial z}{\partial x}\right)^2+\left(\frac{\partial z}{\partial y}\right)^2}\,dxdy.$$

如果曲面方程为 $x=g(y,z)$ 或 $y=g(x,z)$，可分别将曲面投影到 yOz 面和 xOz 面上，记投影区域分别为 D_{yz} 和 D_{xz}，可得类似公式

$$A=\iint_{D_{yz}}\sqrt{1+\left(\frac{\partial x}{\partial y}\right)^2+\left(\frac{\partial x}{\partial z}\right)^2}\,dydz$$

和

$$A=\iint_{D_{xz}}\sqrt{1+\left(\frac{\partial y}{\partial x}\right)^2+\left(\frac{\partial y}{\partial z}\right)^2}\,dxdz.$$

例 3　求球面 $x^2+y^2+z^2=a^2$ 的表面积.

解　上半球面的方程为 $z=\sqrt{a^2-x^2-y^2}$，它在 xOy 面上的投影 $D=\{(x,y)\mid x^2+y^2\leqslant a^2\}$（见图 7-48）.

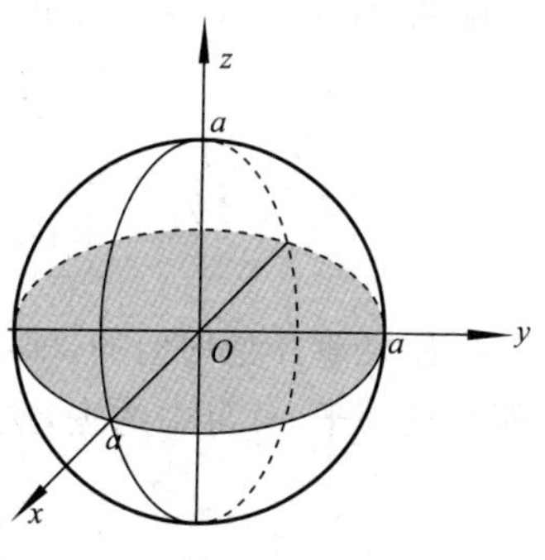

图　7-48

$$\frac{\partial z}{\partial x}=\frac{-x}{\sqrt{a^2-x^2-y^2}},\quad \frac{\partial z}{\partial y}=\frac{-y}{\sqrt{a^2-x^2-y^2}},$$

$$\sqrt{1+\left(\frac{\partial z}{\partial x}\right)^2+\left(\frac{\partial z}{\partial y}\right)^2}=\frac{a}{\sqrt{a^2-x^2-y^2}},$$

由对称性，取 $D_1=\{(x,y)\mid x^2+y^2\leqslant a^2,x\geqslant 0,y\geqslant 0\}$，则球面面积

$$A=8\iint_{D_1}\frac{a}{\sqrt{a^2-x^2-y^2}}\mathrm{d}x\mathrm{d}y=8\int_0^{\frac{\pi}{2}}\mathrm{d}\theta\int_0^a\frac{a}{\sqrt{a^2-r^2}}r\mathrm{d}r$$

$$=8\int_0^{\frac{\pi}{2}}\left(-a\sqrt{a^2-r^2}\right)\Big|_0^a\mathrm{d}\theta=8\int_0^{\frac{\pi}{2}}a^2\mathrm{d}\theta=4\pi a^2.$$

7.7.2 二重积分在物理学上的应用

1. 计算非均匀平面薄板的质量

根据二重积分的物理意义可知，面密度为 $\rho(x,y)$ 的非均匀平面薄板 D 的质量为

$$M=\iint_D\rho(x,y)\mathrm{d}x\mathrm{d}y.$$

例 4 设圆心在原点，半径为 R，面密度为 $\rho(x,y)=x^2+y^2$ 的平面薄板 D，求薄板的质量.

解 设薄板的质量为 M，则有

$$M=\iint_D\rho(x,y)\mathrm{d}x\mathrm{d}y=\iint_D(x^2+y^2)\mathrm{d}x\mathrm{d}y,$$

其中 $D=\{(x,y)\mid x^2+y^2\leqslant R^2\}$（图形类似于图 7-45）.

在极坐标系下计算，得

$$M=\int_0^{2\pi}\mathrm{d}\theta\int_0^R r^2\cdot r\mathrm{d}r=\frac{1}{2}\pi R^4.$$

2. 计算平面薄片的重心

设有一平面薄片，占有 xOy 面上的区域 D，面密度 $\rho(x,y)$ 是 D 上的连续函数，那么平面薄片的重心坐标为

$$\bar{x}=\frac{M_y}{M}=\frac{\iint_D x\rho(x,y)\mathrm{d}\sigma}{\iint_D\rho(x,y)\mathrm{d}\sigma},\quad \bar{y}=\frac{M_x}{M}=\frac{\iint_D y\rho(x,y)\mathrm{d}\sigma}{\iint_D\rho(x,y)\mathrm{d}\sigma}.$$

如果薄片是均匀的，即面密度为常量，则在上式中可把 ρ 提到积分号外面并从分子、分母中约去，这样便得到均匀薄片的重心坐标为

$$\bar{x}=\frac{1}{A}\iint_D x\,\mathrm{d}\sigma,\quad \bar{y}=\frac{1}{A}\iint_D y\,\mathrm{d}\sigma.$$

其中 $A=\iint_D\mathrm{d}\sigma$ 为闭区域 D 的面积. 这时，重心只是与薄片的形状有关，故该

重心也成为薄片的形心.

例 5　求位于两圆 $r=2\sin\theta$ 和 $r=4\sin\theta$ 之间的均匀薄片的重心(见图 7-49).

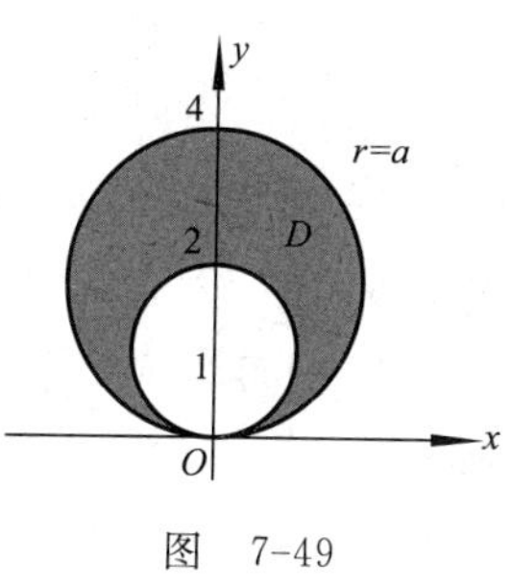

图　7-49

解　由于薄片是均匀的,且关于 y 轴对称,所以重心一定在 y 轴上,于是

$\bar{x}=0$,

$$\bar{y}=\frac{\iint\limits_D y\,\mathrm{d}\sigma}{A}=\frac{\int_0^{\pi}\mathrm{d}\theta\int_{2\sin\theta}^{4\sin\theta}r\sin\theta\cdot r\mathrm{d}r}{\pi\cdot 2^2-\pi\cdot 1^2}$$

$$=\frac{\int_0^{\pi}\left(\frac{1}{3}\sin\theta\cdot r^3\right)\Big|_{2\sin\theta}^{4\sin\theta}\mathrm{d}\theta}{3\pi}$$

$$=\frac{56}{9\pi}\int_0^{\pi}\sin^4\theta\mathrm{d}\theta$$

$$=\frac{56}{9\pi}\int_0^{\pi}\left(\frac{3}{8}-\frac{1}{2}\cos 2\theta+\frac{1}{8}\cos 4\theta\right)\mathrm{d}\theta=\frac{7}{3}.$$

故重心坐标为 $\left(0,\frac{7}{3}\right)$.

扫一扫 看视频

3. 计算平面薄片的转动惯量

设有一平面薄片,在 xOy 面上占有区域 D,薄片的面密度 $\rho(x,y)$ 是 D 上的连续函数,那么薄片关于 x 轴、y 轴和原点的转动惯量可分别由下面公式计算:

$$I_x=\iint\limits_D y^2\rho(x,y)\mathrm{d}\sigma;$$

$$I_y=\iint\limits_D x^2\rho(x,y)\mathrm{d}\sigma;$$

$$I_O=\iint\limits_D (x^2+y^2)\rho(x,y)\mathrm{d}\sigma.$$

例 6　有半径为 a 的均匀半圆薄片(面密度为常数 ρ),求其关于对称轴的转动惯量.

解　建立如图 7-50 所示的坐标系,于是对称轴是 y 轴,薄片所占有的区域

$$D=\{(x,y)\mid x^2+y^2\leqslant a^2,y\geqslant 0\},$$

于是 $I_y=\iint\limits_D x^2\rho(x,y)\mathrm{d}\sigma=\rho\int_0^{\pi}\mathrm{d}\theta\int_0^a r^2\cos^2\theta\cdot r\mathrm{d}r$

$$=\rho\int_0^{\pi}\cos^2\theta\left(\frac{1}{4}r^4\right)\Big|_0^a\mathrm{d}\theta=\frac{\rho a^4}{4}\int_0^{\pi}\cos^2\theta\mathrm{d}\theta$$

$$=\frac{\rho a^4}{4}\cdot\frac{\pi}{2}=\frac{1}{4}Ma^2.$$

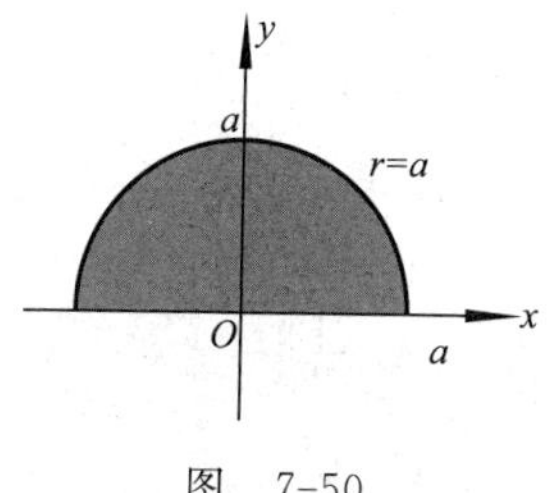

图　7-50

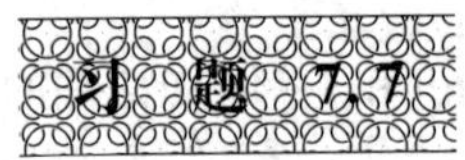

1. 利用二重积分计算曲线 $y=1-x^2$ 与直线 $y=0$ 所围成的封闭图形的面积.

2. 利用二重积分计算由抛物线 $y^2=x$ 和直线 $x-y=2$ 所围成图形的面积.

3. 求由曲面 $z=1-4x^2-y^2$ 与 xOy 坐标面所围成的立体的体积.

4. 求半球体 $0\leqslant z\leqslant\sqrt{a^2-x^2-y^2}$ 在圆柱 $x^2+y^2\leqslant ax(a>0)$ 内那部分的体积.

5. 求球面 $x^2+y^2+z^2=a^2$ 含在圆柱面 $x^2+y^2=ax$ 内部的那部分面积.

6. 求抛物面 $z=x^2+y^2$ 在平面 $z=1$ 下面的面积.

7. 求半径为 R,中心角为 2α 的均匀扇形的重心.

8. 设均匀薄片(面密度为常数 1)所占区域 D 如下,求其指定的转动惯量:

(1)$D=\left\{(x,y)\mid\frac{x^2}{a^2}+\frac{y^2}{b^2}\leqslant1\right\}$,求 I_y 和 I_O;

(2)$D=\{(x,y)\mid0\leqslant x\leqslant a,0\leqslant y\leqslant b\}$,求 I_x 和 I_y.

复习题 7

1. 选择题:

(1)函数 $z=\frac{1}{\sqrt{x}}+\frac{1}{\sqrt{y}}$ 的定义域为(　　).

A. $\{(x,y)\mid xy>0\}$　　B. $\{(x,y)\mid xy\geqslant0\}$

C. $\{(x,y)\mid x>0,y>0\}$　　D. $\{(x,y)\mid x\geqslant0,y\geqslant0\}$

(2)设函数 $f(x,y)=\frac{2xy}{x^2+y^2}$,则 $f\left(1,\frac{y}{x}\right)=$(　　).

A. $\frac{2y}{1+y^2}$　　B. $\frac{2x}{1+x^2}$

C. $\frac{2x}{x^2+y^2}$　　D. $\frac{2xy}{x^2+y^2}$

(3)$\lim\limits_{(x,y)\to(0,0)}\frac{x^2y^2}{1+x^4+y^2}=$(　　).

A. $\frac{1}{2}$　　B. $\frac{1}{3}$

C. 0　　D. 不存在

(4)设函数 $z=f(x,y)$ 有连续偏导数,则 $\lim\limits_{t\to 0}\dfrac{f(x+t,y)-f(x,y)}{t}=$ (　　).

A. $f'_x(x,y)$　　　　B. $f'_y(x,y)$

C. $f'_x(x,y)+f'_y(x,y)$　　　　D. $f'_x(x,y)-f'_y(x,y)$

(5)函数 $f(x,y)$ 在点 (x,y) 的偏导数 $\dfrac{\partial z}{\partial x}$ 与 $\dfrac{\partial z}{\partial y}$ 存在是 $f(x,y)$ 在该点可微的(　　)条件.

A. 充分非必要　　　　B. 必要非充分

C. 充分必要　　　　D. 以上说法都不对

(6)设 $z=\arctan\dfrac{x}{y}$,则 $\mathrm{d}z=$(　　).

A. $\dfrac{y\mathrm{d}x-x\mathrm{d}y}{y^2+x^2}$　　　　B. $\dfrac{x\mathrm{d}x+y\mathrm{d}y}{y^2+x^2}$

C. $\dfrac{x\mathrm{d}x-y\mathrm{d}y}{y^2+x^2}$　　　　D. $\dfrac{y\mathrm{d}x+x\mathrm{d}y}{y^2+x^2}$

(7)偏导数存在的函数 $f(x,y)$ 在点 (x_0,y_0) 处取得极值是点 (x_0,y_0) 为驻点的(　　).

A. 充要条件　　　　B. 充分条件

C. 必要条件　　　　D. 既不充分也不必要条件

(8)设 $I=\iint\limits_D \sqrt[3]{x^2+y^2-1}\,\mathrm{d}\sigma$,其中 D 是圆环 $1\leqslant x^2+y^2\leqslant 2$ 所确定的闭区域,则必有(　　).

A. $I<0$　　　　B. $I>0$

C. $I=0$　　　　D. $I\neq 0$ 但符号不能确定

(9)若 $\iint\limits_D \mathrm{d}\sigma=1$,其中 D 是由(　　)所围成的闭区域.

A. $y=x+1,x=0,x=1,x$ 轴　　　　B. $|x|=1,|y|=1$

C. $2x+y=2$ 及 x 轴、y 轴　　　　D. $|x+y|=1,|x-y|=1$

(10)设 $f(x,y)$ 为连续函数,积分区域 D 为 $x^2+y^2\leqslant 1$ 在第一象限的部分,则二重积分 $\iint\limits_D f(x,y)\mathrm{d}x\mathrm{d}y=$(　　).

A. $\int_0^1\mathrm{d}x\int_0^{\sqrt{1-y^2}}f(x,y)\mathrm{d}y$　　　　B. $\int_0^1\mathrm{d}y\int_0^{\sqrt{1-x^2}}f(x,y)\mathrm{d}x$

C. $\int_0^1\mathrm{d}x\int_0^1 f(x,y)\mathrm{d}y$　　　　D. $\int_0^1\mathrm{d}x\int_0^{\sqrt{1-x^2}}f(x,y)\mathrm{d}y$

2. 填空题：

(1)函数 $f(x,y)=\ln(x^2+y^2-1)$ 的定义域是__________；

(2)设 $f(x,y)=xy+\dfrac{y}{x}$，则 $f(1,x+y)=$__________；

(3)$\lim\limits_{\substack{x\to 1\\ y\to 0}}\dfrac{\ln(x+e^y)}{\sqrt{x^2+y^2}}=$__________；

(4)设 $z=xy+x^3$，则 $\dfrac{\partial z}{\partial x}+\dfrac{\partial z}{\partial y}=$__________；

(5)设 $z=\ln\left(x+\dfrac{y}{2x}\right)$，则 $\left.\dfrac{\partial z}{\partial x}\right|_{(1,0)}=$__________；

(6)设 $u=f(x^2+y^2+z^2)$，则 $\dfrac{\partial u}{\partial x}=$__________；

(7)设 $f(x,y)=e^{y(x^2+y^2)}$，则 $df=$__________；
$df(1,0)=$__________；

(8)函数 $f(x,y)=4(x-y)-x^2-y^2$ 的极大值点是__________；

(9)交换二重积分次序 $\int_0^1 dx\int_{\sqrt{x}}^1 f(x,y)dy=$__________；

(10)化二重积分 $\int_0^{2a}dx\int_0^{\sqrt{2ax-x^2}}(x^2+y^2)dy$ 为极坐标形式__________.

3. 设 $f(x,y)=x^2+y$，求 $f(\sin(x+y),e^y)$.

4. 设函数 $f(x,y)=\sqrt{x^2+y^2}-x-y$，求 $f'_x(4,3)$ 及 $f'_y(4,3)$.

5. 设函数 $f(x,y,z)=x^2y+y^2z+z^2x$，求 $f''_{xx}(1,0,0)$，$f''_{xy}(1,0,1)$，$f''_{yz}(0,0,1)$.

6. 求下列复合函数的偏导数：

(1)设 $z=e^{u\sin v}$，$u=xy$，$v=\ln(x+y)$，求 $\dfrac{\partial z}{\partial x},\dfrac{\partial z}{\partial y}$；

(2)设 $z=u^2v-uv^2$，$u=y\sin x$，$v=x\cos y$，求 $\dfrac{\partial z}{\partial x},\dfrac{\partial z}{\partial y}$.

7. 已知函数 $z=f(e^{xy},x^2+y^2)$，求 $\dfrac{\partial z}{\partial x},\dfrac{\partial z}{\partial y}$.

8. 若函数 $u=f(x^3-y^3)$，且 f 具有导数，求 $\dfrac{\partial u}{\partial x}+\dfrac{\partial u}{\partial y}$.

9. 求由下列方程确定的隐函数的导数：

(1)设 $x\sin y+ye^{x}=0$，求$\dfrac{dy}{dx}$.

(2)设 $x^2+y^2+z^2=2Rx$，求$\dfrac{\partial z}{\partial x}$，$\dfrac{\partial z}{\partial y}$($R$ 为常数).

10. 证明：设 $z=f(x^2+y^2)$，f 是可微的函数，则 $y\dfrac{\partial z}{\partial x}-x\dfrac{\partial z}{\partial y}=0$.

11. (1)求函数 $z=3x^2-2xy+2y^2$ 的极值点和极值；

(2)求函数 $z=x^2+y^2+1$ 在 $x+y-3=0$ 下的极值.

12. 求原点与曲面 $z^2=xy+x-y+5$ 上点间距离的最小值.

13. 计算下列二重积分：

(1) $\iint\limits_D xe^{xy}dxdy$，其中 D 是由 $0\leqslant x\leqslant 1$，$-1\leqslant y\leqslant 0$ 所围成的区域；

(2) $\iint\limits_D (x+6y)dxdy$，其中 D 是由 $y=x$，$y=5x$ 及 $x=1$ 所围成的区域；

(3) $\iint\limits_D \ln(1+x^2+y^2)dxdy$，其中 D 是 $x^2+y^2\leqslant 1$ 在第一象限的部分；

(4) $\iint\limits_D \dfrac{x}{y}dxdy$，其中 D 是由 $y=2x$，$y=x$，$x=4$，$x=2$ 所围成的区域.

14. 将下列各题的积分次序交换：

(1) $\int_0^1 dx\int_x^1 f(x,y)dy$；

(2) $\int_0^1 dy\int_{\sqrt{y}}^{3-2y} f(x,y)dx$；

(3) $\int_{-6}^{2} dx\int_{\frac{x^2}{4}-1}^{2-x} f(x,y)dy$；

(4) $\int_0^1 dx\int_{-\sqrt{x}}^{\sqrt{x}} f(x,y)dy+\int_1^4 dx\int_{x-2}^{\sqrt{x}} f(x,y)dy$.

15. 计算下列二重积分：

(1) $\iint\limits_D \cos\sqrt{x^2+y^2}\,d\sigma$，其中 D 是 $0\leqslant x^2+y^2\leqslant \pi^2$ 所围成的区域；

(2) $\iint\limits_D \sqrt{R^2-x^2-y^2}\,d\sigma$，其中 D 是圆 $x^2+y^2=Rx$ 所围成的区域；

(3) $\iint\limits_{D} \frac{1-x^2-y^2}{1+x^2+y^2}\mathrm{d}\sigma$，其中 D 是 $x^2+y^2=1, x=0, y=0$ 所围成的区域在第一象限部分．

16．把下列二次积分化为极坐标系下的二次积分：

(1) $\int_0^1 \mathrm{d}x \int_0^{\sqrt{1-x^2}} \mathrm{e}^{\sqrt{x^2+y^2}}\mathrm{d}y$；　　(2) $\int_0^{2R} \mathrm{d}y \int_0^{\sqrt{2Ry-y^2}} f(x,y)\mathrm{d}x$．

17．求由平面 $x=0, y=0$ 及 $x+y=1$ 所围成柱体，被平面 $z=0$ 及抛物面 $z=6-x^2-y^2$ 截得的几何体的体积．

18．求由抛物面 $z=x^2+y^2$ 与平面 $z=a^2$ 所围成的立体的体积．

19．求由曲线 $y=x^2$ 及直线 $y=4$ 所围成部分的平面薄片的质量，设面密度为 1．

20．求密度一定，由 $y=x$ 与 $y=x^2$ 所围成的平面薄片的重心．

第8章　常微分方程

函数是反映现实中量与量之间的一种关系.但在实际问题中的这种关系有时不能直接写成函数表达式,却比较容易建立函数的导数与自变量之间的关系式,这种联系着自变量、未知函数及它们的导数(或微分)的关系式就是微分方程.本章将介绍微分方程的一些基本概念、一阶线性微分方程和二阶常系数线性微分方程的典型解法以及微分方程的一些应用问题.

8.1　微分方程的概念及分离变量法

本节首先介绍微分方程的基本概念和解可分离变量的微分方程的方法.

8.1.1　微分方程的概念

引例　设一曲线通过点(1,2),且该曲线上任意点 $P(x,y)$处的切线斜率等于 $3x^2$,求此曲线的方程.

解　设所求曲线的方程为 $y=f(x)$.由函数的导数的几何意义知,曲线 $y=f(x)$上任意一点 $P(x,y)$处的切线斜率为$\frac{dy}{dx}$,于是按题设有

$$\frac{dy}{dx}=3x^2 \quad 或 \quad dy=3x^2dx, \tag{1}$$

又由假设,曲线通过点(1,2),所以 $y=f(x)$还应满足条件

$$y\big|_{x=1}=2 \quad 或 \quad y(1)=2, \tag{2}$$

方程(1)两端积分,得

$$y=\int 3x^2dx=x^3+C, \tag{3}$$

其中 C 为任意常数.再把条件(2)代入(3)式,得 $2=1^3+C$,由此得 $C=1$.故所求曲线方程为

$$y=x^3+1.$$

引例中的方程$\frac{dy}{dx}=3x^2$ 就是这一章要介绍的微分方程.

定义 1 含有未知函数的导数或微分的方程叫**微分方程**.

微分方程中可以不含自变量和未知函数,但必须含未知函数的导数或微分. 凡未知函数为一元函数的微分方程叫**常微分方程**,未知函数为多元函数的微分方程叫**偏微分方程**,本章只讨论常微分方程.

微分方程中,未知函数导数的最高阶数叫微分方程的**阶**. 例如,$y'=2x$ 是一阶微分方程,$y''-2y=0$ 是二阶微分方程.

定义 2 如果把一个函数及其导数代入微分方程后,能使微分方程成为恒等式,则此函数叫微分方程的**解**.

在解中,所含**独立**任意常数(即常数不能合并)的个数等于微分方程的阶数,此解叫微分方程的**通解**,给通解中任意常数以确定值的解叫微分方程的**特解**. 例如,函数 $y=x^3+C$ 为引例中方程$\frac{\mathrm{d}y}{\mathrm{d}x}=3x^2$ 的通解,而 $y=x^3+1$ 为该方程满足条件的**特解**.

为了得到满足要求的特解,必须根据要求,对微分方程附加一定的条件,这些条件叫做**初始条件**. 例如,引例中给出的条件:曲线过点(1,2),即曲线满足$y|_{x=1}=2$ 就是初始条件.

例 1 验证函数 $y=\frac{\mathrm{e}^x}{3}+C\mathrm{e}^{-2x}$是微分方程 $y'+2y=\mathrm{e}^x$ 的通解.

解 要验证一个函数是否为给定微分方程的通解,只需将该函数代入微分方程中,看它能否使该方程成为恒等式,再看所给函数中所含独立的任意常数的个数,是否与微分方程的阶数相等.

$$y=\frac{1}{3}\mathrm{e}^x+C\mathrm{e}^{-2x},$$

$$y'=\frac{1}{3}\mathrm{e}^x-2C\mathrm{e}^{-2x}.$$

把 y 及y'代入所给微分方程,得

$$\text{左端}=\frac{1}{3}\mathrm{e}^x-2C\mathrm{e}^{-2x}+2\left(\frac{1}{3}\mathrm{e}^x+C\mathrm{e}^{-2x}\right)=\mathrm{e}^x=\text{右端},$$

可见,函数 $y=\frac{1}{3}\mathrm{e}^x+C\mathrm{e}^{-2x}$满足所给的微分方程,因而,是所给微分方程的解.

又因为函数 $y=\frac{1}{3}\mathrm{e}^x+C\mathrm{e}^{-2x}$中含有任意常数的个数(一个)与微分方程的阶数(一阶)相等,故它是所给微分方程的通解.

例 2 验证函数 $y=5x^2$ 是一阶微分方程 $xy'=2y$ 的特解.

解 因为 $$y'=10x,$$

把 y 及 y' 代入原微分方程，得

$$xy'=x\cdot 10x=2\cdot 5x^2=2y,$$

所以函数 $y=5x^2$ 是一阶微分方程 $xy'=2y$ 的特解.

8.1.2　分离变量法

设微分方程为$\frac{dy}{dx}=f(x)\cdot g(y)$，则

$$\frac{dy}{g(y)}=f(x)dx,$$

两边积分，得

$$\int\frac{dy}{g(y)}=\int f(x)dx+C.$$

这样就可求得微分方程$\frac{dy}{dx}=f(x)\cdot g(y)$的通解了.

将形如$\frac{dy}{dx}=f(x)\cdot g(y)$的微分方程称为**可分离变量的微分方程**. 可分离变量的微分方程是一阶微分方程的基本类型.

扫一扫 看视频

求解可分离变量的微分方程的方法如下：

(1)分离变量　$\frac{dy}{g(y)}=f(x)dx$ ；

(2)等式两端求积分　$\int\frac{dy}{g(y)}=\int f(x)dx+C.$

(3)通解　$G(y)=F(x)+C.$

例 3　求微分方程$\frac{dy}{dx}=2xy$ 的通解.

解　分离变量，得　$\frac{dy}{y}=2xdx,$

两端积分，得　$\int\frac{dy}{y}=\int 2xdx+C_1,$

即　$\ln|y|=x^2+C_1,$

所以　$y=\pm e^{x^2+C_1}=\pm e^{C_1}e^{x^2}.$

又因为$\pm e^{C_1}$仍是任意常数，把它记作 C，便得到原方程的通解为

$$y=Ce^{x^2}.$$

注意　以后为了简便起见，在解微分方程时，公式$\int\frac{1}{x}dx=\ln x+C$，于是，上例中，$\ln|y|$写成 $\ln y$，C 为任意常数.

例 4　求微分方程$\frac{dy}{dx}=1+2x+y^2+2xy^2$ 的通解.

解 原方程可化为 $\frac{dy}{dx}=(1+2x)(1+y^2)$,

分离变量,得 $$\frac{1}{1+y^2}dy=(1+2x)dx,$$

两边积分,得 $$\int\frac{1}{1+y^2}dy=\int(1+2x)dx+C,$$

即 $$\arctan y=x^2+x+C.$$

于是,原方程的通解为 $$y=\tan(x^2+x+C).$$

例 5 求微分方程 $2x\sin y dx+(x^2+1)\cos y dy=0$ 满足初始条件 $y|_{x=1}=\frac{\pi}{6}$ 的特解.

解 分离变量,得 $$\frac{\cos y}{\sin y}dy=-\frac{2x}{x^2+1}dx,$$

两边积分,得 $$\int\frac{\cos y}{\sin y}dy=-\int\frac{2x}{x^2+1}dx+C_1,$$

于是 $$\ln\sin y=-\ln(x^2+1)+\ln C\quad(C>0,\ln C=C_1)$$

即 $$(x^2+1)\sin y=C.$$

将初始条件 $y|_{x=1}=\frac{\pi}{6}$ 代入通解之中,得

$$C=1.$$

所以,原微分方程满足初始条件的特解为

$$(x^2+1)\sin y=1.$$

习 题 8.1

1. 指出下列方程中哪些是微分方程,并指出它们的阶数:

(1) $2\frac{d^2y}{dx^2}+y=x^2$; (2) $x(y')^2+y=1$;

(3) $x^2dx+xydy+y^2dx=0$; (4) $y^2+3y+2=0$.

2. 验证下列各微分方程后面所列出的函数(其中 C_1,C_2,C 均为任意常数)是否为所给微分方程的解.如果是,是通解还是特解?

(1) $\frac{dy}{dx}-y\tan x=\sec x$, $y=x\sec x$;

(2) $xdx+ydy=0$, $x^2+y^2=C$;

(3) $y''-6y'+9y=0$, $y=C_1e^{3x}+C_2e^{-3x}$;

(4) $\frac{d^2x}{dt^2}+2x=0$, $x=C_1\cos\sqrt{2}t+C_2\sin\sqrt{2}t$.

3. 已知一曲线通过点(1,2),且曲线上任意一点 $P(x,y)$ 处的切线斜率为 $2x+1$,求该曲线的方程.

4. 求下列微分方程的通解:

(1)$y'-\frac{2}{x^2}y=0$;　　(2)$y'=\frac{x}{y+\sin y}$;

(3)$x\ln x\cdot y'-y=0$;　　(4)$x^2y'-y=1$.

5. 求下列微分方程满足初始条件的特解:

(1)$(1+e^x)y\frac{dy}{dx}=e^x, y|_{x=1}=1$;

(2)$y(1+x^2)dy-x(1+y^2)dx=0, y|_{x=0}=1$;

(3)$y'\sin x=y\ln y$, $y|_{x=\frac{\pi}{2}}=e$.

8.2　一阶线性微分方程

本节介绍一阶线性齐次微分方程和一阶线性非齐次微分方程的解法.

8.2.1　一阶线性微分方程的概念

定义　形如$\frac{dy}{dx}+P(x)y=Q(x)$的微分方程,称为**一阶线性微分方程**,其中,$P(x)$与 $Q(x)$都是已知的连续函数,$Q(x)$称为**自由项**.未知函数 y 及其导数 y'都是一次的.

当 $Q(x)\equiv 0$ 时,方程$\frac{dy}{dx}+P(x)y=0$ 称为**一阶线性齐次微分方程**.

当 $Q(x)\neq 0$ 时,称方程$\frac{dy}{dx}+P(x)y=Q(x)$为**一阶线性非齐次微分方程**.

齐次方程$\frac{dy}{dx}+P(x)y=0$ 叫做非齐次方程$\frac{dy}{dx}+P(x)y=Q(x)$对应的齐次方程.

一阶线性非齐次微分方程的求解方法之一是常数变易法.下面先研究一阶线性齐次微分方程的通解,然后,通过常数变易法找到一阶线性非齐次微分方程的通解公式.

8.2.2　一阶线性齐次微分方程的通解

方程$\frac{dy}{dx}+P(x)y=0$ 是可分离变量的微分方程,分离变量,得

$$\frac{\mathrm{d}y}{y}=-P(x)\mathrm{d}x,$$

两端积分，得
$$\ln y=-\int P(x)\mathrm{d}x+\ln C,$$

所以通解为

$$y=\mathrm{e}^{-\int P(x)\mathrm{d}x+\ln C}=C\mathrm{e}^{-\int P(x)\mathrm{d}x}\quad (C\text{ 是任意常数}).$$

其中，$P(x)$的积分$\int P(x)\mathrm{d}x$只取一个原函数.

说明 解 $y=C\mathrm{e}^{-\int P(x)\mathrm{d}x}$，可以作为**一阶线性齐次微分方程的通解公式**.

例 1 求微分方程 $y'+xy=0$ 的通解.

解法 1 （使用分离变量法求解）

分离变量，得
$$\frac{\mathrm{d}y}{y}=-x\mathrm{d}x,$$

两端积分，得
$$\int\frac{\mathrm{d}y}{y}=-\int x\mathrm{d}x,$$

即
$$\ln y=-\frac{x^2}{2}+C_1,\quad \text{或 } y=\mathrm{e}^{C_1}\mathrm{e}^{-\frac{x^2}{2}},$$

所以通解为
$$y=C\mathrm{e}^{-\frac{x^2}{2}}\quad (C=\mathrm{e}^{C_1}).$$

解法 2 （使用通解公式）

因为 $P(x)=x$，所以该方程的通解为

$$y=C\mathrm{e}^{-\int x\mathrm{d}x}=C\mathrm{e}^{-\frac{x^2}{2}}.$$

8.2.3 一阶线性非齐次微分方程的通解

我们已求出一阶线性非齐次微分方程$\frac{\mathrm{d}y}{\mathrm{d}x}+P(x)y=Q(x)$对应齐次微分方程$\frac{\mathrm{d}y}{\mathrm{d}x}+P(x)y=0$的通解 $y=C\mathrm{e}^{-\int P(x)\mathrm{d}x}$，根据两方程的关系，我们猜想，选取适当的函数$C(x)$代替通解 $y=C\mathrm{e}^{-\int P(x)\mathrm{d}x}$ 中的常数C，得到的 $y=C(x)\mathrm{e}^{-\int P(x)\mathrm{d}x}$ 是否为非齐次方程的解呢？我们探讨如下.

由于一阶线性齐次方程$\frac{\mathrm{d}y}{\mathrm{d}x}+P(x)y=0$的通解为 $y=C\mathrm{e}^{-\int P(x)\mathrm{d}x}$，现在假设

$$y=C(x)\mathrm{e}^{-\int P(x)\mathrm{d}x}$$

是对应非齐次方程$\frac{\mathrm{d}y}{\mathrm{d}x}+P(x)y=Q(x)$的解，将其代入该方程，得

$$\left(C(x)\mathrm{e}^{-\int P(x)\mathrm{d}x}\right)'+P(x)C(x)\mathrm{e}^{-\int P(x)\mathrm{d}x}=Q(x),$$

$$C'(x)\mathrm{e}^{-\int P(x)\mathrm{d}x}-P(x)C(x)\mathrm{e}^{-\int P(x)\mathrm{d}x}+P(x)C(x)\mathrm{e}^{-\int P(x)\mathrm{d}x}=Q(x),$$

化简得
$$C'(x)=Q(x)\mathrm{e}^{\int P(x)\mathrm{d}x},$$

两端积分得
$$C(x)=\int Q(x)\mathrm{e}^{\int P(x)\mathrm{d}x}\mathrm{d}x+C,$$

将 $C(x)$代入解中，得

$$y=C(x)\mathrm{e}^{-\int P(x)\mathrm{d}x}=\mathrm{e}^{-\int P(x)\mathrm{d}x}\left[\int Q(x)\mathrm{e}^{\int P(x)\mathrm{d}x}\mathrm{d}x+C\right]. \tag{1}$$

式中 $P(x)$的积分 $\int P(x)\mathrm{d}x$ 只取一个原函数.

显然，式(1)是非齐次微分方程的解，而且是其通解.

说明　(1)上述思路是把对应的齐次方程通解中的常数 C 演变为适当函数 $C(x)$，这一方法也称为"**常数变易法**".

(2) $y=\mathrm{e}^{-\int P(x)\mathrm{d}x}\left[\int Q(x)\mathrm{e}^{\int P(x)\mathrm{d}x}\mathrm{d}x+C\right]$ 称为**一阶线性非齐次微分方程的通解公式**. 今后求解一阶线性非齐次微分方程时，可以利用此公式直接求出通解，也可以利用常数变易法来求解.

例 2　求微分方程 $2y'+y=\mathrm{e}^{-x}$ 的通解.

解法 1　(使用常数变易法求解)

原方程可化为
$$y'+\frac{1}{2}y=\frac{\mathrm{e}^{-x}}{2}.$$

先求相应齐次微分方程 $y'+\frac{1}{2}y=0$ 的通解. 由通解公式，得

$$y=C\mathrm{e}^{-\int\frac{1}{2}\mathrm{d}x}=C\mathrm{e}^{-\frac{x}{2}}.$$

再设 $y=C(x)\mathrm{e}^{-\frac{x}{2}}$ 为原方程的通解，将 y 及 y' 代入原方程得

$$2\left(C(x)\mathrm{e}^{-\frac{x}{2}}\right)'+C(x)\mathrm{e}^{-\frac{x}{2}}=\mathrm{e}^{-x},$$

即
$$C'(x)=\frac{1}{2}\mathrm{e}^{-\frac{x}{2}},$$

两端积分，得
$$C(x)=-\mathrm{e}^{-\frac{x}{2}}+C,$$

故所求微分方程的通解为 $y=C\mathrm{e}^{-\frac{x}{2}}-\mathrm{e}^{-x}$.

解法 2　(使用通解公式求解)

原方程变为
$$y'+\frac{1}{2}y=\frac{1}{2}\mathrm{e}^{-x},$$

此方程为一阶线性非齐次微分方程，$P(x)=\frac{1}{2}$，$Q(x)=\frac{1}{2}\mathrm{e}^{-x}$，所以通解为

$$y=\mathrm{e}^{-\int\frac{1}{2}\mathrm{d}x}\left(\int\frac{1}{2}\mathrm{e}^{-x}\mathrm{e}^{\int\frac{1}{2}\mathrm{d}x}\mathrm{d}x+C\right)=\mathrm{e}^{-\frac{x}{2}}\left(\int\frac{1}{2}\mathrm{e}^{-x}\mathrm{e}^{\frac{x}{2}}\mathrm{d}x+C\right)=C\mathrm{e}^{-\frac{x}{2}}-\mathrm{e}^{-x}.$$

例 3 求微分方程 $x\mathrm{d}y+(x^2\sin x-y)\mathrm{d}x=0$ 的通解.

解 原方程可化为

$$\frac{\mathrm{d}y}{\mathrm{d}x}-\frac{1}{x}y=-x\sin x.$$

这是一阶线性非齐次微分方程，$P(x)=-\frac{1}{x}$，$Q(x)=-x\sin x$，于是，通解为

$$y=\mathrm{e}^{-\int P(x)\mathrm{d}x}\left(\int Q(x)\mathrm{e}^{\int P(x)\mathrm{d}x}\mathrm{d}x+C\right)=\mathrm{e}^{\int\frac{1}{x}\mathrm{d}x}\left(\int(-x\sin x)\mathrm{e}^{-\int\frac{1}{x}\mathrm{d}x}\mathrm{d}x+C\right)$$

$$=\mathrm{e}^{\ln x}\left(-\int\sin x\mathrm{d}x+C\right)=x(\cos x+C).$$

例 4 求微分方程 $y'\cos x-y\sin x=1$ 满足初始条件 $y(0)=0$ 的特解.

解 原方程可化为

$$y'-y\tan x=\sec x.$$

这是一阶线性非齐次微分方程，$P(x)=-\tan x$，$Q(x)=\sec x$，于是，通解为

$$y=\mathrm{e}^{-\int(-\tan x)\mathrm{d}x}\left(\int\sec x\mathrm{e}^{\int(-\tan x)\mathrm{d}x}\mathrm{d}x+C\right)=\mathrm{e}^{-\ln\cos x}\left(\int\sec x\mathrm{e}^{\ln\cos x}\mathrm{d}x+C\right)$$

$$=\frac{1}{\cos x}\left(\int\sec x\cos x\mathrm{d}x+C\right)=\frac{1}{\cos x}\left(\int\mathrm{d}x+C\right)=\frac{1}{\cos x}(x+C).$$

由初始条件 $y(0)=0$ 得 $C=0$，故所求特解为

$$y=\frac{x}{\cos x}=x\sec x.$$

以上几例说明，在求一阶线性非齐次微分方程的通解时，可以直接利用通解公式计算.

例 5 求微分方程 $\frac{\mathrm{d}y}{\mathrm{d}x}=\frac{y}{\cos y-x}$ 的通解.

解 这个方程，若把方程改写成

$$\frac{\mathrm{d}x}{\mathrm{d}y}+\frac{1}{y}x=\frac{\cos y}{y},$$

则发现对于未知函数 x(y 为自变量)，它是一阶线性非齐次微分方程.

在一阶线性非齐次微分方程的通解公式中，把未知函数 y 换成 x，而把自变量 x 换成 y，便得到对应的通解公式，其中 $P(y)=\frac{1}{y}$，$Q(y)=\frac{\cos y}{y}$. 因此，上述方程的通解为

$$x=\mathrm{e}^{-\int P(y)\mathrm{d}y}\left(\int Q(y)\mathrm{e}^{\int P(y)\mathrm{d}y}\mathrm{d}y+C\right)=\mathrm{e}^{-\int\frac{\mathrm{d}y}{y}}\left(\int\frac{\cos y}{y}\mathrm{e}^{\int\frac{\mathrm{d}y}{y}}\mathrm{d}y+C\right)$$

$$=\mathrm{e}^{-\ln y}\left(\int\frac{\cos y}{y}\mathrm{e}^{\ln y}\mathrm{d}y+C\right)=\frac{1}{y}\left(\int\frac{\cos y}{y}\cdot y\mathrm{d}y+C\right)=\frac{1}{y}(\sin y+C).$$

此例表明，有时若把未知函数与自变量对调一下，即把原来的自变量看作未知函数，把原来的未知函数看作自变量，则这个微分方程就有可能变成线性微分方程了. 当然某些微分方程还要通过一些其他的变换，转化为线性微分方程，在此就不一一阐述了.

例 6　已知曲线通过点$(0,2)$，且它在点(x,y)处的切线斜率等于$2x-y$，求该曲线方程.

解　由已知可得 $y'=2x-y$，即

$$y'+y=2x.$$

此方程为一阶线性非齐次微分方程，且 $P(x)=1$，$Q(x)=2x$，所以通解为

$$\begin{aligned} y &= \mathrm{e}^{-\int \mathrm{d}x}\left(\int 2x\mathrm{e}^{\int \mathrm{d}x}\mathrm{d}x + C\right) = \mathrm{e}^{-x}\left(2\int x\mathrm{e}^{x}\mathrm{d}x + C\right) = \mathrm{e}^{-x}\left(2\int x\mathrm{d}(\mathrm{e}^{x}) + C\right) \\ &= \mathrm{e}^{-x}\left(2x\mathrm{e}^{x} - 2\int \mathrm{e}^{x}\mathrm{d}x + C\right) = \mathrm{e}^{-x}(2x\mathrm{e}^{x} - 2\mathrm{e}^{x} + C) = 2x - 2 + C\mathrm{e}^{-x}. \end{aligned}$$

因曲线通过点$(0,2)$，所以$y|_{x=0}=2$，把此条件代入，得 $C=4$. 所以所求曲线为

$$y=2x-2+4\mathrm{e}^{-x}.$$

习　题　8.2

1. 求下列微分方程的通解：

(1)$\dfrac{\mathrm{d}y}{\mathrm{d}x}-\dfrac{3}{x}y=x^3$；　(2)$y'+3y=\mathrm{e}^{-2x}$；

(3)$y'+\dfrac{y}{x}=\dfrac{1}{x(1+x^2)}$；　(4)$xy'+y=\ln x$；

(5)$(x\ln x)y'-y=3x^3(\ln x)^2$；　(6)$(1+x^2)\mathrm{d}y+2xy\mathrm{d}x=\cot x\mathrm{d}x$；

(7)$(y^2-6x)y'+2y=0$；　(8)$y^2\mathrm{d}x+(3xy-4y^3)\mathrm{d}y=0$.

2. 求下列微分方程满足所给初始条件的特解：

(1)$y'+\dfrac{2}{x}y=-x$，$y|_{x=2}=0$；　(2)$y'+y=x\mathrm{e}^{-x}$，$y|_{x=0}=2$；

(3)$y'+\dfrac{1}{x}y=\dfrac{\sin x}{x}$，$y|_{x=\pi}=1$；　(4)$(1+x^2)\mathrm{d}y=(1+xy)\mathrm{d}x$，$y|_{x=1}=0$.

3. 曲线上任意一点 $P(x,y)$处的切线在 y 轴上的截距等于切点横坐标的平方，并过点$(1,0)$的曲线方程.

8.3　二阶常系数线性微分方程

在二阶微分方程中有一类方程有着广泛的应用，这就是二阶常系数线

性微分方程.本节主要研究这类方程.

8.3.1 二阶常系数线性微分方程解的结构

形如

$$y''+py'+qy=f(x) \tag{1}$$

的微分方程称为**二阶常系数线性微分方程**,其中 p,q 为实数;$f(x)$称为微分方程的自由项,是关于 x 的已知连续函数.

当 $f(x)\equiv 0$ 时,则有 $\qquad y''+py'+qy=0 \qquad (2)$

通常称(1)式为**二阶常系数线性非齐次微分方程**;称(2)式为**二阶常系数线性齐次微分方程**.并且,称(2)式是(1)式对应的齐次方程.

首先引进函数线性相关与线性无关的概念.

定义 设函数 $y_1(x)$与 $y_2(x)$是定义在某区间内的两个函数,如果存在不为零的常数 k(或存在不全为零的常数 k_1,k_2),使得对于定义区间内的一切 x,都有

$$\frac{y_1(x)}{y_2(x)}=k \quad (\text{或 } k_1y_1(x)+k_2y_2(x)=0),$$

成立,那么称函数 $y_1(x)$与 $y_2(x)$在该区间内线性相关;否则称 $y_1(x)$与 $y_2(x)$线性无关.

一般判断线性相关性的方法是,做比值$\dfrac{y_1(x)}{y_2(x)}$,如果结果为常数,则 $y_1(x),y_2(x)$线性相关;如果结果不为常数,则 $y_1(x),y_2(x)$线性无关.

定理 1(二阶常系数线性齐次微分方程解的结构) 若函数 $y_1(x)$与 $y_2(x)$是二阶常系数线性齐次微分方程(2)的解,则 $y=C_1y_1(x)+C_2y_2(x)$也是(2)式的解.

特别地,当 $y_1(x),y_2(x)$线性无关时,则 $y=C_1y_1(x)+C_2y_2(x)$是(2)式的通解,其中 C_1,C_2 为任意常数.

定理 2(二阶常系数线性非齐次微分方程通解的结构) 设 y^* 是(1)式的一个特解,Y 是(2)式的通解,则 $y=Y+y^*$ 是(1)式的通解.

由以上两个定理知道,求二阶常系数线性齐次微分方程的通解,关键是要找到它的两个线性无关的解.而要求二阶常系数线性非齐次微分方程的通解,关键是先找到对应的二阶常系数线性齐次微分方程的通解,然后再找到非齐次方程的一个特解,那么非齐次方程的通解问题也就随之解决.下面分别讨论其解方法.

8.3.2 二阶常系数线性齐次微分方程的通解

如何找到线性齐次微分方程的两个线性无关的解呢?我们观察方程

$y''+py'+qy=0$，由于系数 p 和 q 都是常数，所以方程中的 y,y',y'' 应具有相同的函数形式，而 $y=e^{rx}$ 是具有这一特性的函数，于是，不妨猜想 $y=e^{rx}$ 是方程的解（r 为待定常数），猜想是否正确，就是将 $y=e^{rx}$ 代入方程能否求得 r.

扫一扫 看视频

将 $y=e^{rx}$ 代入方程得

$$(e^{rx})''+p(e^{rx})'+qe^{rx}=0,$$
$$(r^2+pr+q)e^{rx}=0,$$

因为 $e^{rx}\neq 0$，所以，必有 $r^2+pr+q=0$. 于是，$y=e^{rx}$ 是否为齐次方程的解，转化为 r 是否为 $r^2+pr+q=0$ 的根.

我们称方程 $r^2+pr+q=0$ 为二阶常系数线性齐次微分方程 $y''+py'+qy=0$ 的**特征方程**，特征方程 $r^2+pr+q=0$ 的根，称为二阶常系数线性齐次微分方程 $y''+py'+qy=0$ 的**特征根**.

特征方程 $r^2+pr+q=0$ 是一个关于 r 的一元二次方程，显然，它的解有下列三种不同情况：

(1)特征根为两个不相等的实根.

如果判别式 $\Delta=p^2-4q>0$，则特征根为两个实根

$$r_1=\frac{1}{2}(-p+\sqrt{p^2-4q}),\quad r_2=\frac{1}{2}(-p-\sqrt{p^2-4q}),$$

这时，得到方程 $y''+py'+qy=0$ 的两个特解 $y_1=e^{r_1x}$，$y_2=e^{r_2x}$，又因为

$$\frac{y_1}{y_2}=e^{(r_1-r_2)x}\neq 常数,$$

所以，y_1 与 y_2 线性无关. 由定理 1 可知，方程 $y''+py'+qy=0$ 的通解为

$$y=C_1e^{r_1x}+C_2e^{r_2x}\quad (C_1,C_2 \text{ 为任意常数}).$$

(2)特征根为两个相等的实根.

如果判别式 $\Delta=p^2-4q=0$，则特征根为二重实根

$$r_1=r_2=-\frac{1}{2}p=r,$$

这时，只得到方程 $y''+py'+qy=0$ 的一个特解是 $y_1=e^{rx}$，在此解的基础上，可以求得 $y_2=xe^{rx}$ 也是该方程的解，且与 $y_1=e^{rx}$ 线性无关. 因此，方程 $y''+py'+qy=0$ 的通解为

$$y=C_1e^{rx}+C_2xe^{rx}=(C_1+C_2x)e^{rx}\quad (C_1,C_2 \text{ 为任意常数}).$$

(3)特征根为两个共轭复数.

如果判别式 $\Delta=p^2-4q<0$，则特征根为两个共轭复根

$$r_1=\alpha+\beta i,\quad r_2=\alpha-\beta i,$$

可以求得 $y_1=e^{\alpha x}\cos\beta x$，$y_2=e^{\alpha x}\sin\beta x$ 是该方程的两个特解，且线性无关.

故方程 $y''+py'+qy=0$ 通解为

$$y=e^{\alpha x}(C_1\cos\beta x+C_2\sin\beta x)\quad (C_1,C_2\text{ 为任意常数}).$$

把以上三种情况归纳列表于表 8-1，其中 C_1，C_2 为任意常数.

表 8-1

特征方程 $r^2+pr+q=0$	微分方程 $y''+py'+qy=0$ 的通解
(1)两个不等的实根 $r_1\neq r_2$	$y=C_1e^{r_1x}+C_2e^{r_2x}$
(2)两个相等的实根 $r_1=r_2$	$y=(C_1+C_2x)e^{r_1x}$
(3)一对共轭复根 $r_{1,2}=\alpha\pm\beta i(\beta>0)$	$y=e^{\alpha x}(C_1\cos\beta x+C_2\sin\beta x)$

根据上述讨论，求二阶常系数线性齐次微分方程通解的步骤为：

(1)根据题目所给微分方程，写出其对应的特征方程；

(2)解特征方程，确定特征根的情况及特征根的值；

(3)根据特征根的情况，按照表对应写出微分方程的通解.

例 1 求微分方程 $y''-y'-6y=0$ 的通解.

解 这是二阶常系数线性齐次微分方程，它的特征方程为

$$r^2-r-6=0,\quad \text{即}\quad (r+2)(r-3)=0,$$

解得特征方程的两个根是

$$r_1=-2,\quad r_2=3,$$

因为特征根是两个不相等的实数，所以原微分方程的通解为

$$y=C_1e^{-2x}+C_2e^{3x}.$$

例 2 求微分方程 $4y''-4y'+y=0$ 满足初始条件 $y|_{x=0}=1$，$y'|_{x=0}=0$ 的特解.

解 原方程标准化，得

$$y''-y'+\frac{1}{4}y=0,$$

它的特征方程为

$$r^2-r+\frac{1}{4}=0,\quad \text{即}\quad \left(r-\frac{1}{2}\right)^2=0,$$

因为特征方程有两个相等的实根 $r_1=r_2=\dfrac{1}{2}$，故所给方程的通解为

$$y=(C_1+C_2x)e^{\frac{x}{2}},$$

把初始条件 $y|_{x=0}=1$ 代入通解中，得 $C_1=1$，从而

$$y=(1+C_2x)e^{\frac{x}{2}},$$

再将上式求导，得

$$y'=\left(\frac{1}{2}+C_2+\frac{C_2}{2}x\right)e^{\frac{x}{2}},$$

把初始条件 $y'|_{x=0}=0$ 代入上式，得 $C_2=-\frac{1}{2}$，故所给微分方程满足给定初始条件的特解为

$$y=\left(1-\frac{x}{2}\right)e^{\frac{x}{2}}.$$

例 3　求微分方程 $\frac{d^2s}{dt^2}+2\frac{ds}{dt}+2s=0$ 的通解.

解　所给二阶常系数线性齐次微分方程的特征方程为

$$r^2+2r+2=0,$$

它有一对共轭复根

$$r_{1,2}=\frac{-2\pm\sqrt{2^2-4\times2}}{2}=-1\pm i,$$

故所给微分方程的通解为

$$S=e^{-t}(C_1\cos t+C_2\sin t).$$

8.3.3　二阶常系数线性非齐次微分方程的通解

由定理 2 知道，非齐次线性微分方程的通解，是由对应齐次方程的通解与非齐次方程的一个特解的和构成. 关于齐次方程 $y''+py'+qy=0$ 通解的求法，前面已学习过了，因此，只要解决非齐次方程的一个特解即可，下面介绍利用待定系数法求非齐次方程 $y''+py'+qy=f(x)$ 的一个特解的方法.

用待定系数法求一个特解的思路是：根据非齐次方程的自由项 $f(x)$ 的特点，分析方程解的特征，设出特解的形式，代入 $y''+py'+qy=f(x)$，确定特解中的待定系数，最后，求出其特解. 下面只对自由项是 $P_m(x)e^{\alpha x}$ 和 $e^{\alpha x}(A\cos\beta x+B\sin\beta x)$ 的两种情况进行讨论.

1. $f(x)=P_m(x)e^{\alpha x}$ **的情况**

这里 $P_m(x)$ 是 x 的 m 次多项式，α 为已知常数. 对于微分方程

$$y''+py'+qy=P_m(x)e^{\alpha x},$$

根据 p,q 为常数且自由项的结构是 $P_m(x)e^{\alpha x}$，可以猜想它的特解也应具有类似于自由项的形式. 可以验证，事实上，二阶常系数线性非齐次微分方程 $y''+py'+qy=P_m(x)e^{\alpha x}$ 有形如 $y^*=x^kQ_m(x)e^{\alpha x}$ 的特解，其中 $Q_m(x)$ 与 $P_m(x)$ 是同次的多项式，而 k 依 α 与特征根的关系而取不同的值，k 的取值情况归纳列表见表 8-2.

表 8-2

α 与特征方程的关系	k 的取值	$y''+py'+qy=P_m(x)e^{\alpha x}$ 的特解
(1)α 不是特征根	0	$y^*=Q_m(x)e^{\alpha x}$
(2)α 是单特征根	1	$y^*=xQ_m(x)e^{\alpha x}$
(3)α 是二重特征根	2	$y^*=x^2Q_m(x)e^{\alpha x}$

其中 $Q_m(x)=b_0x^m+b_1x^{m-1}+\cdots+b_{m-1}x+b_m$，其系数 $b_0,b_1,\cdots,b_m$ 待定，只需把假设的特解 y^* 代入到原方程中，然后把待定系数 $b_0,b_1,\cdots,b_m$ 确定下来，即可求得特解.

自由项为 $P_m(x)e^{\alpha x}$ 型的二阶常系数线性非齐次微分方程特解的求解步骤是：

(1)设特解为 $y^*=x^kQ_m(x)e^{\alpha x}$，根据 α 与特征根的关系，确定 k 的取值；

(2)将特解 y^* 代入原方程中，确定待定系数 $b_0,b_1,\cdots,b_m$，求出特解 y^*.

例 4 求微分方程 $y''-y'-2y=xe^x$ 的通解.

解 先求非齐次微分方程所对应的齐次微分方程的通解 Y.

特征方程为

$$r^2-r-2=0,\quad 即\quad (r+1)(r-2)=0,$$

解得 $r_1=-1,r_2=2$，故

$$Y=C_1e^{-x}+C_2e^{2x}\quad (其中\ C_1,C_2\ 为任意常数).$$

再求所给方程的一个特解 y^*.

因为 $f(x)=xe^x=P_1(x)e^x$，$P_1(x)=x$ 是一次多项式，而 $\alpha=1$ 不是特征方程的根，取 $k=0$，故设特解为

$$y^*=(ax+b)e^x,$$

分别求出 $y^{*\prime},y^{*\prime\prime}$：

$$y^{*\prime}=ae^x+(ax+b)e^x=(a+b+ax)e^x,$$

$$y^{*\prime\prime}=ae^x+(a+b+ax)e^x=(2a+b+ax)e^x,$$

将它们代入所给方程，整理，得

$$a-2b-2ax=x,$$

于是

$$\begin{cases}a-2b=0\\-2a=1\end{cases},$$

解得 $a=-\dfrac{1}{2},b=-\dfrac{1}{4}$，因此原方程的一个特解为

$$y^*=\left(-\frac{x}{2}-\frac{1}{4}\right)e^x,$$

从而得所给微分方程的通解为

$$y=Y+y^{*}=C_1\mathrm{e}^{-x}+C_2\mathrm{e}^{2x}+\left(-\frac{x}{2}-\frac{1}{4}\right)\mathrm{e}^{x}.$$

例 5　求微分方程 $y''+9y'=x-4$ 的通解.

解　非齐次微分方程对应的齐次方程的特征方程为

$$r^2+9r=0,$$

特征根为 $r_1=0,r_2=-9$. 所以其对应的齐次方程的通解为

$$Y=C_1+C_2\mathrm{e}^{-9x}\quad（其中\ C_1,C_2\ 为任意常数）.$$

再求所给方程的一个特解 y^{*}.

由于 $\alpha=0$ 是特征根，但不是重根，故取 $k=1$. 因此设原方程的特解为

$$y^{*}=x(ax+b),$$

且

$$y^{*\prime}=2ax+b,\quad y^{*\prime\prime}=2a,$$

把 $y^{*},y^{*\prime},y^{*\prime\prime}$代入原方程，得

$$2a+9(2ax+b)=x-4,$$

整理得

$$18ax+2a+9b=x-4,$$

比较上式两端 x 同次幂的系数，得

$$\begin{cases}18a=1\\2a+9b=-4\end{cases},$$

解得 $a=\frac{1}{18},b=-\frac{37}{81}$，于是

$$y^{*}=x\left(\frac{1}{18}x-\frac{37}{81}\right),$$

所以，原方程的通解为

$$y=Y+y^{*}=C_1+C_2\mathrm{e}^{-9x}+x\left(\frac{1}{18}x-\frac{37}{81}\right).$$

例 6　求微分方程 $y''-2y'+y=\mathrm{e}^{x}$ 满足初始条件$y|_{x=0}=1,y'|_{x=0}=2$ 的特解.

解　所给方程所对应的齐次方程的特征方程为

$$r^2-2r+1=0,\quad 即\quad (r-1)^2=0,$$

它有二重特征根 $r_1=r_2=1$. 于是对应的齐次方程的通解为

$$Y=(C_1+C_2x)\mathrm{e}^{x}.$$

再求所给方程的一个特解 y^{*}.

这里 $f(x)=\mathrm{e}^{x}=P_0(x)\mathrm{e}^{x}$，即 $P_0(x)=1$ 是常数，而 $\alpha=1=r_1=r_2$，故取

$k=2$,因此可设原方程的特解为

$$y^*=ax^2\mathrm{e}^x.$$

对 y^* 求一、二阶导数,得

$$y^{*\prime}=(2ax+ax^2)\mathrm{e}^x,$$
$$y^{*\prime\prime}=(2a+4ax+ax^2)\mathrm{e}^x,$$

将它们代入所给微分方程,并整理,得

$$2a=1,\quad 即\quad a=\frac{1}{2},$$

因此特解 $y^*=\frac{1}{2}x^2\mathrm{e}^x$. 故所给微分方程的通解为

$$y=(C_1+C_2x)\mathrm{e}^x+\frac{1}{2}x^2\mathrm{e}^x.$$

最后把初始条件 $y|_{x=0}=1, y'|_{x=0}=2$ 代入通解及 $y'=C_2\mathrm{e}^x+(C_1+C_2x)\mathrm{e}^x+x\mathrm{e}^x+\frac{1}{2}x^2\mathrm{e}^x$ 中,得

$$C_1=1,\quad C_1+C_2=2,$$

即 $C_1=1, C_2=1$. 故原微分方程满足给定初始条件的特解为

$$y=(1+x)\mathrm{e}^x+\frac{1}{2}x^2\mathrm{e}^x=\left(1+x+\frac{1}{2}x^2\right)\mathrm{e}^x.$$

2. $f(x)=\mathrm{e}^{\alpha x}(A\cos\beta x+B\sin\beta x)$ 的情况

这里 α,β,A,B 都是常数,且 $\beta>0$,A 与 B 不同时为零. 方程

$$y''+py'+qy=\mathrm{e}^{\alpha x}(A\cos\beta x+B\sin\beta x)$$

有如下形式的特解

$$y^*=x^k\mathrm{e}^{\alpha x}(a\cos\beta x+b\sin\beta x),$$

其中 a,b 是待定常数,k 的取值,根据 $\alpha\pm\mathrm{i}\beta$ 不是特征根,$\alpha\pm\mathrm{i}\beta$ 是特征根,而分别取 0,1,两种情况可归纳列表见表 8-3.

表 8-3

$\alpha\pm\beta\mathrm{i}$ 与特征方程的关系	k 的取值	$y''+py'+qy=\mathrm{e}^{\alpha x}(A\cos\beta x+B\sin\beta x)$ 的特解
(1)$\alpha\pm\beta\mathrm{i}$ 不是特征根	0	$y^*=\mathrm{e}^{\alpha x}(a\cos\beta x+b\sin\beta x)$
(2)$\alpha\pm\beta\mathrm{i}$ 是特征根	1	$y^*=x\mathrm{e}^{\alpha x}(a\cos\beta x+b\sin\beta x)$

例 7 求微分方程 $y''+3y'+2y=\mathrm{e}^{-x}\cos x$ 的一个特解.

解 所给方程对应的齐次方程的特征方程为

$$r^2+3r+2=0,\quad 即\quad (r+2)(r+1)=0,$$

解得特征根 $r_1=-2, r_2=-1$. 由于 $\alpha=-1, \beta=1$. 因 $\alpha\pm\mathrm{i}\beta=-1\pm\mathrm{i}$ 不是特

征方程的根，取 $k=0$，故可设所给方程的一个特解为

$$y^*=e^{-x}(a\cos x+b\sin x),$$

其中 a,b 为待定系数.

对 y^* 求一、二阶导数，有

$$y^{*\prime}=-e^{-x}(a\cos x+b\sin x)+e^{-x}(-a\sin x+b\cos x)$$
$$=e^{-x}[(-a+b)\cos x-(a+b)\sin x],$$

$$y^{*\prime\prime}=-e^{-x}[(-a+b)\cos x-(a+b)\sin x]+e^{-x}[(a-b)\sin x-(a+b)\cos x]$$
$$=e^{-x}(-2b\cos x+2a\sin x),$$

把 $y^*,y^{*\prime},y^{*\prime\prime}$代入所给方程，并整理，得

$$(-a+b)\cos x-(a+b)\sin x=\cos x,$$

比较上式两端同类项的系数，得

$$-a+b=1,\quad a+b=0,$$

解得 $a=-\dfrac{1}{2},b=\dfrac{1}{2}$，故原方程的一个特解为

$$y^*=e^{-x}\left(-\frac{1}{2}\cos x+\frac{1}{2}\sin x\right)=\frac{1}{2}e^{-x}(\sin x-\cos x).$$

例 8　求微分方程 $y''-2y'+5y=e^x\sin 2x$ 的通解.

解　原方程对应的齐次方程的特征方程为

$$r^2-2r+5=0,$$

解得特征根为 $r_{1,2}=1\pm 2i$，于是原方程对应的齐次方程的通解为

$$Y=e^x(C_1\cos 2x+C_2\sin 2x).$$

因为 $\alpha=1,\beta=2$，所以，$\alpha\pm i\beta=1\pm 2i$ 是特征方程的根，故取 $k=1$，于是，设原方程的一个特解为

$$y^*=xe^x(a\cos 2x+b\sin 2x),$$

其中 a,b 是待定系数.

对 y^* 求一、二阶导数，有

$$y^{*\prime}=e^x\{[a+(a+2b)x]\cos 2x+[b+(b-2a)x]\sin 2x\},$$

$$y^{*\prime\prime}=e^x\{[2a+4b+(4a-3a)x]\cos 2x+[2b-4a-(4a+3b)x]\sin 2x\},$$

把 $y^*,y^{*\prime},y^{*\prime\prime}$代入原方程，并整理，得

$$4b\cos 2x-4a\sin 2x=\sin 2x,$$

比较上式两端同类项的系数，得

$$4b=0,\quad -4a=1,$$

由此得 $a=-\dfrac{1}{4},b=0$，故原方程的一个特解为

$$y^*=-\frac{1}{4}xe^x\cos 2x.$$

于是原方程的通解为

$$y=Y+y^{*}=e^{x}(C_1\cos 2x+C_2\sin 2x)-\frac{1}{4}xe^{x}\cos 2x.$$

习　题　8.3

1. 求下列线性齐次微分方程的通解：

(1) $y''+y'-2y=0$；　　(2) $y''+3y'=0$；

(3) $y''+4y'+4y=0$；　　(4) $y''-2y'+3y=0$；

(5) $\frac{d^2s}{dt^2}+\omega^2 s=0$　($\omega>0$，为常数)；(6) $4y''-8y'+5y=0$.

2. 求下列线性齐次微分方程满足所给初始条件的特解：

(1) $y''-4y'+3y=0, y|_{x=0}=-2, y'|_{x=0}=0$；

(2) $4y''+4y'+y=0, y|_{x=0}=2, y'|_{x=0}=0$；

(3) $y''-4y'+13y=0, y|_{x=0}=0, y'|_{x=0}=3$.

3. 求下列各线性非齐次微分方程的通解：

(1) $y''-2y'-3y=3x+1$；　　(2) $y''-3y'+2y=xe^{2x}$；

(3) $y''-6y'+9y=(x+1)e^{3x}$；　　(4) $y''-y'=3$；

(5) $y''-4y'+4y=\sin 2x$.

4. 求下列各线性非齐次微分方程满足所给初始条件的特解：

(1) $y''-y=4xe^{x}, y|_{x=0}=0, y'|_{x=0}=1$；

(2) $y''-2y'-3y=e^{-x}, y|_{x=0}=1, y'|_{x=0}=0$.

8.4　微分方程的应用

前几节主要介绍了微分方程的一些基本概念及几类常见的一阶、二阶微分方程的求解方法. 本节将介绍一些微分方程在几何学、物理学、工程技术等方面的简单应用.

应用微分方程解决实际问题的一般步骤是：

(1)根据问题的几何或物理等方面的意义，及已知的公式或定律，建立描述该问题的微分方程，并确定初始条件；

(2)判别所建立的微分方程的类型，求出该微分方程的通解；

(3)根据初始条件，确定通解中的任意常数，得到微分方程的特解，即是所给问题的解.

8.4.1　一阶微分方程的应用举例

例 1　(见图 8-1)设有连接 $A(0,1)$,$B(1,0)$两点的一条凸曲线,它位于直线段 AB 的上方,$P(x,y)$为该凸曲线上的任意一点. 已知曲线弧$\overset{\frown}{AP}$与弦线 AP 之间的面积等于点 $P(x,y)$的横坐标的立方,求该曲线的方程.

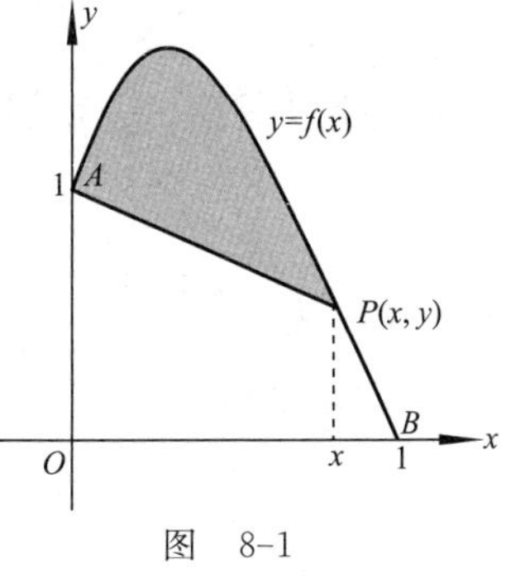

图　8-1

解　这是几何方面的应用问题.

(1)建立微分方程并确定初始条件.

设所求曲线方程为 $y=y(x)$,由题意,有

$$\text{曲边梯形 } AOxP \text{ 的面积} - \text{梯形 } AOxP \text{ 的面积} = x^3,$$

即
$$\int_0^x y(x)\mathrm{d}x - \frac{1}{2}[1+y(x)]x = x^3.$$

上式两端对 x 求导数,得

$$y(x)-\frac{1}{2}[1+y(x)]-\frac{x}{2}y'(x)=3x^2,$$

即
$$y'-\frac{1}{x}y=-\left(6x+\frac{1}{x}\right).$$

初始条件为
$$y\big|_{x=1}=0.$$

(2)求通解.

所得方程是一阶线性微分方程. 应用通解公式,得方程的通解为

$$y=\mathrm{e}^{\int\frac{1}{x}\mathrm{d}x}\left[-\int\left(6x+\frac{1}{x}\right)\mathrm{e}^{-\int\frac{\mathrm{d}x}{x}}\mathrm{d}x+C\right]=x\left[-\int\left(6x+\frac{1}{x}\right)\frac{1}{x}\mathrm{d}x+C\right]$$
$$=x\left(-6x+\frac{1}{x}+C\right)=-6x^2+1+Cx.$$

(3)求特解.

把初始条件$y\big|_{x=1}=0$ 代入通解中,可得 $C=5$,故得特解为

$$y=-6x^2+5x+1,$$

此方程即为所求曲线的方程.

例 2　设降落伞在下落过程中所受到的空气阻力与降落伞下落的速度成正比,又设降落伞离开跳伞塔时($t=0$)的速度为零. 求降落伞下落速度 v 与时间 t 的函数关系 $v(t)$.

解　这是一个物理方面的问题.

(1)建立 $v(t)$所满足的微分方程,并确定初始条件.

降落伞在下落过程中,同时受到重力和阻力的作用. 重力的大小为 mg(m 为降落伞的质量,g 为重力加速度),方向与速度 v 的方向一致;阻力的大

小为 kv(比例系数 $k>0$),方向与 v 的方向相反.因此,降落伞所受的外力为

$$F=mg-kv.$$

于是,根据牛顿第二运动定律:$F=ma=m\frac{\mathrm{d}v}{\mathrm{d}t}$,得到速度函数应满足的微分方程

$$m\frac{\mathrm{d}v}{\mathrm{d}t}=mg-kv.$$

初始条件为 $$v\big|_{t=0}=0.$$

扫一扫 看视频

(2)求通解.

方程 $m\frac{\mathrm{d}v}{\mathrm{d}t}=mg-kv$ 既是可分离变量方程,又是一阶线性方程.按可分离变量方程求解,则分离变量后得

$$\frac{\mathrm{d}v}{mg-kv}=\frac{\mathrm{d}t}{m}.$$

两端积分得 $$-\frac{1}{k}\ln(mg-kv)=\frac{t}{m}+C_1,$$

即 $$mg-kv=\mathrm{e}^{-\frac{k}{m}t-kC_1}=C\mathrm{e}^{-\frac{k}{m}t}.$$

(3)求特解.

将初始条件 $v\big|_{t=0}=0$ 代入通解中可得 $C=mg$,故得特解为

$$v=\frac{mg}{k}(1-\mathrm{e}^{-\frac{k}{m}t}).$$

上式就是降落伞下落速度与时间的函数关系式.

8.4.2 二阶微分方程的应用举例

例 3 质量为 24 g 的物体悬挂在弹簧的一端,先将物体拉到与平衡位置相距 10 cm 的地方,然后放手让物体做无阻尼的自由振动,已知弹簧的弹性系数 $k=600$,求物体的运动规律.

解 取垂直向下为 x 轴正向,平衡位置为原点(见图 8-2).由于物体只受弹簧恢复力作用,所以根据牛顿第二定律有 $f=ma$,

其中,弹簧恢复力为 $f=-kx$,加速度为 $a=\frac{\mathrm{d}^2x}{\mathrm{d}t^2}$,得微分方程

$$24\frac{\mathrm{d}^2x}{\mathrm{d}t^2}=-600x,$$

即 $$\frac{\mathrm{d}^2x}{\mathrm{d}t^2}+25x=0.$$

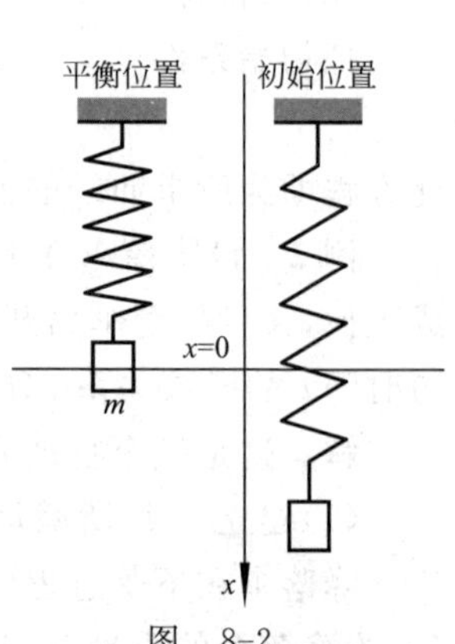

图 8-2

这是二阶常系数线性齐次方程，特征方程为

$$r^2+25=0,$$

特征根为 $$r=\pm 5\mathrm{i},$$

所以通解为 $$x=C_1\cos 5t+C_2\sin 5t,$$

又 $$x'=-5C_1\sin 5t+5C_2\cos 5t,$$

由初始条件 $x\big|_{t=0}=10$，$\left.\dfrac{\mathrm{d}x}{\mathrm{d}t}\right|_{t=0}=0$ 得 $C_1=10$，$C_2=0$，所以物体的运动规律为

$$x=10\cos 5t.$$

例 4　设有一个由电阻 R、自感 L、电容 C 和电源 E 串联而成的充电电路，其中 R、L 与 C 为常数，电源电动势是时间 t 的函数：$E=E_{\mathrm{m}}\sin\omega t$，这里 E_{m} 与 ω 也是常数(见图 8-3). 求电容器在充电及放电过程中两极板间的电压降分别满足的微分方程.

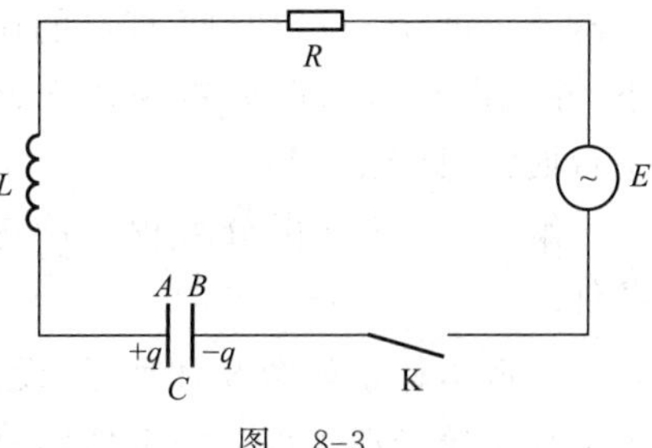

图　8-3

解　设电路中的电流为 $i(t)$，电容器板上的电量为 $q(t)$，两极板间的电压降为 u_c. 由电学中知道，电阻为 R 的电阻器、自感为 L 的电感器与电容为 C 的电容器所产生的电压降的大小依次为

$$E_{\mathrm{R}}=Ri,\quad E_{\mathrm{L}}=L\frac{\mathrm{d}i}{\mathrm{d}t},\quad u_{\mathrm{C}}=\frac{q}{C},$$

根据回路电压定律：回路上的电动势等于电路上各部分电压降的和，即有

$$R_i+L\frac{\mathrm{d}i}{\mathrm{d}t}+\frac{q}{\mathrm{C}}=E,$$

由于 $$q=Cu_{\mathrm{C}},\quad \frac{\mathrm{d}q}{\mathrm{d}t}=C\cdot\frac{\mathrm{d}u_{\mathrm{C}}}{\mathrm{d}t},\quad i=\frac{\mathrm{d}q}{\mathrm{d}t}=C\frac{\mathrm{d}u_{\mathrm{C}}}{\mathrm{d}t},$$

$$\frac{\mathrm{d}i}{\mathrm{d}t}=C\frac{\mathrm{d}^2u_{\mathrm{C}}}{\mathrm{d}t^2},\quad E=E_{\mathrm{m}}\sin\omega t,$$

故得

$$LC\frac{\mathrm{d}^2u_{\mathrm{C}}}{\mathrm{d}t^2}+RC\frac{\mathrm{d}u_{\mathrm{C}}}{\mathrm{d}t}+u_{\mathrm{C}}=E_{\mathrm{m}}\sin\omega t,$$

即 $$\frac{\mathrm{d}^2u_{\mathrm{C}}}{\mathrm{d}t^2}+\frac{R}{L}\frac{\mathrm{d}u_{\mathrm{C}}}{\mathrm{d}t}+\frac{1}{LC}u_{\mathrm{C}}=\frac{E_{\mathrm{m}}}{LC}\sin\omega t.\tag{1}$$

方程(1)即是电容器在充电过程中，两极板间的电压降 u_{C} 应满足的微分方程. 这是二阶常系数线性非齐次方程.

如果电容器充电后撤去外电源，这时 $E=0$，于是方程(1)成为

$$\frac{\mathrm{d}^2u_{\mathrm{C}}}{\mathrm{d}t^2}+\frac{R}{L}\frac{\mathrm{d}u_{\mathrm{C}}}{\mathrm{d}t}+\frac{1}{LC}u_{\mathrm{C}}=0.\tag{2}$$

这就是电容器放电过程中，电压降 u_C 应满足的微分方程. 它是二阶常系数线性齐次方程.

应用前面介绍的方法可以求出方程(1)和(2)的解，从而得到 R-L-C 串联电路中所述两种情形电压降 u_C 的变化规律.

例 5 长为 6 m，粗细均匀(设线密度为 ρ)的光滑链条自高 6 m 的平台上无摩擦地向下滑落，假定滑动开始时，链条自平台上垂下部分已有 1 m 长，试求链条滑落长度 s(m) 与时间 t(s) 的函数关系，并问需经多长时间链条才全部滑离平台面？(见图 8-4)

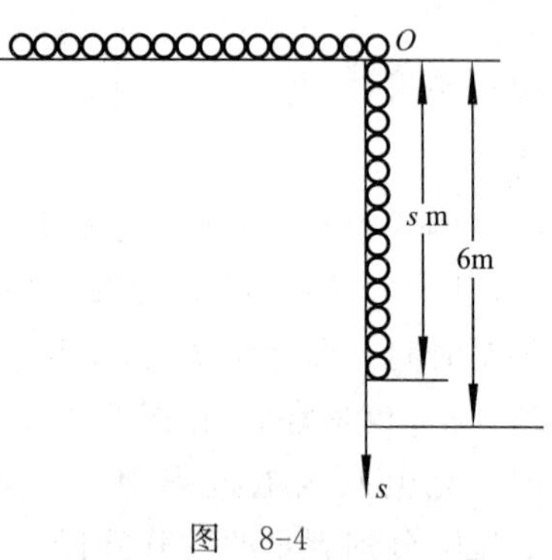

图 8-4

解 (1)建立微分方程并确定初始条件.

选取坐标系如图 8-4 所示. 设在时刻 t 时链条滑落 s m，则链条所受的外力大小等于滑落部分的重量 ρsg(g 为重力加速度). 根据牛顿第二定律，得微分方程

$$6\rho\frac{\mathrm{d}^2 s}{\mathrm{d}t^2}=\rho sg,$$

即

$$\frac{\mathrm{d}^2 s}{\mathrm{d}t^2}-\frac{g}{6}s=0, \tag{1}$$

由题意，知初始条件为 $s\big|_{t=0}=1,\quad \dfrac{\mathrm{d}s}{\mathrm{d}t}\Big|_{t=0}=0.$ (2)

(2)求方程(1)的通解.

方程(1)是二阶常系数线性齐次微分方程，其特征方程为 $r^2-\dfrac{g}{6}=0$，

解得特征根 $r_{1,2}=\pm\sqrt{\dfrac{g}{6}}$，故得通解为

$$s=C_1\mathrm{e}^{-\sqrt{\frac{g}{6}}t}+C_2\mathrm{e}^{\sqrt{\frac{g}{6}}t}. \tag{3}$$

(3)求满足初始条件的特解.

将(3)式对 t 求导，得 $\dfrac{\mathrm{d}s}{\mathrm{d}t}=\sqrt{\dfrac{g}{6}}\left(-C_1\mathrm{e}^{-\sqrt{\frac{g}{6}}t}+C_2\mathrm{e}^{\sqrt{\frac{g}{6}}t}\right),$ (4)

把初始条件(2)代入(3)与(4)式，得

$$\begin{cases}C_1+C_2=1\\-C_1+C_2=0\end{cases},$$

解得
$$C_1=C_2=\frac{1}{2},$$
故满足初始条件的特解为 $s=\frac{1}{2}(e^{-\sqrt{\frac{g}{6}}t}+e^{\sqrt{\frac{g}{6}}t})$. (5)

这就是链条滑落长度 s 与时间 t 的函数关系.

(4)求链条全部滑离平台面所需的时间.

当链条全部滑离台面时，$s=6$，把它代入(5)式，得
$$6=\frac{1}{2}(e^{-\sqrt{\frac{g}{6}}t}+e^{\sqrt{\frac{g}{6}}t}),$$
由此解得
$$t=\sqrt{\frac{6}{g}}\ln(6+\sqrt{35})\,s.$$
这就是链条全部滑离平台面所需的时间，其中 $g=9.8\ \mathrm{m/s^2}$.

扫一扫　看视频

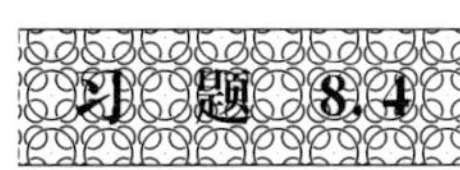

习题 8.4

1. 在第一象限中，一曲线通过点(1,2)，它在两坐标轴之间的任意切线段均被切点所平分，求该曲线的方程.

2. RC 电路中，已知在开关合上前电容 C 上没有电荷，电容 C 两端的电场为零，电源电动势为 E. 把开关合上，电源对电容 C 充电，电容 C 上的电压 U_C 逐渐升高，求电压 U_C 随时间 t 的变化规律.

3. 一曲线通过点(1,0)，且曲线上任意一点处的切线在 y 轴上的截距等于该点到原点的距离，求此曲线的方程.

4. 设弹簧上端固定，下端挂有三个相同的质量均为 m 的重物，这时弹簧伸长了 $3a$(弹簧在自由状态时的长为 l). 现突然取去其中一个重物，弹簧由静止状态开始振动，求重物的振动规律.

复习题 8

1. 选择题：

(1)函数 $y=x-\frac{1}{4}+Ce^{-4x}$(C 是任意常数)(　　).

A. 是微分方程 $y'+4y=4x$ 的解

B. 是微分方程 $y'+4y=4x$ 的特解

C. 是微分方程 $y'+4y=4x$ 的通解

D. 不是微分方程 $y'+4y=4x$ 的解

(2)对于微分方程$\frac{dy}{y}=2dx$,下面四种解法正确的是(　　).

A. $\int \frac{dy}{y}=\int 2dx, \ln y=2x, y=e^{2x}+C$

B. $\int \frac{dy}{y}=\int 2dx, \ln y=2x+C, y=Ce^{2x}$

C. $\int \frac{dy}{y}=\int 2dx, \ln y=2x+\ln C, y=Ce^{2x}$

D. $\int \frac{dy}{y}=\int 2dx, \ln y+C_1=2x+C_2, y=C_1e^{2x}+C_2$

(3)下面四个微分方程中,是一阶线性微分方程的为(　　).

A. $(7x-3y)dx+(2x+5y)dy=0$　　B. $y^2dx-(xy+x^2)dy=0$

C. $(2x-x^3y)dx+dy=0$　　D. $dy+(1-x+y^2)dx=0$

(4)下列函数中(　　)是微分方程 $y'-y=2\sin x$ 的解.

A. $y=\sin x+\cos x$　　B. $y=\sin x-\cos x$

C. $y=-\sin x+\cos x$　　D. $y=-\sin x-\cos x$

(5)曲线 $y=y(x)$ 上任意一点(x,y)处的切线与原点和该点的连线垂直,则函数 $y(x)$ 应满足的微分方程为(　　).

A. $ydx-xdy=0$　　B. $ydx+xdy=0$

C. $ydy-xdx=0$　　D. $ydy+xdx=0$

(6)下面四组函数中线性无关的是(　　).

A. $x^2, -\frac{3}{4}x^2$　　B. $\sin 2x, 5\sin x\cos x$

C. $\cos^2 x, \frac{1}{2}(1-\sin^2 x)$　　D. $e^x, e^{-\frac{1}{2}x}$

(7)下面四个微分方程中,其通解为 $y=C_1\cos x+C_2\sin x$ 的是(　　).

A. $y''-y'=0$　　B. $y''+y'=0$　　C. $y''+y=0$　　D. $y''-y=0$

(8)求解微分方程 $y''-3y'+2y=x^2$ 时,应设其一个特解 $y^*=$(　　).

A. ax^2　　B. ax^2+bx+c

C. $x(ax^2+bx+c)$　　D. $x^2(ax^2+bx+c)$

(9)求解微分方程 $y''+3y'+2y=\sin x$ 时,应设其一个特解 $y^*=$(　　).

A. $a\sin x$　　B. $a\cos x$

C. $a\sin x+b\cos x$　　D. $x(a\cos x+b\sin x)$

(10)微分方程 $y''-4y'+3y=0$ 满足初始条件 $y|_{x=0}=6, y'|_{x=0}=10$ 的特解是(　　).

A. $y=3e^x+e^{3x}$　　B. $y=2e^x+3e^{3x}$

C. $y=4e^x+2e^{3x}$　　D. $y=C_1e^x+C_2e^{3x}$

2. 填空题：

(1)微分方程 $(y')^2-2xy^3=e^x$ 的阶数为__________.

(2)一阶线性微分方程 $y'+P(x)y=Q(x)$ 的通解为__________.

(3)已知 $y^*(x)=e^x$ 是 $xy'+P(x)y=x$ 的一个特解,则 $P(x)=$__________.

(4)微分方程 $xyy'=1-x^2$ 的通解是__________.

(5)微分方程 $y''+2y'+5y=0$ 的通解是__________.

(6)微分方程 $y''+y'-2y=0$ 的通解是__________.

(7)设 $r_1=3, r_2=4$ 为微分方程 $y''+py'+qy=0$(其中 p,q 均为常数)的两个特征根,则该微分方程的通解为__________.

(8)若 $y^*=-\frac{x}{4}\cos 2x$ 是方程 $y''+4y=\sin 2x$ 的一个特解,则该方程的通解是__________.

(9)微分方程 $y''-2y'+y=x-2$ 的通解是__________.

(10)曲线 $y=f(x)$ 满足的微分方程 $y''-y=0$,且在点 $(0,0)$ 处与直线 $y=x$ 相切,则该曲线的方程是__________.

3. 求下列一阶微分方程的通解：

(1) $e^{-y}(1+y')=1$；　　(2) $2x\sqrt{1-y^2}=y'(1+x^2)$；

(3) $\frac{dy}{dx}-\frac{2y}{x+1}=(x+1)^{\frac{5}{2}}$；　　(4) $y'=a^{x+y}(a>0, a\neq 1)$；

(5) $x^2\frac{dy}{dx}+2xy=e^x$；　　(6) $(x-\sin y)dy+\tan y dx=0$.

4. 求下列微分方程满足所给初始条件的特解：

(1) $\frac{dy}{dx}=1-x+y^2-xy^2, y|_{x=0}=1$；

(2) $y'\cos x-y\sin x=2, y|_{x=0}=0$.

5. 求下列微分方程的通解：

(1) $y''-4y'=3e^x$；　　(2) $y''-5y'+6y=xe^{2x}$；

(3) $y''-y'-2y=4x-2e^x$；　　(4) $xy''=y'\ln\frac{y'}{x}$.

6. 求下列微分方程满足给定初始条件的特解：

(1) $y''-2y'+2y=0, y|_{x=0}=0, y'|_{x=0}=1$；

(2) $y''+y+\sin 2x=0, y|_{x=\pi}=1, y'|_{x=\pi}=1$；

(3) $xy''+y'+x=0, y|_{x=1}=-\dfrac{1}{4}, y'|_{x=1}=-\dfrac{1}{2}$.

7. 曲线上任意一点 $P(x,y)$ 处的切线在 y 轴上的截距等于切点横坐标的平方，求过点(1,0)的曲线方程.

8. 试求由微分方程 $y''-y=0$ 所确定的一条积分曲线 $y=y(x)$，使它在点(0,1)处与直线 $y-3x-1=0$ 相切.

9. 设将质量为 m 的物体在空气中以初速度 v_0 竖直上抛，空气阻力与速度 v 成正比(比例系数 $k>0$)，求在上升过程中，物体的速度 v 与时间 t 的函数关系.

第9章 无穷级数

无穷级数是高等数学的重要组成部分，是重要的数学方法，本质上它是一种特殊数列的极限. 由于它结构上的特殊形式，通常是表示函数、研究函数性质和进行数值计算的最有力的工具. 无穷级数在电学、力学、计算机辅助设计方面及其他实际问题中都有着广泛的应用，是各类与电相关的专业的重要基础知识.

本章首先介绍数项级数收敛、发散的基本概念与性质，着重研究正项级数和任意项级数的审敛法；其次介绍幂级数的基本性质、收敛半径、收敛区间的求法；最后简单介绍将函数展开为幂级数等相关内容.

9.1 无穷级数的概念及性质

在科学研究和一些实际问题中，人们认识事物在数量方面的特性，往往有一个由近似到精确的过程. 在这种认识过程中，我们不仅会遇到有限个数量求和的问题，而且会遇到无穷多个数量求和的问题，这就是无穷级数的基础问题. 下面我们就来学习这方面的知识.

9.1.1 无穷级数的概念

引例 1 一段 1 m 长的木棒，从中间锯断，然后再对其中一段从中间锯断，如此以至无穷，则该木棒的长度可以表示为

$$l=\frac{1}{2}+\frac{1}{4}+\frac{1}{8}+\cdots+\frac{1}{2^n}+\cdots.$$

引例 2 自然对数的底 e 的精确值.

自然对数的底 e 是一个既奇妙又很常用的无理数，它的近似值为 2.718 28…，而它的精确值可以表示为

$$\mathrm{e}=1+1+\frac{1}{2!}+\frac{1}{3!}+\cdots+\frac{1}{n!}+\cdots.$$

引例 3 我们知道半径为 R 的圆的面积是 πR^2，那么它是如何得到的呢？

如图 9-1 所示，首先做圆内接正六边形，其面积是 A_1；其次以正六边形每条边为底边以圆上的点为顶点做等腰三角形，如图中阴影部分，这六个等腰三角形的面积为 A_2，实际上就得到一个正十二边形，其面积为 A_1+A_2；再次以正十二边形每条边为底边以圆上的点为顶点作等腰三角形，这十二个小等腰三角形的面积为 A_3，实际上就得到一个正二十四边形，其面积为 $A_1+A_2+A_3$. 可以看出正六边形、正十二边形、正二十四边形面积与圆的面积越来越接近. 这个过程继续下去，到正 $3\cdot 2^n$ 边形，其面积为

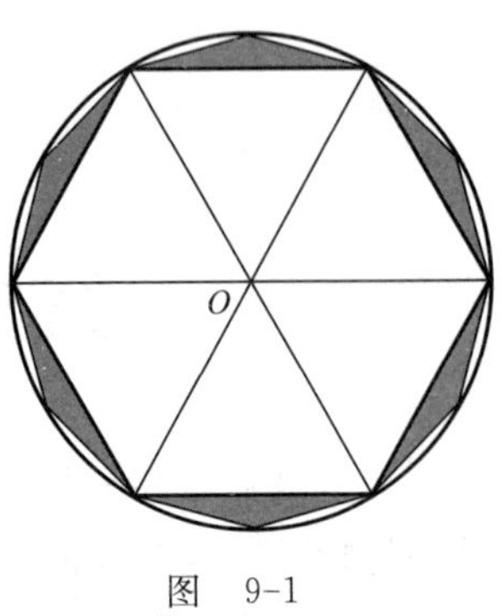

图 9-1

$$A_1+A_2+A_3+\cdots+A_n,$$

当 n 无限增大时就得到圆的面积

$$A=A_1+A_2+A_3+\cdots+A_n+\cdots.$$

以上引例均出现了无穷多个数量依次相加的形式 $u_1+u_2+\cdots+u_n+\cdots$，这就是我们将要介绍的常数项无穷级数.

1. 数项级数的定义

定义 1 设数列 $\{u_n\}$：$u_1,u_2,\cdots u_n,\cdots$，把它们的各项依次相加，得

$$u_1+u_2+\cdots+u_n+\cdots,$$

称为**无穷级数**，简称**级数**. 记为 $\sum\limits_{n=1}^{\infty}u_n$，即

$$\sum_{n=1}^{\infty}u_n=u_1+u_2+\cdots+u_n+\cdots,$$

其中 u_n 称为该级数的**通项**. 因为上式各项均为常数，所以该级数也叫**常数项级数**，简称**数项级数**.

我们将无穷级数的前 n 项和记作 S_n，即

$$S_n=u_1+u_2+\cdots+u_n,$$

它组成了一个新的数列 $\{S_n\}$：$S_1,S_2,\cdots S_n,\cdots$，称之为部分和数列. 一般地，我们是通过部分和数列 $\{S_n\}$ 的极限情况来讨论级数"和"的问题——级数的收敛、发散与和的问题.

定义 2 若级数 $\sum\limits_{n=1}^{\infty}u_n$ 部分和数列 $\{S_n\}$，当 $n\to\infty$ 时有极限，即

$$\lim_{n\to\infty}S_n=\lim_{n\to\infty}(u_1+u_2+\cdots+u_n)=S,$$

则称该级数**收敛**，称 S 为**级数的和**. 记为

$$S=\sum_{n=1}^{\infty}u_n=u_1+u_2+\cdots+u_n+\cdots,$$

此时，也称级数收敛于 S. 若部分和数列 $\{S_n\}$，当 $n\to\infty$ 时无极限，则称级数**发散**.

当级数 $\sum_{n=1}^{\infty}u_n$ 收敛时，其和与部分和之差

$$R_n=S-S_n=u_{n+1}+u_{n+2}+\cdots$$

称为**级数的余项**. 用 S_n 作为 S 的近似值所产生的误差就是 $|R_n|$.

例 1 讨论**等比级数**（又称**几何级数**）$\sum_{n=0}^{\infty}aq^n$ $(a\neq 0)$ 的敛散性.

解 当 $q\neq\pm 1$ 时，$S_n=a+aq+aq^2+\cdots+aq^{n-1}=\dfrac{a(1-q^n)}{1-q}=\dfrac{a}{1-q}-\dfrac{aq^n}{1-q}$.

(1) 当 $|q|<1$ 时，由于 $\lim\limits_{n\to\infty}q^n=0$，则 $\lim\limits_{n\to\infty}S_n=\lim\limits_{n\to\infty}\left(\dfrac{a}{1-q}-\dfrac{aq^n}{1-q}\right)=\dfrac{a}{1-q}$，故级数收敛，且 $\sum_{n=0}^{\infty}aq^n=\dfrac{a}{1-q}$；

(2) 当 $|q|>1$ 时，由于 $\lim\limits_{n\to\infty}q^n=\infty$，则 $\lim\limits_{n\to\infty}S_n=\lim\limits_{n\to\infty}\left(\dfrac{a}{1-q}-\dfrac{aq^n}{1-q}\right)=\infty$，故级数 $\sum_{n=0}^{\infty}aq^n$ 发散；

当 $q=1$ 时，$S_n=a+a+a+\cdots+a=na\to\infty(n\to\infty)$，级数 $\sum_{n=0}^{\infty}aq^n$ 发散；

当 $q=-1$ 时，$S_n=a-a+a-a+\cdots+(-1)^{n-1}a=\begin{cases}a, n\text{ 为奇数}\\0, n\text{ 为偶数}\end{cases}$，级数 $\sum_{n=0}^{\infty}aq^n$ 发散；

综上所述，**几何级数** $\sum_{n=0}^{\infty}aq^n$ **当** $|q|<1$ **时收敛，当** $|q|\geqslant 1$ **时发散**.

在解决一些实际问题时，得到的数学模型常常是等比级数，所以，等比级数在应用中是非常有用的.

例 2 在下午一点到两点之间的什么时间，一个时钟的分针恰好与时针重合？

解 从下午一点开始，当分针走到 1 时，时针走到 $1+\dfrac{1}{12}$；当分针赶到

$\left(1+\frac{1}{12}\right)$时，时针又向前走到了 $1+\frac{1}{12}+\frac{1}{12}\times\frac{1}{12},\cdots$，依此类推，分针要追上时针需费时

$$\frac{1}{12}+\left(\frac{1}{12}\right)^2+\left(\frac{1}{12}\right)^3+\cdots+\left(\frac{1}{12}\right)^n+\cdots,$$

这是一个几何级数，$q=\frac{1}{12}$，$a=\frac{1}{12}$，则

$$S=\frac{a}{1-q}=\frac{\frac{1}{12}}{1-\frac{1}{12}}(\text{小时})=\frac{1}{11}(\text{小时})\approx 5\text{ 分 }27\text{ 秒 }27,$$

因此分针要追上时针的时间是 5 分 27 秒 27，即分针与时针恰好重合的时间是下午 1 时 5 分 27 秒 27.

例 3 判定级数 $\sum\limits_{n=1}^{\infty}\frac{1}{(5n-4)(5n+1)}$ 的敛散性.

解 因为

$$u_n=\frac{1}{5}\left(\frac{1}{5n-4}-\frac{1}{5n+1}\right),$$

所以

$$\begin{aligned}S_n&=u_1+u_2+\cdots+u_n\\&=\frac{1}{5}\left(1-\frac{1}{6}\right)+\frac{1}{5}\left(\frac{1}{6}-\frac{1}{11}\right)+\frac{1}{5}\left(\frac{1}{11}-\frac{1}{16}\right)+\cdots+\frac{1}{5}\left(\frac{1}{5n-4}-\frac{1}{5n+1}\right)\\&=\frac{1}{5}\left(1-\frac{1}{5n+1}\right),\end{aligned}$$

故 $\lim\limits_{n\to\infty}S_n=\lim\limits_{n\to\infty}\frac{1}{5}\left(1-\frac{1}{5n+1}\right)=\frac{1}{5}$，即级数 $\sum\limits_{n=1}^{\infty}\frac{1}{(5n-4)(5n+1)}$ 收敛，其和为$\frac{1}{5}$.

例 4 判定级数 $\sum\limits_{n=1}^{\infty}\ln\frac{n+1}{n}$ 的敛散性.

解 因为 $u_n=\ln(n+1)-\ln n$，所以

$$\begin{aligned}S_n&=\ln 2-\ln 1+(\ln 3-\ln 2)+\cdots+[\ln(n+1)-\ln n]\\&=\ln(n+1)-\ln 1=\ln(n+1),\end{aligned}$$

而 $\lim\limits_{n\to\infty}S_n=\lim\limits_{n\to\infty}\ln(n+1)=\infty$，于是级数 $\sum\limits_{n=1}^{\infty}\ln\frac{n+1}{n}$ 发散.

根据定义判定级数的敛散性，要计算$\lim\limits_{n\to\infty}S_n$，对于给定级数求 S_n，除用到等差、等比数列前 n 项的和以外，还经常用到类似例 3 的裂项相消的方法.

2. 级数收敛的必要条件

定理(级数收敛的必要条件)　若 $\sum\limits_{n=1}^{\infty} u_n$ 收敛，则 $\lim\limits_{n\to\infty} u_n = 0$.

证明　已知 $\sum\limits_{n=1}^{\infty} u_n = S$，又 $u_n = S_n - S_{n-1}$，所以

$$\lim_{n\to\infty} u_n = \lim_{n\to\infty}(S_n - S_{n-1}) = \lim_{n\to\infty} S_n - \lim_{n\to\infty} S_{n-1} = S - S = 0.$$

扫一扫　看视频

注意　$\lim\limits_{n\to\infty} u_n = 0$ 只是级数收敛的必要条件，即满足 $\lim\limits_{n\to\infty} u_n = 0$ 的级数未必收敛，如可以证明**调和级数** $\sum\limits_{n=1}^{\infty} \frac{1}{n}$ 是发散的，但 $\lim\limits_{n\to\infty} \frac{1}{n} = 0$.

用反证法证明：

假设 $\sum\limits_{n=1}^{\infty} \frac{1}{n} = S$，即 $\lim\limits_{n\to\infty} S_n = S$，而 $\lim\limits_{n\to\infty} S_{2n} = S$，于是 $\lim\limits_{n\to\infty}(S_{2n} - S_n) = 0$.

实际上，$S_{2n} - S_n = \frac{1}{n+1} + \frac{1}{n+2} + \cdots + \frac{1}{2n} > \frac{1}{2n} + \frac{1}{2n} + \cdots + \frac{1}{2n} = \frac{1}{2} > 0$，与前面的结论相矛盾. 所以假设级数收敛是错误的，即级数 $\sum\limits_{n=1}^{\infty} \frac{1}{n}$ 是发散的.

推论　若 $\lim\limits_{n\to\infty} u_n \neq 0$，则级数一定发散.

该推论是判定级数发散的一种常用方法.

例 5　判定下列级数的敛散性：

(1) $\sum\limits_{n=1}^{\infty} \frac{2n}{3n-1}$；　　(2) $\sum\limits_{n=1}^{\infty} n\sin\frac{\pi}{n}$.

解　(1) 由于 $\lim\limits_{n\to\infty} u_n = \lim\limits_{n\to\infty} \frac{2n}{3n-1} = \frac{2}{3} \neq 0$，所以级数 $\sum\limits_{n=1}^{\infty} \frac{2n}{3n-1}$ 发散.

(2) 由于 $\lim\limits_{n\to\infty} u_n = \lim\limits_{n\to\infty} n\sin\frac{\pi}{n} = \lim\limits_{n\to\infty} \frac{\sin\frac{\pi}{n}}{\frac{\pi}{n}} \cdot \pi = \pi \neq 0$，所以级数 $\sum\limits_{n=1}^{\infty} n\sin\frac{\pi}{n}$ 发散.

9.1.2　无穷级数的基本性质

性质 1　若级数 $\sum\limits_{n=1}^{\infty} u_n$ 与 $\sum\limits_{n=1}^{\infty} v_n$ 分别收敛于 S 与 σ，则级数 $\sum\limits_{n=1}^{\infty} (u_n \pm v_n)$ 收敛于 $S \pm \sigma$.

也就是说，两个收敛级数的和、差仍收敛. 但应注意的是：

若 $\sum\limits_{n=1}^{\infty}(u_n \pm v_n)$ 收敛,但 $\sum\limits_{n=1}^{\infty}u_n$ 与 $\sum\limits_{n=1}^{\infty}v_n$ 不一定收敛;

若 $\sum\limits_{n=1}^{\infty}u_n$ 收敛,$\sum\limits_{n=1}^{\infty}v_n$ 发散,则 $\sum\limits_{n=1}^{\infty}(u_n \pm v_n)$ 一定发散;

而 $\sum\limits_{n=1}^{\infty}u_n$ 发散,且 $\sum\limits_{n=1}^{\infty}v_n$ 也发散时,$\sum\limits_{n=1}^{\infty}(u_n \pm v_n)$ 不一定发散.

性质 2 如果级数 $\sum\limits_{n=1}^{\infty}u_n$ 收敛于 S,则级数 $\sum\limits_{n=1}^{\infty}ku_n$ 收敛于 kS.

注意 性质 2 表示收敛级数的每一项同乘一个常数后,仍收敛.并且,发散级数的每一项同乘一个**不为零**的常数后,仍发散.即性质 2 还可以表述为:级数的每一项同乘一个非零常数后,其敛散性不变.

例如,调和级数 $\sum\limits_{n=1}^{\infty}\frac{1}{n}$ 是发散的,故 $\sum\limits_{n=1}^{\infty}\frac{k}{n}\ (k\neq 0)$ 也发散.

性质 3 增加、删除或改变级数的有限项,不改变级数的敛散性,但一般说来要改变和的大小.

性质 3 说明了级数的敛散性与级数中的有限项无关.

性质 4 收敛的级数任意加括号后所形成的级数仍然收敛,且和不变.

由性质 4 推出,如果一个带括号的级数收敛,但去括号后所得到的新级数不一定收敛.例如,级数 $(1-1)+(1-1)+(1-1)+\cdots$ 收敛于零,但级数 $1-1+1-1+\cdots$ 却是发散的.

推论 若任意加括号后所得到的新级数发散,则原级数必发散.

另外,显然,收敛级数的必要条件,也是性质,即

$$\text{若 } \sum_{n=1}^{\infty}u_n \text{ 收敛,则} \lim_{n\to\infty}u_n=0.$$

例 6 判定级数 $\sum\limits_{n=1}^{\infty}\left(\frac{1}{2^n}+\frac{2}{3^n}\right)$ 的敛散性.如果收敛,试求它的和.

解 由等比级数的敛散性知,$\sum\limits_{n=1}^{\infty}\frac{1}{2^n}$ 与 $\sum\limits_{n=1}^{\infty}\frac{1}{3^n}$ 都收敛,且 $\sum\limits_{n=1}^{\infty}\frac{1}{2^n}=1$,$\sum\limits_{n=1}^{\infty}\frac{1}{3^n}=\frac{1}{2}$,又由性质 2 知,$\sum\limits_{n=1}^{\infty}\frac{2}{3^n}$ 收敛且和为 1.再由性质 1 知,级数 $\sum\limits_{n=1}^{\infty}\left(\frac{1}{2^n}+\frac{2}{3^n}\right)$ 收敛,且其和为 $1+1=2$.

习 题 9.1

1. 写出以下级数的前三项、第十项和第 $2n$ 项:

(1) $\sum_{n=1}^{\infty}\frac{2n+1}{n^2+1}$；　　(2) $\sum_{n=1}^{\infty}\frac{(-1)^n n}{2+2^{n-1}}$；

(3) $\sum_{n=1}^{\infty}\frac{(-1)^{n-1}}{5^n}$；　　(4) $\sum_{n=1}^{\infty}\frac{n!}{n^n}$.

2. 写出以下级数的通项：

(1)$2-\frac{3}{2}+\frac{4}{3}-\frac{5}{4}+\cdots$；　　(2)$1+\frac{3}{2}+\frac{6}{4}+\frac{10}{8}+\cdots$；

(3)$0.9+0.99+0.999+0.9999+\cdots$ ；

(4)$\frac{\sqrt{x}}{2}+\frac{x}{2\cdot 4}+\frac{x\sqrt{x}}{2\cdot 4\cdot 6}+\frac{x^2}{2\cdot 4\cdot 6\cdot 8}+\cdots$.

3. 根据级数收敛与发散的定义,判定下列级数的敛散性：

(1)$\frac{1}{1\cdot 2}+\frac{1}{2\cdot 3}+\frac{1}{3\cdot 4}+\cdots+\frac{1}{n(n+1)}+\cdots$；

(2)$\left(\frac{1}{2}+\frac{8}{9}\right)+\left(\frac{1}{4}+\frac{8^2}{9^2}\right)+\left(\frac{1}{8}+\frac{8^3}{9^3}\right)+\left(\frac{1}{16}+\frac{8^4}{9^4}\right)+\cdots$；

(3)$1+3+5+7+\cdots+(2n-1)+\cdots$；

(4) $\sum_{n=1}^{\infty}(\sqrt{n+2}-2\sqrt{n+1}+\sqrt{n})$.

4. 利用级数的性质和收敛的必要条件,判别下列级数的敛散性：

(1) $\sum_{n=1}^{\infty}\left(\frac{1}{2^n}-\frac{1}{3^n}\right)$；

(2)$\frac{1}{3}+\frac{1}{6}+\frac{1}{9}+\frac{1}{12}+\cdots$；

(3)$\left(\frac{1}{2}-\frac{2}{3}\right)+\left(\frac{3}{4}-\frac{2^2}{3^2}\right)+\left(\frac{5}{6}-\frac{2^3}{3^3}\right)+\cdots+\left(\frac{2n-1}{2n}-\frac{2^n}{3^n}\right)+\cdots$；

(4)$\frac{1}{2}+\frac{1}{\left(1+\frac{1}{2}\right)^2}+\frac{1}{\left(1+\frac{1}{3}\right)^3}+\frac{1}{\left(1+\frac{1}{4}\right)^4}+\cdots$.

5. 判定下列级数的敛散性：

(1) $\sum_{n=1}^{\infty}\frac{1}{\sqrt{n+1}+\sqrt{n}}$；　　(2) $\sum_{n=1}^{\infty}\frac{3n^n}{(1+n)^n}$；　　(3) $\sum_{n=1}^{\infty}\frac{1}{\sqrt[n]{3}}$；

(4) $\sum_{n=1}^{\infty}\frac{n}{n+1}$；　　(5) $\sum_{n=1}^{\infty}\frac{\sqrt{n}}{\sqrt{n+1}+\sqrt{n}}$.

6. 设级数 $\sum_{n=1}^{\infty}u_n$ 与 $\sum_{n=1}^{\infty}v_n$ 都收敛,试说明下列级数是否收敛(其中 $k\neq 0$ 是常数)：

(1) $\sum_{n=1}^{\infty} ku_n$；　　(2) $\sum_{n=1}^{\infty}(u_n-k)$；

(3) $k+\sum_{n=1}^{\infty}u_n$；　　(4) $\sum_{n=1}^{\infty}(2v_n+ku_n)$.

9.2 正项级数审敛法

在上节中，我们给出了用部分和数列的极限或利用几何级数、调和级数的敛散性以及级数的基本性质来判断级数敛散性的方法，但是这些方法只适用于某些特殊的数项级数，而实际上一般级数敛散性的判定，往往可以归结为各项均非负的级数——正项级数的敛散性问题. 正项级数是数项级数中比较简单又非常重要的一种类型. 因此，本节讨论正项级数.

9.2.1 正项级数收敛的基本定理

1. 正项级数及收敛的基本定理

若级数 $\sum_{n=1}^{\infty}u_n$ 中各项都是非负的，即 $u_n\geqslant 0$，则称级数 $\sum_{n=1}^{\infty}u_n$ 为**正项级数**.

设正项级数

$$\sum_{n=1}^{\infty}u_n = u_1+u_2+\cdots+u_n+\cdots,$$

它的部分和为 S_n. 显然，数列 $\{S_n\}$ 是一个单调增加数列，即

$$S_1\leqslant S_2\leqslant S_3\leqslant\cdots\leqslant S_n\leqslant\cdots.$$

如果数列 $\{S_n\}$ 有上界，即 $S_n\leqslant M$，根据单调有界的数列必有极限的准则，级数 $\sum_{n=1}^{\infty}u_n$ 必收敛于和 S，且 $S_n\leqslant S\leqslant M$. 反之，如果正项级数 $\sum_{n=1}^{\infty}u_n$ 收敛于和 S，即 $\lim\limits_{n\to\infty}S_n=S$，根据有极限的数列是有界数列的性质可知，数列 $\{S_n\}$ 有上界. 因此，得到如下重要结论.

定理 1（正项级数收敛的基本定理） 正项级数 $\sum_{n=1}^{\infty}u_n$ 收敛的充分必要条件是部分和数列 $\{S_n\}$ 有界.

例 1 证明级数 $\sum_{n=1}^{\infty}\frac{1}{n^2}$ 是收敛的.

证明 级数 $\sum_{n=1}^{\infty}\frac{1}{n^2}$ 是正项级数，部分和

$$S_n=\frac{1}{1^2}+\frac{1}{2^2}+\cdots+\frac{1}{n^2}<1+\frac{1}{1\cdot 2}+\frac{1}{2\cdot 3}+\cdots+\frac{1}{(n-1)n}=2-\frac{1}{n}<2,$$

即正项级数的部分数列 $\{S_n\}$ 有界,所以级数 $\sum\limits_{n=1}^{\infty}\frac{1}{n^2}$ 是收敛的.

例 2　讨论 p-级数的敛散性.

$$\sum_{n=1}^{\infty}\frac{1}{n^p}=\frac{1}{1^p}+\frac{1}{2^p}+\cdots+\frac{1}{n^p}+\cdots\quad(p\text{ 为正数}).$$

解　(1)当 $p=1$ 时,p-级数即为调和级数 $\sum\limits_{n=1}^{\infty}\frac{1}{n}$,它是发散的.

(2)当 $p<1$ 时,有$\frac{1}{n^p}\geqslant\frac{1}{n}$,由于 $\sum\limits_{n=1}^{\infty}\frac{1}{n}$ 发散,即 $\sum\limits_{n=1}^{\infty}\frac{1}{n}$ 的部分和数列无界,那么 $\sum\limits_{n=1}^{\infty}\frac{1}{n^p}$ 的部分和数列也无界,则 $\sum\limits_{n=1}^{\infty}\frac{1}{n^p}$ 发散.

(3)当 $p>1$ 时,取 $n-1\leqslant x\leqslant n(n=2,3,4,\cdots)$时,有$\frac{1}{n^p}\leqslant\frac{1}{x^p}$,所以

$$\frac{1}{n^p}=\int_{n-1}^{n}\frac{1}{n^p}\mathrm{d}x\leqslant\int_{n-1}^{n}\frac{1}{x^p}\mathrm{d}x\quad(n=2,3,4,\cdots),$$

于是

$$\frac{1}{2^p}+\frac{1}{3^p}+\cdots+\frac{1}{n^p}\leqslant\int_1^2\frac{1}{x^p}\mathrm{d}x+\int_2^3\frac{1}{x^p}\mathrm{d}x+\cdots+\int_{n-1}^{n}\frac{1}{x^p}\mathrm{d}x=\int_1^n\frac{1}{x^p}\mathrm{d}x$$
$$=\left.\frac{x^{1-p}}{1-p}\right|_1^n=\frac{1}{p-1}-\frac{1}{(p-1)n^{p-1}}<\frac{1}{p-1},$$

则级数的部分和

$$\begin{aligned}S_n&=1+\sum_{k=2}^{n}\frac{1}{k^p}\leqslant 1+\sum_{k=2}^{n}\int_{k-1}^{k}\frac{1}{x^p}\mathrm{d}x\\&=1+\int_1^n\frac{1}{x^p}\mathrm{d}x<1+\frac{1}{p-1}\\&=\frac{p}{p-1}\quad(n=2,3,4,\cdots).\end{aligned}$$

这表明数列 $\{S_n\}$ 有界,因此级数收敛.

综合以上讨论,有如下结论:

对于 p-级数 $\sum\limits_{n=1}^{\infty}\frac{1}{n^p}$,当 $p>1$ 时收敛,当 $p\leqslant 1$ 时发散.

例如,$\sum\limits_{n=1}^{\infty}\frac{1}{n^2}$,$\sum\limits_{n=1}^{\infty}\frac{1}{n^{\frac{3}{2}}}$ 都收敛,$\sum\limits_{n=1}^{\infty}\frac{1}{n}$,$\sum\limits_{n=1}^{\infty}\frac{1}{\sqrt{n}}$,$\sum\limits_{n=1}^{\infty}\frac{1}{n^{\frac{2}{3}}}$ 都发散.

9.2.2 正项级数的比较判别法

由于要证明一个正项级数前 n 项和构成的数列有界，往往比较困难，因此定理 1 不便于直接用来判别正项级数的敛散性. 不妨我们换一种方式，可以另取一个已知收敛或者发散的正项级数 $\sum\limits_{n=1}^{\infty} v_n = v_1 + v_2 + \cdots + v_n + \cdots$，并把级数 $\sum\limits_{n=1}^{\infty} u_n$ 与 $\sum\limits_{n=1}^{\infty} v_n$ 作比较，从而判断级数 $\sum\limits_{n=1}^{\infty} u_n$ 的敛散性. 但要注意的是，判定级数的敛散性，首先还是要观察 $\lim\limits_{n\to\infty} u_n$，若 $\lim\limits_{n\to\infty} u_n \neq 0$，则级数 $\sum\limits_{n=1}^{\infty} u_n$ 发散. 若 $\lim\limits_{n\to\infty} u_n = 0$，再用判别法判别其敛散性.

定理 2（**比较判别法**） 设正项级数 $\sum\limits_{n=1}^{\infty} u_n$ 和 $\sum\limits_{n=1}^{\infty} v_n$ 满足 $u_n \leqslant v_n (n=1, 2, 3, \cdots)$.

(1) 若级数 $\sum\limits_{n=1}^{\infty} v_n$ 收敛，则级数 $\sum\limits_{n=1}^{\infty} u_n$ 收敛；

(2) 若级数 $\sum\limits_{n=1}^{\infty} u_n$ 发散，则级数 $\sum\limits_{n=1}^{\infty} v_n$ 发散.

证明 分别以 S_n 和 σ_n 表示 $\sum\limits_{n=1}^{\infty} u_n$ 和 $\sum\limits_{n=1}^{\infty} v_n$ 的部分和，即

$$S_n = u_1 + u_2 + \cdots + u_n, \quad \sigma_n = v_1 + v_2 + \cdots + v_n.$$

因为 $u_n \leqslant v_n$，必有 $S_n \leqslant \sigma_n (n=1,2,3,\cdots)$.

若级数 $\sum\limits_{n=1}^{\infty} v_n$ 收敛，数列 $\{\sigma_n\}$ 有界，故数列 $\{S_n\}$ 也必有界，因此级数 $\sum\limits_{n=1}^{\infty} u_n$ 收敛.

若级数 $\sum\limits_{n=1}^{\infty} u_n$ 发散，数列 $\{S_n\}$ 无界，于是数列 $\{\sigma_n\}$ 也无界，从而级数 $\sum\limits_{n=1}^{\infty} v_n$ 发散.

根据级数的基本性质不难得到以下推论：

推论 如果级数 $\sum\limits_{n=1}^{\infty} v_n$ 收敛，并且从某项起（如从第 n 项起），$u_n \leqslant k v_n$ $(k>0)$，则 $\sum\limits_{n=1}^{\infty} u_n$ 也收敛；若 $\sum\limits_{n=1}^{\infty} v_n$ 发散，并且从某项起，$u_n \geqslant k v_n (k>0)$，则级数 $\sum\limits_{n=1}^{\infty} u_n$ 也发散.

用比较法判定级数的敛散性，需要找一个已知敛散性的级数作为参照级数，和待判断的级数作比较，但须先大致猜测给定级数的敛散性. 猜测给定级数收敛时，需要找一个收敛的且通项不小于给定级数通项的参照级数；猜测给定级数发散时，需要找一个发散的且通项不大于给定级数通项的参照级数. 经常用来作参照级数的有几何级数、p-级数.

例 3　判别级数 $\frac{1}{3}+\left(\frac{2}{5}\right)^2+\left(\frac{3}{7}\right)^3+\left(\frac{4}{9}\right)^4+\cdots$ 的敛散性.

解　因为

$$u_n=\left(\frac{n}{2n+1}\right)^n=\left(\frac{1}{2+\frac{1}{n}}\right)^n<\left(\frac{1}{2}\right)^n,$$

而级数 $\sum\limits_{n=1}^{\infty}\left(\frac{1}{2}\right)^n$ 是收敛的，故级数 $\sum\limits_{n=1}^{\infty}\left(\frac{n}{2n+1}\right)^n$ 收敛.

例 4　讨论下列级数的敛散性：

(1) $\sum\limits_{n=1}^{\infty}\frac{n+1}{2n^3+n}$；　　(2) $\sum\limits_{n=1}^{\infty}\frac{1}{n^n}$；

(3) $\sum\limits_{n=1}^{\infty}\frac{1}{\sqrt{n(n+1)}}$；　　(4) $\sum\limits_{n=1}^{\infty}\frac{\ln n}{n}$.

解　(1)因为　$\frac{n+1}{2n^3+n}<\frac{n+1}{2n^3}<\frac{n+n}{2n^3}=\frac{1}{n^2}$　$(n=1,2,3,\cdots)$，

而 p-级数 $\sum\limits_{n=1}^{\infty}\frac{1}{n^2}$ 是收敛的，故级数 $\sum\limits_{n=1}^{\infty}\frac{n+1}{2n^3+n}$ 收敛.

(2)因为

$$\frac{1}{n^n}\leqslant\frac{1}{2^{n-1}}\quad(n=1,2,3,\cdots),$$

而几何级数 $\sum\limits_{n=1}^{\infty}\frac{1}{2^{n-1}}$ 是收敛的，故级数 $\sum\limits_{n=1}^{\infty}\frac{1}{n^n}$ 收敛.

(3)因为

$$\frac{1}{\sqrt{n(n+1)}}>\frac{1}{\sqrt{(n+1)^2}}=\frac{1}{n+1}\quad(n=1,2,3,\cdots),$$

而调和级数 $\sum\limits_{n=0}^{\infty}\frac{1}{n+1}$ 是发散的，故级数 $\sum\limits_{n=1}^{\infty}\frac{1}{\sqrt{n(n+1)}}$ 是发散的.

(4)因为 $n\geqslant3$ 时 $\ln n>\ln \mathrm{e}=1$ 从而 $\frac{\ln n}{n}>\frac{1}{n}$　$(n=3,4,5,\cdots)$，而调和级数 $\sum\limits_{n=0}^{\infty}\frac{1}{n}$ 是发散的，所以由比较判别法可知 $\sum\limits_{n=1}^{\infty}\frac{\ln n}{n}$ 是发散的.

用比较判别法判定级数的敛散性，参照级数 $\sum\limits_{n=1}^{\infty}v_n$ 的通项是通过把给

定级数 $\sum\limits_{n=1}^{\infty}u_n$ 的通项适当放大或缩小得到的，运用起来不是很方便. 实际运用时，比较判别法的下列极限形式更为方便.

推论 设正项级数 $\sum\limits_{n=1}^{\infty}u_n$ 和 $\sum\limits_{n=1}^{\infty}v_n$，且有 $\lim\limits_{n\to\infty}\dfrac{u_n}{v_n}=l$.

(1)当 $0<l<+\infty$ 时，则级数 $\sum\limits_{n=1}^{\infty}u_n$ 和 $\sum\limits_{n=1}^{\infty}v_n$ 同为收敛或同为发散；

(2)当 $l=0$ 且级数 $\sum\limits_{n=1}^{\infty}v_n$ 收敛，则级数 $\sum\limits_{n=1}^{\infty}u_n$ 收敛（或当 $l=0$ 且级数 $\sum\limits_{n=1}^{\infty}u_n$ 发散，则级数 $\sum\limits_{n=1}^{\infty}v_n$ 发散）；

(3)当 $l=+\infty$ 级数 $\sum\limits_{n=1}^{\infty}v_n$ 发散，则级数 $\sum\limits_{n=1}^{\infty}u_n$ 发散（或当 $l=+\infty$ 且级数 $\sum\limits_{n=1}^{\infty}u_n$ 收敛，则级数 $\sum\limits_{n=1}^{\infty}v_n$ 收敛）.

例 5 讨论以下级数的敛散性：

(1) $\sum\limits_{n=1}^{\infty}\sin\dfrac{1}{n}$；　　(2) $\sum\limits_{n=1}^{\infty}\dfrac{\sqrt{n+1}}{n\sqrt{n^3+1}}$.

解 (1)因为 $\lim\limits_{n\to\infty}\dfrac{\sin\dfrac{1}{n}}{\dfrac{1}{n}}=1$，而级数 $\sum\limits_{n=1}^{\infty}\dfrac{1}{n}$ 发散，故 $\sum\limits_{n=1}^{\infty}\sin\dfrac{1}{n}$ 发散.

(2)因为 $\lim\limits_{n\to\infty}\dfrac{\dfrac{\sqrt{n+1}}{n\sqrt{n^3+1}}}{\dfrac{1}{n^2}}=\lim\limits_{n\to\infty}\dfrac{n\sqrt{n+1}}{\sqrt{n^3+1}}=1$，而级数 $\sum\limits_{n=1}^{\infty}\dfrac{1}{n^2}$ 收敛，故级数 $\sum\limits_{n=1}^{\infty}\dfrac{\sqrt{n+1}}{n\sqrt{n^3+1}}$ 收敛.

总结上述例题，可以看出，当级数的通项中是有理分式或者是无理分式，即 $\sum\limits_{n=1}^{\infty}\dfrac{P_r(n)}{Q_s(n)}$（其中 $P_r(n)$，$Q_s(n)$ 是 r，s 次多项式或无理式），选 $\sum\limits_{n=1}^{\infty}\dfrac{1}{n^{s-r}}$ 作参照级数，用比较判别法较为方便. 显然 $s-r>1$ 时，$\sum\limits_{n=1}^{\infty}\dfrac{1}{n^{s-r}}$ 收敛，而当 $s-r\leqslant 1$ 时 $\sum\limits_{n=1}^{\infty}\dfrac{1}{n^{s-r}}$ 发散. 并且一般情况下，用比较判别法的极限形式比较方便，省去了选取参照级数时放大或缩小级数一般项的问题，但有时直接用比较判别法的极限形式不方便.

例如，讨论级数的 $\sum\limits_{n=1}^{\infty}\dfrac{\ln n}{n+\sqrt{n}+1}$ 敛散性.

分析　由于该级数通项含有 $\ln n$，不便于用比较判别法的极限形式判别，因此还是直接利用比较判别法，通过缩小变换判别较为方便.

解　因为当 $n>2$ 时，$\dfrac{\ln n}{n+\sqrt{n}+1}\geqslant\dfrac{1}{n+\sqrt{n}+1}\geqslant\dfrac{1}{3n}$，而级数 $\sum\limits_{n=1}^{\infty}\dfrac{1}{3n}$ 是发散的，故 $\sum\limits_{n=1}^{\infty}\dfrac{\ln n}{n+\sqrt{n}+1}$ 发散.

比较审敛法的基本思想是把某个收敛或发散的级数作为比较对象（通常选择的比较对象是几何级数 $\sum\limits_{n=1}^{\infty}q^n$ 和 p- 级数 $\sum\limits_{n=1}^{\infty}\dfrac{1}{n^p}$），通过比较对应项的大小，来判断给定级数的敛散性. 但是，如果通项中含有指数、阶乘、幂指等形式时，由于不易找到进行比较的已知级数，因此，再用比较判别法判定级数的敛散性就不太合适了. 这时，可以从级数本身来判定级数的敛散性，就是下面要介绍的比值判别法.

9.2.3　正项级数的比值判别法

定理 3（比值判别法）　设 $\sum\limits_{n=1}^{\infty}u_n$ 为正项级数，且 $\lim\limits_{n\to\infty}\dfrac{u_{n+1}}{u_n}=\rho$，则：

(1) 当 $\rho<1$ 时（包括 $\rho=0$），级数 $\sum\limits_{n=1}^{\infty}u_n$ 收敛；

(2) 当 $\rho>1$ 时（包括 $\rho=+\infty$），级数 $\sum\limits_{n=1}^{\infty}u_n$ 发散；

(3) 当 $\rho=1$ 时，级数 $\sum\limits_{n=1}^{\infty}u_n$ 可能收敛也可能发散.

例 6　判定下列级数的敛散性：

(1) $\sum\limits_{n=1}^{\infty}\dfrac{2n-1}{2^n}$；　(2) $\sum\limits_{n=1}^{\infty}\dfrac{1}{(n-1)!}$；　(3) $\sum\limits_{n=1}^{\infty}\dfrac{2^n n!}{n^n}$；　(4) $\sum\limits_{n=1}^{\infty}\dfrac{n!}{10^n}$.

解　(1) 因为 $\lim\limits_{n\to\infty}\dfrac{u_{n+1}}{u_n}=\lim\limits_{n\to\infty}\dfrac{\dfrac{2(n+1)-1}{2^{n+1}}}{\dfrac{2n-1}{2^n}}=\lim\limits_{n\to\infty}\dfrac{2n+1}{2(2n-1)}=\dfrac{1}{2}<1$，故级数 $\sum\limits_{n=1}^{\infty}\dfrac{2n-1}{2^n}$ 收敛.

(2)因为$\lim\limits_{n\to\infty}\frac{u_{n+1}}{u_n}=\lim\limits_{n\to\infty}\frac{\frac{1}{n!}}{\frac{1}{(n-1)!}}=\lim\limits_{n\to\infty}\frac{(n-1)!}{n!}=\lim\limits_{n\to\infty}\frac{1}{n}=0<1$，故级数$\sum\limits_{n=1}^{\infty}\frac{1}{(n-1)!}$收敛.

(3)因为$\lim\limits_{n\to\infty}\frac{u_{n+1}}{u_n}=\lim\limits_{n\to\infty}\frac{\frac{2^{n+1}(n+1)!}{(n+1)^{n+1}}}{\frac{2^n n!}{n^n}}=\lim\limits_{n\to\infty}\frac{2}{\left(1+\frac{1}{n}\right)^n}=\frac{2}{\mathrm{e}}<1$，故级数$\sum\limits_{n=1}^{\infty}\frac{2^n n!}{n^n}$收敛.

(4)因为$\lim\limits_{n\to\infty}\frac{u_{n+1}}{u_n}=\lim\limits_{n\to\infty}\frac{\frac{(n+1)!}{10^{n+1}}}{\frac{n!}{10^n}}=\lim\limits_{n\to\infty}\frac{(n+1)!}{10n!}=\lim\limits_{n\to\infty}\frac{n+1}{10}=+\infty$，故级数$\sum\limits_{n=1}^{\infty}\frac{n!}{10^n}$发散.

注意 当$\rho=1$时，比值判别法失效，这时可用比较判别法或其他判别方法再进行分析和判断.

用比较判别法的极限形式或比值判别法判别级数的敛散性时，可以借助等价无穷小来简化判别. 例如，当$n\to\infty$时，$\arctan\frac{1}{n^2}\sim\frac{1}{n^2}$，于是由级数$\sum\limits_{n=1}^{\infty}\frac{1}{n^2}$收敛，知$\sum\limits_{n=1}^{\infty}\arctan\frac{1}{n^2}$也收敛.

例 7 判定下列级数的敛散性：

(1) $\sum\limits_{n=1}^{\infty}n^3\tan\frac{\pi}{3^{n+1}}$；　　(2) $\sum\limits_{n=1}^{\infty}\left(1-\cos\frac{\pi}{n}\right)$.

解 (1)因为$\lim\limits_{n\to\infty}\frac{u_{n+1}}{u_n}=\lim\limits_{n\to\infty}\frac{(n+1)^3\tan\frac{\pi}{3^{n+2}}}{n^3\tan\frac{\pi}{3^{n+1}}}=\lim\limits_{n\to\infty}\frac{(n+1)^3\ \frac{\pi}{3^{n+2}}}{n^3\cdot\frac{\pi}{3^{n+1}}}$

$$=\lim_{n\to\infty}\frac{\left(1+\frac{1}{n}\right)^3}{3}=\frac{1}{3}<1,$$

故由比值判别法知该级数收敛.(其中，$n\to\infty$时，$\tan\frac{\pi}{3^{n+1}}\sim\frac{\pi}{3^{n+1}}$)

(2)因为$\lim\limits_{n\to\infty}\dfrac{u_{n+1}}{u_n}=\lim\limits_{n\to\infty}\dfrac{1-\cos\dfrac{\pi}{n+1}}{1-\cos\dfrac{\pi}{n}}=\lim\limits_{n\to\infty}\dfrac{\dfrac{1}{2}\left(\dfrac{\pi}{n+1}\right)^2}{\dfrac{1}{2}\left(\dfrac{\pi}{n}\right)^2}=\lim\limits_{n\to\infty}\dfrac{n^2}{(n+1)^2}=1$，比值判别法失效. 但当 $n\to\infty$ 时，$1-\cos\dfrac{\pi}{n}\sim\dfrac{1}{2}\left(\dfrac{\pi}{n}\right)^2$，而级数 $\sum\limits_{n=1}^{\infty}\dfrac{1}{2}\left(\dfrac{\pi}{n}\right)^2$ 收敛，故级数 $\sum\limits_{n=1}^{\infty}\left(1-\cos\dfrac{\pi}{n}\right)$ 收敛.

习　题　9.2

1. 填空题：

(1)$\dfrac{1}{3}+\dfrac{1}{5}+\dfrac{1}{9}+\dfrac{1}{25}+\dfrac{1}{27}+\dfrac{1}{125}+\cdots=$__________；

(2)$\lim\limits_{n\to\infty}\dfrac{2^n}{n!}=$__________.

2. 用比较判别法或其极限形式判定下列级数的敛散性：

(1)$1+\dfrac{1}{3}+\dfrac{1}{5}+\dfrac{1}{7}+\cdots$；　　(2)$1+\dfrac{1+2}{1+2^2}+\dfrac{1+3}{1+3^2}+\cdots$；

(3) $\sum\limits_{n=1}^{\infty}\dfrac{1}{n\sqrt[n]{n}}$；

(4)$\dfrac{1}{2\cdot5}+\dfrac{1}{3\cdot6}+\dfrac{1}{4\cdot7}+\cdots+\dfrac{1}{(n+1)(n+4)}+\cdots$；

(5) $\sum\limits_{n=1}^{\infty}\dfrac{n+1}{2n^3+3}$；　　(6) $\sum\limits_{n=1}^{\infty}\dfrac{2^n}{3^n+n}$；

(7) $\sum\limits_{n=1}^{\infty}\left(1-\cos\dfrac{1}{n}\right)$；　　(8) $\sum\limits_{n=1}^{\infty}\ln\left(1+\dfrac{1}{n}\right)$.

3. 用比值判别法判定下列级数的敛散性：

(1)$\dfrac{3}{1\cdot2}+\dfrac{3^2}{2\cdot2^2}+\dfrac{3^3}{3\cdot2^3}+\cdots+\dfrac{3^n}{n\cdot2^n}+\cdots$；

(2) $\sum\limits_{n=1}^{\infty}\dfrac{n^2}{4^n}$；　　(3) $\sum\limits_{n=1}^{\infty}\dfrac{5^n\cdot n!}{n^n}$；

(4) $\sum\limits_{n=1}^{\infty}n\tan\dfrac{\pi}{2^{n+1}}$；　　(5) $\sum\limits_{n=1}^{\infty}\dfrac{3^n}{n!}$；

(6) $\sum\limits_{n=1}^{\infty}\dfrac{1}{3^n\cdot n}$；　　(7) $\sum\limits_{n=1}^{\infty}\dfrac{n^n}{n!}$；

(8) $\sum\limits_{n=1}^{\infty}\dfrac{n!}{e^{2n+1}}$.

4. 判别下列级数的敛散性：

(1) $\sum_{n=1}^{\infty} 2^n \sin \frac{x}{3^n}$，（$x>0$）；　　(2) $\sum_{n=1}^{\infty} \frac{n^{n-1}}{(1+n)^{n+1}}$；

(3) $\sum_{n=1}^{\infty} \frac{5+\sin^2 n}{2^n}$；　　(4) $\sum_{n=1}^{\infty} \frac{5^n}{n \cdot 2^n}$；

(5) $\frac{3}{4}+2\left(\frac{3}{4}\right)^2+3\left(\frac{3}{4}\right)^3+4\left(\frac{3}{4}\right)^4+\cdots$；

(6) $\sum_{n=1}^{\infty} \frac{n+1}{n(n+2)}$；　　(7) $\frac{1^4}{1!}+\frac{2^4}{2!}+\frac{3^4}{3!}+\cdots+\frac{n^4}{n!}+\cdots$；

(8) $\sum_{n=1}^{\infty} \frac{2n-1}{(\sqrt{2})^n}$；　　(9) $\sum_{n=1}^{\infty} \frac{1}{3^n+2}$；

(10) $\sum_{n=1}^{\infty} \ln\left(1+\frac{1}{n^2}\right)$.

9.3 任意项级数

正项级数只是数项级数中一种简单情形，而一般的数项级数 $\sum_{n=1}^{\infty} u_n = u_1+u_2+\cdots+u_n+\cdots$ 中的各项 u_n 为任意实数，这就是**任意项级数**或**一般项级数**. 我们将先讨论任意项级数的一种特殊情形——交错级数.

9.3.1 交错级数及其收敛性

引例 一口井深 4 m，一只蜗牛从井底向上爬，第一天白天向上爬2 m，晚上又滑下 1 m，第二天白天向上爬的距离是第一天爬的距离 2/3，晚上又滑下当天爬的距离的 1/2，以后每天向上爬的距离是前一天爬的距离的 2/3，晚上又滑下当天爬的 1/2. 问这只蜗牛能爬出这口井吗？

蜗牛爬的距离可表示为 $2-1+\frac{4}{3}-\frac{2}{3}+\frac{8}{9}-\frac{4}{9}+\cdots$. 我们注意到这个级数的项是正负交替出现的.

这种各项正、负交替出现的数项级数，叫做**交错级数**，一般可以表示为下面的形式：

$$\sum_{n=1}^{\infty} (-1)^{n-1} u_n = u_1-u_2+u_3-u_4+\cdots$$

其中 $u_n>0$　（$n=1,2,3,\cdots$）.

对于交错级数的敛散性判定，我们有以下定理：

定理 1(莱布尼茨定理) 若交错级数 $\sum\limits_{n=1}^{\infty}(-1)^{n-1}u_n$ $(u_n>0,n=1,2,3,\cdots)$满足：

$$(1)u_n\geqslant u_{n+1};\qquad (2)\lim_{n\to\infty}u_n=0,$$

则该级数收敛，且其和 $S\leqslant u_1$.

证明 先考虑级数的前偶数项和数列 $\{S_{2n}\}$，有

$$S_{2n}=u_1-u_2+u_3-u_4+\cdots+u_{2n-1}-u_{2n},$$

$$S_{2n+2}=u_1-u_2+u_3-u_4+\cdots+u_{2n-1}-u_{2n}+u_{2n+1}-u_{2n+2}=S_{2n}+(u_{2n+1}-u_{2n+2}),$$

因为 $u_n\geqslant u_{n+1}$，所以 $S_{2n}\leqslant S_{2n+2}$. 即数列 $\{S_{2n}\}$ 是单调递增的. 又

$$\begin{aligned}S_{2n}&=u_1-u_2+u_3-u_4+\cdots+u_{2n-1}-u_{2n}\\&=u_1-(u_2-u_3)-\cdots-(u_{2n-2}-u_{2n-1})-u_{2n}<u_1,\end{aligned}$$

即数列 $\{S_{2n}\}$ 有上界. 因此可知数列 $\{S_{2n}\}$ 有极限，设极限为 S，则 $\lim\limits_{n\to\infty}S_{2n}=S<u_1$. 再考虑级数的前奇数项和数列 $\{S_{2n-1}\}$，有

$$S_{2n-1}=u_1-u_2+u_3-u_4+\cdots+u_{2n-1}=S_{2n}+u_{2n},$$

由于 $\lim\limits_{n\to\infty}u_n=0$，所以前奇数项和数列 $\{S_{2n-1}\}$ 的极限为

$$\lim_{n\to\infty}S_{2n-1}=\lim_{n\to\infty}(S_{2n}-u_{2n})=S-0=S<u_1.$$

综合以上两种情形，由于数列的前偶数项的和与前奇数项的和趋于同一极限，故部分和数列 $\{S_n\}$ 有极限

$$\lim_{n\to\infty}S_n=\lim_{n\to\infty}S_{2n-1}=\lim_{n\to\infty}S_{2n}=S<u_1,$$

所以级数收敛.

通常我们把满足定理条件的级数称为**莱布尼茨型级数**.

例 1 判定下列级数的敛散性：

$$(1)\sum_{n=1}^{\infty}(-1)^{n-1}\frac{1}{n};\qquad (2)\sum_{n=1}^{\infty}(-1)^{n-1}\frac{1}{\ln(n+1)}.$$

解 (1)级数 $\sum\limits_{n=1}^{\infty}(-1)^{n-1}\frac{1}{n}$ 是交错级数，且 $\lim\limits_{n\to\infty}u_n=\lim\limits_{n\to\infty}\frac{1}{n}=0$，又

$$u_n=\frac{1}{n}>\frac{1}{n+1}=u_{n+1}\quad(n=1,2,3,\cdots),$$

由莱布尼茨判别法可知，该级数收敛.

(2)级数 $\sum\limits_{n=1}^{\infty}(-1)^{n-1}\frac{1}{\ln(n+1)}$ 是交错级数，且 $\lim\limits_{n\to\infty}u_n=\lim\limits_{n\to\infty}\frac{1}{\ln(n+1)}=0$，又

$$u_n=\frac{1}{\ln(n+1)}>\frac{1}{\ln(n+2)}=u_{n+1}\quad(n=1,2,3,\cdots),$$

由莱布尼茨判别法可知,该级数收敛.

例 2 判定级数 $\sum\limits_{n=1}^{\infty}(-1)^{n-1}\frac{n+2}{n(n+1)}$ 的敛散性.

解 该级数是交错级数,且 $\lim\limits_{n\to\infty}\frac{n+2}{n(n+1)}=0$,又

$$u_n-u_{n+1}=\frac{n+2}{n(n+1)}-\frac{n+3}{(n+1)(n+2)}=\frac{n+4}{n(n+1)(n+2)}>0,$$

所以 $u_n>u_{n+1}(n=1,2,3,\cdots)$,由莱布尼茨判别法可知,该级数收敛,且和 $S<\frac{3}{2}$.

说明 在判别 $u_n\geqslant u_{n+1}\quad(n=1,2,3,\cdots)$时,可以直接利用缩小不等式的方法判别,而更方便的方法就是类似例 2 的方法,证明 $u_n-u_{n+1}\geqslant 0$.

9.3.2 绝对收敛与条件收敛

对于普通的任意项级数 $\sum\limits_{n=1}^{\infty}u_n$,如何讨论敛散性呢?我们先研究任意项为 u_n 和任意项为 $|u_n|$ 的级数间的敛散关系.

定理 2 若级数 $\sum\limits_{n=1}^{\infty}|u_n|$ 收敛,则级数 $\sum\limits_{n=1}^{\infty}u_n$ 收敛.

证明 构造级数 $\sum\limits_{n=1}^{\infty}v_n$, $v_n=\frac{|u_n|+u_n}{2}$,显然 $\sum\limits_{n=1}^{\infty}v_n$ 是正项级数,且 $|u_n|\geqslant v_n$. 已知级数 $\sum\limits_{n=1}^{\infty}|u_n|$ 收敛,由比较判别法知 $\sum\limits_{n=1}^{\infty}v_n$ 收敛. 而 $u_n=2v_n-|u_n|$,再由数项级数的性质 1 可知,级数 $\sum\limits_{n=1}^{\infty}u_n$ 收敛.

该定理说明,任意项级数 $\sum\limits_{n=1}^{\infty}u_n$ 的敛散性在符合条件的情况下,可以转化为判别正项级数 $\sum\limits_{n=1}^{\infty}|u_n|$ 的敛散性问题.

注意 定理 2 只能确定级数 $\sum\limits_{n=1}^{\infty}u_n$ 是否绝对收敛,即若级数 $\sum\limits_{n=1}^{\infty}|u_n|$ 发散,则级数 $\sum\limits_{n=1}^{\infty}u_n$ 可能收敛,也可能发散. 例如,级数 $\sum\limits_{n=1}^{\infty}\frac{1}{n}$ 发散,但是交错级数 $\sum\limits_{n=1}^{\infty}(-1)^{n-1}\frac{1}{n}$ 收敛;级数 $\sum\limits_{n=1}^{\infty}n$ 发散,但是交错级数 $\sum\limits_{n=1}^{\infty}(-1)^{n-1}n$ 也发散.

一般地,若级数 $\sum_{n=1}^{\infty}|u_n|$ 收敛,则称级数 $\sum_{n=1}^{\infty}u_n$ 为**绝对收敛**. 如果级数 $\sum_{n=1}^{\infty}u_n$ 收敛,而级数 $\sum_{n=1}^{\infty}|u_n|$ 发散,则称级数 $\sum_{n=1}^{\infty}u_n$ 为**条件收敛**.

例 3　判定下列级数的敛散性. 若收敛,说明是绝对收敛还是条件收敛 .

(1) $\sum_{n=1}^{\infty}(-1)^{n-1}\frac{1}{n(n+1)}$;　　(2) $\sum_{n=1}^{\infty}(-1)^{n-1}\frac{\sin n}{n^2}$;

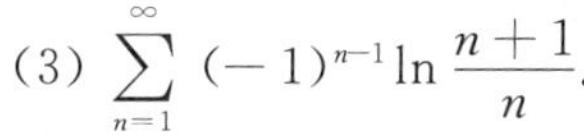

(3) $\sum_{n=1}^{\infty}(-1)^{n-1}\ln\frac{n+1}{n}$.

扫一扫 看视频

解　(1)因为 $\left|(-1)^{n-1}\frac{1}{n(n+1)}\right|=\frac{1}{n(n+1)}<\frac{1}{n^2}$,而 $\sum_{n=1}^{\infty}\frac{1}{n^2}$ 收敛,由比较判别法知 $\sum_{n=1}^{\infty}\left|(-1)^{n-1}\frac{1}{n(n+1)}\right|$ 收敛,故级数 $\sum_{n=1}^{\infty}(-1)^{n-1}\frac{1}{n(n+1)}$ 收敛,且绝对收敛.

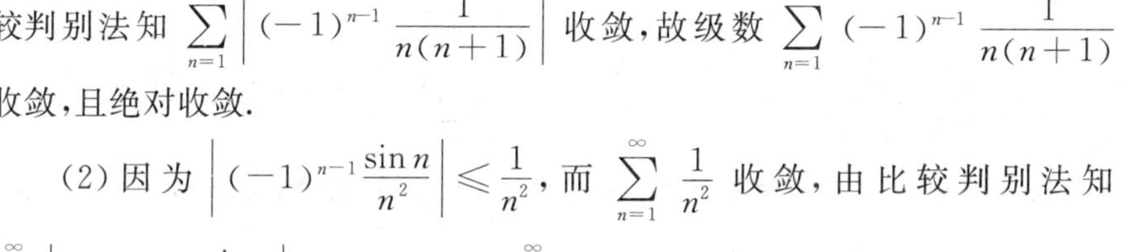

(2) 因为 $\left|(-1)^{n-1}\frac{\sin n}{n^2}\right|\leqslant\frac{1}{n^2}$,而 $\sum_{n=1}^{\infty}\frac{1}{n^2}$ 收敛,由比较判别法知 $\sum_{n=1}^{\infty}\left|(-1)^{n-1}\frac{\sin n}{n^2}\right|$ 收敛,故级数 $\sum_{n=1}^{\infty}(-1)^{n-1}\frac{\sin n}{n^2}$ 收敛,且绝对收敛.

(3) $\sum_{n=1}^{\infty}\left|(-1)^{n-1}\ln\frac{n+1}{n}\right|=\sum_{n=1}^{\infty}\ln\frac{n+1}{n}$ 是正项级数,因为 $\lim\limits_{n\to\infty}\frac{\ln\frac{n+1}{n}}{\frac{1}{n}}=\lim\limits_{n\to\infty}\ln\left(1+\frac{1}{n}\right)^n=1$,而 $\sum_{n=1}^{\infty}\frac{1}{n}$ 发散,所以 $\sum_{n=1}^{\infty}\ln\frac{n+1}{n}$ 发散. 而 $\sum_{n=1}^{\infty}(-1)^{n-1}\ln\frac{n+1}{n}$ 是交错级数,且 $\lim\limits_{n\to\infty}\ln\frac{n+1}{n}=\lim\limits_{n\to\infty}\ln\left(1+\frac{1}{n}\right)=0$, $\ln\left(1+\frac{1}{n}\right)>\ln\left(1+\frac{1}{n+1}\right)$,即 $u_n>u_{n+1}$,由莱布尼茨定理知,级数 $\sum_{n=1}^{\infty}(-1)^{n-1}\ln\frac{n+1}{n}$ 收敛. 于是,级数 $\sum_{n=1}^{\infty}(-1)^{n-1}\ln\frac{n+1}{n}$ 条件收敛.

讨论级数的绝对收敛和条件收敛问题,应首先考虑其绝对值级数的敛散性:如果其绝对值级数收敛,则原级数绝对收敛;如果其绝对值级数发散,再考虑用莱布尼茨定理或其他方法判别原级数的敛散性.

显然,如果 $\sum_{n=1}^{\infty}u_n$ 与 $\sum_{n=1}^{\infty}v_n$ 均绝对收敛,则 $\sum_{n=1}^{\infty}(u_n+v_n)$ 也绝对收敛.

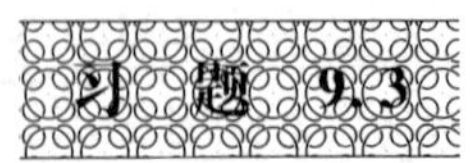

1. 判定下列级数的敛散性:

(1) $1-\frac{1}{\sqrt{2}}+\frac{1}{\sqrt{3}}-\frac{1}{\sqrt{4}}+\frac{1}{\sqrt{5}}-\cdots$;　　(2) $\sum\limits_{n=1}^{\infty}(-1)^{n-1}\sin\frac{2}{n}$;

(3) $\sum\limits_{n=1}^{\infty}(-1)^{n-1}\frac{1}{(2n-1)^2}$;

(4) $\frac{1}{3}\cdot\frac{1}{2}-\frac{1}{3}\cdot\frac{1}{2^2}+\frac{1}{3}\cdot\frac{1}{2^3}-\frac{1}{3}\cdot\frac{1}{2^4}+\cdots$;

(5) $\sum\limits_{n=1}^{\infty}\frac{\cos n\pi}{n^2}$;　　(6) $\sum\limits_{n=1}^{\infty}(-1)^{n-1}\frac{3^n}{n!}$;

(7) $\sum\limits_{n=1}^{\infty}\frac{(-1)^n n^3}{(\sqrt{2})^n}$;　　(8) $\sum\limits_{n=1}^{\infty}(-1)^{n-1}\frac{2^n-2n}{4^n}$.

2. 判定下列级数的敛散性.如果收敛,说明是绝对收敛还是条件收敛.

(1) $\sum\limits_{n=1}^{\infty}\frac{\sin\frac{n\pi}{3}}{4^n}$;　　(2) $\sum\limits_{n=1}^{\infty}(-1)^{n-1}\frac{n}{10^n}$;

(3) $\sum\limits_{n=1}^{\infty}(-1)^{n-1}\frac{n}{2n+1}$;　　(4) $\sum\limits_{n=1}^{\infty}\frac{(-1)^n}{\sqrt{n(n+1)}}$;

(5) $\sum\limits_{n=1}^{\infty}(-1)^n\frac{\sqrt{n}+1}{n}$;　　(6) $\sum\limits_{n=1}^{\infty}\frac{\sin(n^2+1)}{n^2}$;

(7) $\sum\limits_{n=1}^{\infty}(-1)^{n-1}\frac{\ln n}{n}$;　　(8) $\sum\limits_{n=1}^{\infty}(-1)^{n-1}\frac{n}{2^{n-1}}$;

(9) $\sum\limits_{n=1}^{\infty}\frac{\cos n\pi}{\sqrt{n^2+n}}$;　　(10) $\sum\limits_{n=1}^{\infty}\frac{(-1)^{n-1}\sin\frac{1}{n}}{2^n}$;

(11) $\sum\limits_{n=1}^{\infty}(-1)^{n-1}\frac{3^n-n}{5^n}$;　　(12) $\sum\limits_{n=1}^{\infty}(-1)^{n-1}(\sqrt{n+1}-\sqrt{n})$.

9.4 幂级数

前面研究了以“数”为项的级数——数项级数,下面再来讨论每一项均为“函数”的级数——函数项级数.由于幂级数是函数项级数的重要形式之一,又有很广泛的应用,因此首先着重学习幂级数.

9.4.1 幂级数的概念

定义 如果函数 $u_n(x)$ $(n=0,1,2,3,\cdots)$在某个区间 I 上均有定义，则称

$$\sum_{n=0}^{\infty} u_n(x)=u_0(x)+u_1(x)+\cdots+\cdots+u_n(x)+\cdots$$

为**函数项级数**.

如果 $u_n(x)(n=0,1,2,3,\cdots)$都是幂函数，即

$$\sum_{n=0}^{\infty} a_n x^n=a_0+a_1 x+a_2 x^2+\cdots+a_n x^n+\cdots,$$

则称 $\sum\limits_{n=0}^{\infty} a_n x^n$ 为**幂级数**，其中 $a_n(n=0,1,2,3,\cdots)$称为幂级数第 n 项的**系数**.

对于任意 x_0，代入幂级数 $\sum\limits_{n=0}^{\infty} a_n x^n$ 就得到数项级数 $\sum\limits_{n=0}^{\infty} a_n x_0^n$，若 $\sum\limits_{n=0}^{\infty} a_n x_0^n$ 收敛，称 x_0 为幂级数的一个**收敛点**；若 $\sum\limits_{n=0}^{\infty} a_n x_0^n$ 发散，称 x_0 为幂级数的一个**发散点**. 收敛点的集合称为幂级数的**收敛域**，记作 D.

如果 x_0 为幂级数的一个收敛点，则必有一个和 $S(x_0)$与之对应，即

$$S(x_0)=a_0+a_1 x_0+a_2 x_0^2+\cdots+a_n x_0^n+\cdots=\sum_{n=0}^{\infty} a_n x_0^n=\lim_{n\to\infty} S_n(x_0),$$

其中 $S_n(x_0)=a_0+a_1 x+a_2 x^2+\cdots+a_{n-1} x^{n-1}$，称为幂级数的**部分和**.

对于幂级数在收敛域 D 上每一个点 x，都有与其对应的和 $S(x)$，它们构成 D 上的函数，称之为幂级数的**和函数**，仍记为 $S(x)$，即

$$S(x)=a_0+a_1 x+a_2 x^2+\cdots+a_n x^n+\cdots \quad (x\in D),$$

记 $R_n(x)=a_n x^n+a_{n+1} x^{n+1}+\cdots$，称为幂级数的**余项**. 显然，对于收敛域 D 内的每一点 x，都有 $\lim\limits_{n\to\infty} R_n(x)=0$.

说明 以上关于幂级数中的收敛点、发散点、部分和、和函数等概念，相对于函数项级数也有类似的名称，在此不一一介绍了.

例 1 讨论函数项级数 $\sum\limits_{n=0}^{\infty} x^n=1+x+x^2+x^3+\cdots$ 的收敛域、和函数 $S(x)$.

解 当 $x\neq\pm1$ 时，$\sum\limits_{n=0}^{\infty} x^n$ 的部分和函数 $S_n(x)=\dfrac{1-x^n}{1-x}$，故当 $|x|<1$ 时，$S(x)=\lim\limits_{n\to\infty} S_n(x)=\dfrac{1}{1-x}$，级数 $\sum\limits_{n=0}^{\infty} x^n$ 收敛. 而当 $|x|>1$ 时，该级数发散.

当 $x=1$ 时，$\lim\limits_{n\to\infty}S_n(x)=\lim\limits_{n\to\infty}n=\infty$，该级数发散.

当 $x=-1$ 时，$S_n(x)=\begin{cases}1 & \text{当 } n \text{ 为奇数,}\\ 0 & \text{当 } n \text{ 为偶数.}\end{cases}$ $\lim\limits_{n\to\infty}S_n(x)$ 不存在，该级数发散.

综上所述，该级数的收敛域为$(-1,1)$，其和函数是 $S(x)=\dfrac{1}{1-x}$.

9.4.2 幂级数的收敛半径及收敛区间

对于一个给定的幂级数，它的收敛域是怎样的？显然，幂级数 $\sum\limits_{n=0}^{\infty}a_nx^n$ 在 $x=0$ 处是收敛的. 另外，对于幂级数 $\sum\limits_{n=0}^{\infty}a_nx^n$，易知，若幂级数在 $x=M$（假设 $M>0$）点收敛，则对于 $|x|<M$ 的点，幂级数 $\sum\limits_{n=0}^{\infty}a_nx^n$ 都收敛；若幂级数在 $x=M$（假设 $M>0$）点发散，则对于 $|x|>M$ 的点，幂级数 $\sum\limits_{n=0}^{\infty}a_nx^n$ 都发散. 那么，是否存在一个正数 R，使幂级数 $\sum\limits_{n=0}^{\infty}a_nx^n$ 在区间$(-R,R)$内收敛，在$(-\infty,-R)$及$(R,+\infty)$内都发散呢？现在用比值判别法讨论幂级数 $\sum\limits_{n=0}^{\infty}a_nx^n$ 的收敛性. 设 $\lim\limits_{n\to\infty}\left|\dfrac{a_{n+1}}{a_n}\right|=\rho$，故

$$\lim_{n\to\infty}\left|\frac{u_{n+1}(x)}{u_n(x)}\right|=\lim_{n\to\infty}\left|\frac{a_{n+1}x^{n+1}}{a_nx^n}\right|=\lim_{n\to\infty}\left|\frac{a_{n+1}}{a_n}\right|\cdot|x|=\rho|x|,$$

于是，当 $\rho|x|<1$，即 $|x|<\dfrac{1}{\rho}$ 时，幂级数收敛；当 $\rho|x|>1$，即 $|x|>\dfrac{1}{\rho}$ 时，幂级数发散；这样，我们确实找到了一个正数 $R=\dfrac{1}{\rho}$，幂级数 $\sum\limits_{n=0}^{\infty}a_nx^n$ 在区间$(-R,R)$内收敛；在$(-\infty,-R)$及$(R,+\infty)$内发散. 于是称 R 为幂级数 $\sum\limits_{n=0}^{\infty}a_nx^n$ 的**收敛半径**，称区间$(-R,R)$为该幂级数 $\sum\limits_{n=0}^{\infty}a_nx^n$ 的**收敛区间**. 而 $x=\pm R$ 时，幂级数 $\sum\limits_{n=0}^{\infty}a_nx^n$ 的敛散性，可由对应的数项级数判定敛散性.

当 $\rho=0$ 时，即 x 取任意实数都收敛时，规定 $R=+\infty$，即收敛区间为$(-\infty,+\infty)$；当 $\rho=+\infty$ 时，即只有 $x=0$ 时，幂级数 $\sum\limits_{n=0}^{\infty}a_nx^n$ 才收敛时，规定 $R=0$. 我们给出计算幂级数 $\sum\limits_{n=0}^{\infty}a_nx^n$ 收敛半径的定理.

定理 1　设幂级数 $\sum_{n=0}^{\infty} a_n x^n$，如果 $\lim_{n\to\infty}\left|\frac{a_{n+1}}{a_n}\right|=\rho$，则

(1)当 $0<\rho<+\infty$ 时，$R=\frac{1}{\rho}$；

(2)当 $\rho=0$ 时，$R=+\infty$；

(3)当 $\rho=+\infty$ 时，$R=0$.

例 2　求下列幂级数的收敛半径、收敛区间和收敛域：

(1) $\sum_{n=1}^{\infty} \frac{x^n}{(n+1)3^n}$；　　(2) $\sum_{n=1}^{\infty} \frac{x^n}{n^2\cdot 5^n}$；　　(3) $\sum_{n=1}^{\infty} (-1)^{n-1}\frac{x^n}{n}$.

解　(1)因为 $\rho=\lim_{n\to\infty}\left|\frac{a_{n+1}}{a_n}\right|=\lim_{n\to\infty}\left|\frac{\frac{1}{(n+2)3^{n+1}}}{\frac{1}{(n+1)3^n}}\right|=\frac{1}{3}\lim_{n\to\infty}\frac{n+1}{n+2}=\frac{1}{3}$，所以，收敛半径 $R=3$，所以幂级数 $\sum_{n=1}^{\infty} \frac{x^n}{(n+1)3^n}$ 的收敛半径为$(-3,3)$.

当 $x=-3$ 时，得到级数 $\sum_{n=1}^{\infty} \frac{(-1)^n}{n+1}$ 为交错级数，由莱布尼茨判别法知，该级数收敛；

当 $x=3$ 时，得到级数 $\sum_{n=1}^{\infty} \frac{1}{n+1}$ 为调和级数，该级数发散.

于是，幂级数 $\sum_{n=1}^{\infty} \frac{x^n}{(n+1)3^n}$ 的收敛域为$[-3,3)$.

(2)因为 $\rho=\lim_{n\to\infty}\left|\frac{a_{n+1}}{a_n}\right|=\lim_{n\to\infty}\left|\frac{\frac{1}{(n+1)^2 5^{n+1}}}{\frac{1}{n^2 5^n}}\right|=\frac{1}{5}\lim_{n\to\infty}\frac{n^2}{(n+1)^2}=\frac{1}{5}$，收敛半径 $R=5$.

当 $x=-5$ 时，得到级数 $\sum_{n=1}^{\infty} \frac{(-1)^n}{n^2}$ 为交错级数，由莱布尼茨判别法知，该级数收敛；

当 $x=5$ 时，得到级数 $\sum_{n=1}^{\infty} \frac{1}{n^2}$ 为 p-级数，且 $p=2>1$，该级数收敛.

所以幂级数 $\sum_{n=1}^{\infty} \frac{x^n}{n^2\cdot 5^n}$ 的收敛区间为$(-5,5)$，收敛域为$[-5,5]$.

(3)因为 $\rho=\lim_{n\to\infty}\left|\frac{a_{n+1}}{a_n}\right|=\lim_{n\to\infty}\left|\frac{\frac{1}{n+1}}{\frac{1}{n}}\right|=\lim_{n\to\infty}\frac{n}{n+1}=1$，所以，收敛半径 $R=1$.

当 $x=-1$ 时,得到级数 $-1-\frac{1}{2}-\frac{1}{3}-\cdots-\frac{1}{n}-\cdots=\sum\limits_{n=1}^{\infty}\left(-\frac{1}{n}\right)$,该级数发散;

当 $x=1$ 时,得到级数 $\sum\limits_{n=1}^{\infty}(-1)^{n-1}\frac{1}{n}$ 为交错级数,由莱布尼茨判别法知,该级数收敛.

所以,幂级数的收敛区间为$(-1,1)$,收敛域为$(-1,1]$.

例 3 求下列幂级数的收敛区间:

(1) $\sum\limits_{n=1}^{\infty}(-1)^{n}\frac{x^{2n+1}}{n\cdot 4^{n}}$; (2) $\sum\limits_{n=1}^{\infty}\frac{(x-1)^{n}}{n\cdot 3^{n}}$.

解 (1)级数缺少偶数次项,不能直接应用定理. 于是用比值判别法来求. 因为

$$\lim_{n\to\infty}\left|\frac{u_{n+1}(x)}{u_n(x)}\right|=\lim_{n\to\infty}\left|\frac{\dfrac{x^{2(n+1)+1}}{(n+1)\cdot 4^{n+1}}}{\dfrac{x^{2n+1}}{n\cdot 4^{n}}}\right|=\frac{x^2}{4}\lim_{n\to\infty}\frac{n}{n+1}=\frac{x^2}{4},$$

扫一扫 看视频

所以,当$\frac{x^2}{4}<1$, 即$|x|<2$ 时,幂级数绝对收敛;当$\frac{x^2}{4}>1$,即$|x|>2$ 时,幂级数发散.

故幂级数 $\sum\limits_{n=1}^{\infty}(-1)^{n}\frac{x^{2n+1}}{n\cdot 4^{n}}$ 的收敛区间为$(-2,2)$.

(2)设 $x-1=t$,原幂级数化为 $\sum\limits_{n=1}^{\infty}\frac{t^n}{n\cdot 3^n}$, 因为

$$\rho=\lim_{n\to\infty}\left|\frac{a_{n+1}}{a_n}\right|=\lim_{n\to\infty}\left|\frac{\dfrac{1}{(n+1)\cdot 3^{n+1}}}{\dfrac{1}{n\cdot 3^{n}}}\right|=\frac{1}{3}\lim_{n\to\infty}\frac{n}{n+1}=\frac{1}{3},$$

故幂级数 $\sum\limits_{n=1}^{\infty}\frac{t^n}{n\cdot 3^n}$ 的收敛区间 $t\in(-3,3)$,即 $-3<x-1<3$,因此有 $-2<x<4$,于是幂级数 $\sum\limits_{n=1}^{\infty}\frac{(x-1)^n}{n\cdot 3^n}$ 的收敛区间是$(-2,4)$.

9.4.3 幂级数的性质

性质 1 设幂级数 $\sum\limits_{n=0}^{\infty}a_nx^n$ 及 $\sum\limits_{n=0}^{\infty}b_nx^n$ 的收敛半径分别为 R_1,R_2,且分别收敛于 $S_1(x),S_2(x)$,取 $R=\min\{R_1,R_2\}$,则当 $x\in(-R,R)$时,有

$$\sum_{n=0}^{\infty}a_nx^n \pm \sum_{n=0}^{\infty}b_nx^n = \sum_{n=0}^{\infty}(a_n \pm b_n)x^n = S_1(x) \pm S_2(x),$$

其收敛半径为 R.

性质 2　幂级数 $\sum\limits_{n=0}^{\infty}a_nx^n$ 的和函数 $S(x)$ 在收敛区间 $(-R,R)$ 内连续. 即当 $x_0\in(-R,R)$ 时，有

$$\lim_{x\to x_0}\sum_{n=0}^{\infty}a_nx^n = \sum_{n=0}^{\infty}(\lim_{x\to x_0}a_nx^n) = \sum_{n=0}^{\infty}(a_nx_0{}^n) = S(x_0).$$

性质 3　级数 $\sum\limits_{n=0}^{\infty}a_nx^n$ 的和函数 $S(x)$ 在收敛区间 $(-R,R)$ 内可导，且可以逐项求导. 即

$$S'(x) = \left(\sum_{n=0}^{\infty}a_nx^n\right)' = \sum_{n=0}^{\infty}(a_nx^n)' = \sum_{n=1}^{\infty}na_nx^{n-1},$$

并且求导后所得的幂级数的收敛半径不变.

性质 4　幂级数 $\sum\limits_{n=0}^{\infty}a_nx^n$ 的和函数 $S(x)$ 在收敛区间 $(-R,R)$ 内可积，且可以逐项积分. 即

$$\int_0^x S(x)\mathrm{d}x = \int_0^x\left(\sum_{n=0}^{\infty}a_nx^n\right)\mathrm{d}x = \sum_{n=0}^{\infty}\int_0^x a_nx^n\mathrm{d}x = \sum_{n=0}^{\infty}\frac{1}{n+1}a_nx^{n+1},$$

并且积分后所得的幂级数的收敛半径不变.

例 4　求幂级数 $\sum\limits_{n=1}^{\infty}\left[\frac{1}{n!}+\frac{n}{2^n}\right]x^n$ 的收敛半径.

解　设级数 $\sum\limits_{n=1}^{\infty}\frac{x^n}{n!}$，因为 $\rho_1=\lim\limits_{n\to\infty}\left|\frac{a_{n+1}}{a_n}\right|=\lim\limits_{n\to\infty}\left|\frac{\frac{1}{(n+1)!}}{\frac{1}{n!}}\right|=\lim\limits_{n\to\infty}\frac{1}{n+1}=0$，收敛半径 $R_1=+\infty$；而级数 $\sum\limits_{n=1}^{\infty}\frac{nx^n}{2^n}$，$\rho_2=\lim\limits_{n\to\infty}\left|\frac{a_{n+1}}{a_n}\right|=\lim\limits_{n\to\infty}\left|\frac{\frac{n+1}{2^{n+1}}}{\frac{n}{2^n}}\right|=\lim\limits_{n\to\infty}\frac{n+1}{2n}=\frac{1}{2}$，收敛半径 $R_2=2$. 所以幂级数 $\sum\limits_{n=1}^{\infty}\left[\frac{1}{n!}+\frac{n}{2^n}\right]x^n=\sum\limits_{n=1}^{\infty}\frac{x^n}{n!}+\sum\limits_{n=1}^{\infty}\frac{nx^n}{2^n}$ 的收敛半径 $R=\min\{R_1,R_2\}=2$.

例 5　求幂级数 $\sum\limits_{n=0}^{\infty}(n+1)x^n$ 在收敛区间 $(-1,1)$ 内的和函数 $S(x)$，并求 $\sum\limits_{n=0}^{\infty}\frac{n+1}{2^n}$ 的和.

解 $S(x)=\sum_{n=0}^{\infty}(n+1)x^n$，根据性质 4，它在收敛区间$(-1,1)$可逐项积分，两边积分得

$$\int_0^x S(x)\mathrm{d}x=\int_0^x\left(\sum_{n=0}^{\infty}(n+1)x^n\right)\mathrm{d}x=\sum_{n=0}^{\infty}\int_0^x(n+1)x^n\mathrm{d}x=\sum_{n=0}^{\infty}x^{n+1}=\frac{x}{1-x}.$$

两边求导，得

$$S(x)=\sum_{n=0}^{\infty}(n+1)x^n=\left(\frac{x}{1-x}\right)'=\frac{1}{(1-x)^2},\quad x\in(-1,1).$$

当 $x=\frac{1}{2}$时，$\sum_{n=0}^{\infty}\frac{n+1}{2^n}=S\left(\frac{1}{2}\right)=4.$

一般地，利用性质 3、4 求幂级数的和函数分三步：

(1)设和函数 $S(x)=\sum_{n=0}^{\infty}a_nx^n$；

(2)利用求导、积分运算，将上式右端化为几何级数或其他已知和的级数求和；

(3)把第(2)步运算作逆运算，即可求出 $S(x)$的表达式.

9.4.4 函数展开成幂级数

前面讨论了幂级数的收敛区间及在收敛区间内和函数的求法，但在许多应用中，遇到的却是相反的问题，即怎样将一个函数 $f(x)$展开成幂级数，并且展开的幂级数以这个函数 $f(x)$作为和函数. 如果能找到这样的幂级数，我们就说，**函数 $f(x)$在该区间内能展开成幂级数**.

1. 泰勒级数

泰勒(Taylor)公式 设函数 $y=f(x)$在 $x=x_0$ 的某邻域内有直到 $n+1$ 阶导数，则在该邻域内有

$$f(x)=f(x_0)+f'(x_0)(x-x_0)+\frac{f''(x_0)}{2!}(x-x_0)^2+\cdots+\frac{f^{(n)}(x_0)}{n!}(x-x_0)^n+R_n(x),$$

其中 $R_n(x)=\frac{f^{(n+1)}(\xi)}{(n+1)!}(x-x_0)^{n+1}$($\xi$ 介于 x_0 与 x 之间)，称该式为 $f(x)$在 x_0 的**泰勒公式**. 若记

$$S_n(x)=f(x_0)+f'(x_0)(x-x_0)+\frac{f''(x_0)}{2!}(x-x_0)^2+\cdots+\frac{f^{(n)}(x_0)}{n!}(x-x_0)^n,$$

称 $S_n(x)$为函数 $f(x)$在 x_0 点处的 n **次泰勒多项式**，$R_n(x)$称为**泰勒公式的余项**. 这个余项叫做**拉格朗日型余项**.

由 $f(x)$的泰勒公式可以看出，在 x_0 附近，$f(x)$可以用 $S_n(x)$近似代替，其误差是 $R_n(x)=o(x-x_0)^n$.

当 $n=0$ 时，泰勒公式就是**拉格朗日中值定理**：

$f(x)=f(x_0)+f'(\xi)(x-x_0)$，即$\dfrac{f(x)-f(x_0)}{x-x_0}=f'(\xi)$ (ξ 介于 x_0 与 x 之间).

当 $x_0=0$ 时，泰勒公式变为

$$f(x)=f(0)+f'(0)x+\frac{f''(0)}{2!}x^2+\cdots+\frac{f^{(n)}(0)}{n!}x^n+R_n(x),$$

其中 $R_n(x)=\dfrac{f^{(n+1)}(\xi)}{(n+1)!}x^{n+1}$ (ξ 介于 0 与 x 之间)，称该式为 $f(x)$的**麦克劳林公式**.

如果 $f(x)$在 x_0 点处任意阶可导，可以得到一个幂级数

$$f(x_0)+f'(x_0)(x-x_0)+\frac{f''(x_0)}{2!}(x-x_0)^2+\cdots+$$
$$\frac{f^{(n)}(x_0)}{n!}(x-x_0)^n+\cdots=\sum_{n=0}^{\infty}\frac{f^{(n)}(x_0)}{n!}(x-x_0)^n,$$

称该级数为 $f(x)$在 x_0 点处的**泰勒级数**.

当 $x_0=0$ 时，称幂级数

$$f(0)+f'(0)x+\frac{f''(0)}{2!}x^2+\cdots+\frac{f^{(n)}(0)}{n!}x^n+\cdots=\sum_{n=0}^{\infty}\frac{f^{(n)}(0)}{n!}x^n$$

为$f(x)$的**麦克劳林级数**.

定理 2　设函数 $f(x)$在点 $x_0=0$ 的某个邻域内具有任意阶导数，则$f(x)$的麦克劳林级数 $\sum\limits_{n=0}^{\infty}\dfrac{f^{(n)}(0)}{n!}x^n$ 收敛于 $f(x)$的充分必要条件是$\lim\limits_{n\to\infty}R_n(x)=0$，其中 $R_n(x)$为麦克劳林公式的拉格朗日余项.

以下主要讨论展开成麦克劳林级数的情况，需要指出的是：

(1)函数的麦克劳林级数是唯一的.

(2)函数 $f(x)$的麦克劳林级数与把 $f(x)$展开为麦克劳林级数的意义是不同的，前者是指求出 $f(x)$的麦克劳林级数；而后者是指不仅求出 $f(x)$的麦克劳林级数，而且该级数收敛于 $f(x)$本身.

2. 函数展开成幂级数

函数展开为麦克劳林级数，通常有直接展开法和间接展开法.

(1)直接展开法

直接用公式 $a_n=\dfrac{f^{(n)}(0)}{n!}$求出幂级数的系数，并证明在收敛域内$\lim\limits_{n\to\infty}R_n(x)=0$.

例 6 将 $f(x)=\mathrm{e}^x$ 展开为麦克劳林级数.

解 由 $f(x)=\mathrm{e}^x$ 得，$f^{(n)}(x)=\mathrm{e}^x$，$f^{(n)}(0)=\mathrm{e}^0=1(n=1,2,3,\cdots)$，得

$$1+x+\frac{x^2}{2!}+\cdots+\frac{x^n}{n!}+\cdots,$$

显然，它的收敛域为$(-\infty,+\infty)$.

考察它的拉格朗日余项 $R_n(x)=\dfrac{\mathrm{e}^\xi}{(n+1)!}x^{n+1}$（$\xi$ 介于 0 与 x 之间），因为

$$|R_n(x)|=\left|\frac{\mathrm{e}^\xi}{(n+1)!}x^{n+1}\right|=\frac{\mathrm{e}^\xi}{(n+1)!}|x|^{n+1}<\frac{\mathrm{e}^{|x|}}{(n+1)!}|x|^{n+1},$$

对于任意 $x\in(-\infty,+\infty)$，$\mathrm{e}^{|x|}$ 是一个有限数，而$\dfrac{|x|^{n+1}}{(n+1)!}$是一个收敛的

扫一扫 看视频

数项级数 $\sum\limits_{n=0}^{\infty}\dfrac{|x|^{n+1}}{(n+1)!}$ 的通项，故有$\lim\limits_{n\to\infty}\dfrac{|x|^{n+1}}{(n+1)!}=0$，所以$\lim\limits_{n\to\infty}|R_n(x)|=0$，因此在收敛区间$(-\infty,+\infty)$内有

$$\mathrm{e}^x=1+x+\frac{x^2}{2!}+\cdots+\frac{x^n}{n!}+\cdots=\sum_{n=0}^{\infty}\frac{x^n}{n!}.$$

取 $x=1$ 代入上式，即可得到引例 2 提到的无理数 e 的精确值表达式：

$$\mathrm{e}=1+1+\frac{1}{2!}+\frac{1}{3!}+\cdots+\frac{1}{n!}+\cdots.$$

用相同的方法还可得到

$$\sin x=x-\frac{x^3}{3!}+\frac{x^5}{5!}-\frac{x^7}{7!}+\cdots=\sum_{n=0}^{\infty}\frac{(-1)^n x^{2n+1}}{(2n+1)!},\quad x\in(-\infty,+\infty).$$

利用直接展开法，还可以得到下面常用函数的幂级数展开式：

$$(1+x)^m=1+mx+\frac{m(m-1)}{2!}x^2+\cdots+\frac{m(m-1)\cdots(m-n+1)}{n!}x^n+\cdots,\quad x\in(-1,1).$$

在区间端点处，此展开式是否成立要看 m 的数值而定. 上式也叫做二项展开式，当 m 为正整数时，级数为 x 的 m 次多项式，这就是以前学过的二项式定理.

特别地，当 $m=-1$ 时，有

$$\frac{1}{1-x}=1+x+x^2+x^3+\cdots+x^n+\cdots,\quad x\in(-1,1);$$

把上式中的 x 替换为 $-x$，可得到$\dfrac{1}{1+x}$的展开式：

$$\frac{1}{1+x}=1-x+x^2-x^3+\cdots+(-1)^n x^n+\cdots,\quad x\in(-1,1);$$

把上式中的 x 替换为 x^2，可得到$\dfrac{1}{1+x^2}$的展开式：

$$\frac{1}{1+x^2}=1-x^2+x^4-x^6+\cdots+(-1)^n x^{2n}+\cdots,\quad x\in(-1,1).$$

(2)间接展开法

用直接展开法将函数展开成 x 的幂级数，过程比较复杂. 函数展开成幂级数更多用间接展开法，间接展开法是从已得到的函数的幂级数展开式出发，通过变量替换、四则运算，或运用幂级数逐项求导或逐项积分的性质等方法求出未知函数的幂级数展开式.

例 7　将下列函数展开为 x 的幂级数：

(1) $f(x)=\cos x$；　　(2) $f(x)=\ln(1+x)$；

(3) $f(x)=\dfrac{1}{(1-x)^2}$；　　(4) $f(x)=x\arctan x$.

解　(1)已知 $\sin x=\sum\limits_{n=0}^{\infty}\dfrac{(-1)^n x^{2n+1}}{(2n+1)!}$，$x\in(-\infty,+\infty)$，利用逐项求导公式得

$$\cos x=(\sin x)'=\sum_{n=0}^{\infty}\frac{(-1)^n (x^{2n+1})'}{(2n+1)!}=\sum_{n=0}^{\infty}(-1)^n\frac{x^{2n}}{(2n)!},\quad x\in(-\infty,+\infty).$$

(2)已知 $\dfrac{1}{1+x}=\sum\limits_{n=0}^{\infty}(-1)^n x^n$，$x\in(-1,1)$，利用逐项积分公式得

$$\ln(1+x)=\int_0^x\frac{1}{1+x}\mathrm{d}x=\sum_{n=0}^{\infty}(-1)^n\int_0^x x^n\mathrm{d}x=\sum_{n=0}^{\infty}(-1)^n\frac{x^{n+1}}{n+1},\quad x\in(-1,1).$$

同理可得：

$$\ln(1-x)=-\int_0^x\frac{1}{1-x}\mathrm{d}x=-\sum_{n=0}^{\infty}\int_0^x x^n\mathrm{d}x=-\sum_{n=0}^{\infty}\frac{x^{n+1}}{n+1},\quad x\in(-1,1).$$

(3)由于 $\dfrac{1}{1-x}=\sum\limits_{n=0}^{\infty}x^n$，$x\in(-1,1)$，所以

$$f(x)=\frac{1}{(1-x)^2}=\left(\frac{1}{1-x}\right)'=\sum_{n=0}^{\infty}(x_n)'=\sum_{n=0}^{\infty}nx^{n-1},\ x\in(-1,1),$$

即

$$\frac{1}{(1-x)^2}=\sum_{n=0}^{\infty}nx^{n-1},\quad x\in(-1,1).$$

(4)已知 $\dfrac{1}{1+x^2}=\sum\limits_{n=0}^{\infty}(-1)^n x^{2n}$，$x\in(-1,1)$而

$$\arctan x=\int_0^x\frac{1}{1+x^2}\mathrm{d}x=\sum_{n=0}^{\infty}\int_0^x(-1)^n x^{2n}\mathrm{d}x=\sum_{n=0}^{\infty}\frac{(-1)^n x^{2n+1}}{2n+1},\quad x\in(-1,1),$$

故 $x\arctan x = x\sum_{n=0}^{\infty}\frac{(-1)^n x^{2n+1}}{2n+1} = \sum_{n=0}^{\infty}\frac{(-1)^n x^{2n+2}}{2n+1}$, $x\in(-1,1)$.

习 题 9.4

1. 求下列幂级数的收敛半径：

(1)$-x+\frac{x^2}{2}-\frac{x^3}{3}+\frac{x^4}{4}-\cdots$;

(2)$\frac{x}{1\cdot 3}+\frac{x^2}{2\cdot 3^2}+\frac{x^3}{3\cdot 3^3}+\frac{x^4}{4\cdot 3^4}+\cdots$;

(3)$\frac{x}{2}-\frac{x^2}{2\cdot 4}+\frac{x^3}{2\cdot 4\cdot 6}-\frac{x^4}{2\cdot 4\cdot 6\cdot 8}+\cdots$;

(4)$\frac{3x}{2}+\frac{12x^2}{2^2}+\frac{27x^3}{2^3}+\frac{48x^4}{2^4}+\cdots$;

(5)$1-\frac{x^2}{2!}+\frac{x^4}{4!}-\cdots+(-1)^{n-1}\frac{x^{2n}}{(2n)!}+\cdots$;

(6)$3x+3^2x^3+3^3x^5+\cdots+3^nx^{2n-1}+\cdots$.

2. 求下列幂级数的收敛半径、收敛域：

(1) $\sum_{n=1}^{\infty}\frac{x^n}{n\cdot 2^n}$;　(2) $\sum_{n=1}^{\infty}\frac{2^n x^n}{n!}$;　(3) $\sum_{n=1}^{\infty}(-1)^n\frac{x^n}{n^2\cdot 3^n}$;

(4) $\sum_{n=1}^{\infty}\left(\frac{2^n}{3^n}+n\right)x^n$;　(5) $\sum_{n=1}^{\infty}\frac{1}{4^{4n+1}}x^{4n}$;　(6) $\sum_{n=1}^{\infty}\frac{3+(-1)^n}{3^n}x^n$.

3. 求下列幂级数的收敛域：

(1) $\sum_{n=1}^{\infty}\frac{x^{2n}}{2n}$;　(2) $\sum_{n=1}^{\infty}\frac{(x+1)^n}{n\cdot 2^n}$;　(3) $\sum_{n=0}^{\infty}(-1)^n\frac{x^{3n-2}}{2^n}$.

4. 求下列各式的收敛域及和函数：

(1)$1+x^2+x^4+\cdots+x^{2n}+\cdots$;

(2)$1+2x+3x^2+\cdots+nx^{n-1}+\cdots$;

(3)$x+\frac{x^3}{3}+\frac{x^5}{5}+\frac{x^7}{7}+\cdots$;

(4)$\frac{x^2}{2\cdot 3}+\frac{x^3}{3\cdot 3^2}+\frac{x^4}{4\cdot 3^3}+\cdots+\frac{x^{n+1}}{(n+1)\cdot 3^n}+\cdots$.

5. 求 $\sum_{n=1}^{\infty}(-1)^n\frac{x^{n+1}}{n+1}$ 的和函数，并求 $1-\frac{1}{2}+\frac{1}{3}-\frac{1}{4}+\cdots$ 的值.

6. 将下列函数展开成为幂级数：

(1)e^{-x^2}；(2)$\frac{1}{x-2}$；(3)$\arctan 2x$；(4)$\cos^2 x$.

复习题 9

1. 选择题：

(1)当条件(　　)成立时，级数 $\sum_{n=1}^{\infty}(u_n+v_n)$ 一定发散.

A. $\sum_{n=1}^{\infty}u_n$ 收敛，$\sum_{n=1}^{\infty}v_n$ 发散

B. $\sum_{n=1}^{\infty}u_n$ 发散

C. $\sum_{n=1}^{\infty}v_n$ 发散

D. $\sum_{n=1}^{\infty}u_n$ 与 $\sum_{n=1}^{\infty}v_n$ 都发散

(2)下列说法正确的是(　　).

A. 若级数 $\sum_{n=1}^{\infty}u_n$ 发散，则 $\lim_{n\to\infty}u_n$ 不存在

B. 若 $\lim_{n\to\infty}u_n=0$，则级数 $\sum_{n=1}^{\infty}u_n$ 必收敛

C. 若级数 $\sum_{n=1}^{\infty}u_n$ 发散，则 $\lim_{n\to\infty}u_n\neq 0$

D. 若 $\lim_{n\to\infty}u_n=A\neq 0$，则级数 $\sum_{n=1}^{\infty}u_n$ 必发散

(3)设正项级数 $\sum_{n=1}^{\infty}\frac{n^k+2n}{n^p}$ 收敛，则(　　).

A. $k<p$

B. $k<p-1$

C. $k<p-1, p>1$

D. $k<p-1, p>2$

(4)下列选项正确的是(　　).

A. 若正项级数 $\sum_{n=1}^{\infty}u_n$ 发散，则 $u_n\geqslant\frac{1}{n}$

B. 正项级数 $\sum_{n=1}^{\infty}u_n$ 若 $u_n\geqslant\frac{1}{n}$，则发散

C. 若正项级数 $\sum_{n=1}^{\infty}u_n$ 收敛，则 $u_n\leqslant\frac{1}{n}$

D. 正项级数 $\sum_{n=1}^{\infty}u_n$ 若 $u_n\leqslant\frac{1}{n}$，则收敛

(5)如果正项级数 $\sum_{n=1}^{\infty}u_n$ 与 $\sum_{n=1}^{\infty}v_n$ 满足关系式 $u_n\leqslant v_n(n=1,2,3,\cdots)$，

则下列结论成立的是(　　).

A. 当 $\sum_{n=1}^{\infty}u_n$ 收敛时，$\sum_{n=1}^{\infty}v_n$ 也收敛

B. 当 $\sum_{n=1}^{\infty}v_n$ 收敛时，$\sum_{n=1}^{\infty}u_n$ 也收敛

C. 当 $\sum_{n=1}^{\infty}v_n$ 发散时，$\sum_{n=1}^{\infty}u_n$ 也发散

D. 当 $\sum_{n=1}^{\infty}u_n$ 发散时，$\sum_{n=1}^{\infty}v_n$ 未必发散

(6)对正项级数 $\sum_{n=1}^{\infty}u_n$，下列命题成立的是(　　).

A. 若 $\lim\limits_{n\to\infty}\frac{u_{n+1}}{u_n}=l<1$，则级数 $\sum_{n=1}^{\infty}u_n$ 收敛

B. 若 $\lim\limits_{n\to\infty}\frac{u_{n+1}}{u_n}=l\leqslant 1$，则级数 $\sum_{n=1}^{\infty}u_n$ 收敛

C. 若 $\lim\limits_{n\to\infty}\frac{u_n}{u_{n+1}}=l<1$，则级数 $\sum_{n=1}^{\infty}u_n$ 收敛

D. 若 $\lim\limits_{n\to\infty}\frac{u_n}{u_{n+1}}=l\leqslant 1$，则级数 $\sum_{n=1}^{\infty}u_n$ 收敛

(7)以下级数条件收敛的是(　　).

A. $\sum_{n=1}^{\infty}\frac{(-1)^{n-1}}{n^2+1}$　　　　B. $\sum_{n=1}^{\infty}\frac{\sin n\pi}{n^2}$

C. $\sum_{n=1}^{\infty}\frac{(-1)^{n-1}n}{n^2+2}$　　　　D. $\sum_{n=1}^{\infty}\left(\cos\frac{2\pi}{n}-1\right)$

(8)幂级数 $\sum_{n=1}^{\infty}a_nx^n$ 在点 x_0 收敛，则在 $-x_0$ 点(　　).

A. 绝对收敛　　B. 条件收敛　　C. 发散　　D. 收敛性不定

(9)下列级数中条件收敛的是(　　).

A. $\sum_{n=1}^{\infty}(-1)^{n-1}\left(\frac{2}{3}\right)^n$　　　　B. $\sum_{n=1}^{\infty}(-1)^{n-1}\frac{n}{n+1}$

C. $\sum_{n=1}^{\infty}(-1)^{n-1}\frac{1}{\sqrt{n}}$　　　　D. $\sum_{n=1}^{\infty}(-1)^{n-1}\frac{1}{n\sqrt{n}}$

(10)幂级数 $\sum_{n=1}^{\infty}\frac{2^{n-1}}{n^2+1}x^{2n}$ 的收敛半径为(　　).

A. 2　　B. $\frac{1}{2}$　　C. $\sqrt{2}$　　D. $\frac{\sqrt{2}}{2}$

(11)幂级数 $\sum_{n=1}^{\infty}\frac{x^n}{n[3^n+(-2)^n]}$ 的收敛半径是(　　).

A. 0　　B. 2　　C. 3　　D. $+\infty$.

(12)幂级数 $\sum_{n=1}^{\infty}\frac{(x-3)^n}{\sqrt{n}}$ 的收敛域是(　　).

A. $[-1,1)$　　B. $(2,4)$　　C. $[2,4)$　　D. $(2,4]$

(13)幂级数 $\sum_{n=0}^{\infty}(-1)^n\frac{x^n}{2^n}(|x|<2)$ 的和函数为(　　).

A. $\frac{1}{1+2x}$　　B. $\frac{1}{1-2x}$　　C. $\frac{2}{2+x}$　　D. $\frac{2}{2-x}$

2. 填空题：

(1)级数 $\sum_{n=1}^{\infty}\frac{1}{(3n-2)(3n+1)}$ 收敛于________.

(2)级数 $\sum_{n=1}^{\infty}u_n$ 收敛的必要条件是________.

(3)p-级数 $\sum_{n=1}^{\infty}\frac{1}{n^p}$ 当________时是收敛的；当________时是发散的.

(4)若级数 $\sum_{n=1}^{\infty}u_n$ 绝对收敛，则级数 $\sum_{n=1}^{\infty}u_n$ 必定________；若级数 $\sum_{n=1}^{\infty}u_n$ 条件收敛，则级数 $\sum_{n=1}^{\infty}|u_n|$ 必定________.

(5)级数 $\sum_{n=1}^{\infty}\frac{1+n^2}{n^4+2n}$ 的敛散性为________.

(6)由比较审敛法可知，级数 $\sum_{n=1}^{\infty}\frac{n+1}{n^2+1}$ 是________的.

(7)级数 $\sum_{n=1}^{\infty}\frac{(-1)^n}{\sqrt{n}}x^n$ 的收敛半径为________.

(8)级数 $\sum_{n=1}^{\infty}\frac{4^{n-1}}{9^n}x^{2n}$ 的收敛域为________.

(9)$1+x^2+x^4+\cdots+x^{2n}+\cdots$ 在收敛域内的和函数是________.

(10)正项级数 $\sum_{n=1}^{\infty} u_n$，已知$\lim_{n\to\infty}\frac{u_n}{u_{n+1}}=\lambda$，当__________时发散.

(11)$f(x)=xe^x$ 的麦克劳林级数是__________.

(12)级数 $\sum_{n=1}^{\infty} \frac{(-1)^{n-1}}{n^p}$ 绝对收敛，则 p __________.

(13)幂级数 $\sum_{n=1}^{\infty} \frac{x^n}{n\cdot 2^n}$ 的收敛半径是__________；收敛域是__________.

(14)级数 $\sum_{n=0}^{\infty} \frac{(x+1)^n}{3^{n+1}}$ 的收敛域是__________.

3. 判定以下正项级数的敛散性：

(1) $\sum_{n=1}^{\infty} \frac{1}{n\sqrt{n+1}}$；

(2) $\sum_{n=1}^{\infty} \frac{n^3}{3^n}$；

(3) $\sum_{n=1}^{\infty} \frac{1}{(2n-1)(2n+1)}$；

(4) $\sum_{n=1}^{\infty} (\sqrt{n^3+1}-\sqrt{n^3})$；

(5) $\sum_{n=1}^{\infty} \frac{n+1}{2n+3}$；

(6) $\sum_{n=1}^{\infty} \frac{1}{3n-2}$；

(7) $\sum_{n=1}^{\infty} \frac{n+2}{n^4-1}$；

(8) $\sum_{n=1}^{\infty} \frac{n}{2^n}$；

(9) $\sum_{n=1}^{\infty} \frac{1\times 5\times 9\times\cdots\times(4n-3)}{2\times 5\times 8\times\cdots\times(3n-1)}$；

(10) $\sum_{n=1}^{\infty} \frac{n^2}{5^n}$.

4. 判定以下级数的敛散性，如收敛，指出是条件收敛，还是绝对收敛：

(1) $\sum_{n=1}^{\infty} \frac{\sin(n^3-1)}{n^2}$；

(2) $\sum_{n=1}^{\infty} \frac{(-1)^n}{n\cdot 3^n}$；

(3) $\sum_{n=1}^{\infty} (-1)^{n-1}\frac{3^n+(-4)^n}{5^n}$；

(4) $\sum_{n=1}^{\infty} (-1)^n(\sqrt{n^3+1}-\sqrt{n^3})$；

(5) $\sum_{n=1}^{\infty} \frac{\cos\frac{n\pi}{3}}{2^n}$；

(6) $\sum_{n=1}^{\infty} (-1)^{n-1}\frac{1}{2n+1}$.

5. 求下列幂级数的收敛半径与收敛域：

(1) $\sum_{n=0}^{\infty} (-1)^n\frac{x^n}{5^n\sqrt{n}}$；

(2) $\sum_{n=0}^{\infty} 2^n x^{2n}$；

(3) $\sum_{n=0}^{\infty} \frac{(x-1)^n}{2n+1}$；

(4) $\sum_{n=1}^{\infty} \frac{2n-1}{2^n}x^n$；

(5) $\sum_{n=1}^{\infty}\left[\left(\frac{2}{3}\right)^n+n\right]x^n$；

(6) $\sum_{n=1}^{\infty}(-1)^n\frac{(x-2)^n}{n^2}$；

(7) $\sum_{n=1}^{\infty}\frac{(x+2)^{2n}}{n(n+1)}$.

6. 求下列幂级数的和函数：

(1) $\sum_{n=0}^{\infty}(-1)^n\frac{x^{2n+1}}{2n+1}\quad(|x|<1)$；

(2) $\sum_{n=0}^{\infty}2(n+1)x^{2n+1}\quad(|x|<1)$.

7. 将下列函数展开成 x 的幂级数：

(1) $f(x)=\frac{2-2x}{1+x}$；

(2) $f(x)=\frac{x^2}{x-3}$；

(3) $f(x)=\ln(2+x)$.

第 10 章　线性代数

在自然科学、工程技术、社会科学和日常生活中，量与量的线性关系普遍存在，线性方程(组)是这种线性关系最常见的表现形式，因此要学习线性方程(组)的知识，解决线性方程组的求解方法. 而行列式、矩阵是解决线性方程(组)求解问题所必需的基本知识，特别是伴随着计算机的飞速发展，行列式、矩阵在解线性方程(组)中的优势更加明显. 本章将介绍行列式、矩阵的基本概念、基本性质和基本运算，并用这些知识对线性方程(组)的解以及解法进行讨论.

10.1　行列式及行列式的性质

行列式是线性代数的基础内容之一，也是讨论线性方程组的基础知识. 本节介绍行列式的定义、性质，以及用行列式解线性方程组的方法——克莱姆法则.

10.1.1　二元一次线性方程组与二阶行列式

二元一次线性方程组

$$\begin{cases} a_{11}x_1+a_{12}x_2=b_1 \\ a_{21}x_1+a_{22}x_2=b_2 \end{cases}, \tag{1}$$

其中，x_1，x_2 为未知数，a_{11}，a_{12}，a_{21}，a_{22}为未知数的系数，b_1，b_2 为常数项.

用加减消元法解此线性方程组，当 $a_{11}a_{22}-a_{12}a_{21}\neq 0$ 时，解得方程组的解为

$$x_1=\frac{b_1a_{22}-a_{12}b_2}{a_{11}a_{22}-a_{12}a_{21}},\quad x_2=\frac{a_{11}b_2-b_1a_{21}}{a_{11}a_{22}-a_{12}a_{21}}.$$

为便于记忆上述解的规律，下面给出二阶行列式的定义.

定义 1　把四个数(元素)排成两行两列(横排称**行**，竖排称**列**)，在两侧各加一条竖线，并规定这种符号表示的意义为

$$\begin{vmatrix} a_{11} & a_{12} \\ a_{21} & a_{22} \end{vmatrix}=a_{11}a_{22}-a_{12}a_{21},$$

则等号左边的符号称为**二阶行列式**，等号右边的代数和称为**二阶行列式的定义**，a_{ij} 表示行列式中第 i 行第 j 列的**元素**.

例如，　$D=\begin{vmatrix} 2 & -3 \\ 4 & 5 \end{vmatrix}=2\times5-(-3)\times4=22$，

$$D=\begin{vmatrix} \cos\alpha & \sin\alpha \\ \sin\alpha & \cos\alpha \end{vmatrix}=\cos^2\alpha-\sin^2\alpha=\cos 2\alpha.$$

根据上述二阶行列式的定义，线性方程组(1)中，记

$$D=\begin{vmatrix} a_{11} & a_{12} \\ a_{21} & a_{22} \end{vmatrix},$$

此式称为方程组的**系数行列式**；用方程组的常数列，分别替换系数行列 D 中的第一、二列，得到的行列式分别记为

$$D_1=\begin{vmatrix} b_1 & a_{12} \\ b_2 & a_{22} \end{vmatrix}=b_1a_{22}-a_{12}b_2，\quad D_2=\begin{vmatrix} a_{11} & b_1 \\ a_{21} & b_2 \end{vmatrix}=a_{11}b_2-b_1a_{21}，$$

则当系数行列式 $D\neq0$ 时，方程组有唯一解

$$x_1=\frac{D_1}{D}，\quad x_2=\frac{D_2}{D}.$$

上述线性方程组的解法称为**二元一次线性方程组的克莱姆法则**.

例 1　用克莱姆法则解方程组$\begin{cases}2x_1+3x_2=5\\5x_1-4x_2=7\end{cases}$.

解　系数行列式 $D=\begin{vmatrix} 2 & 3 \\ 5 & -4 \end{vmatrix}=2\times(-4)-3\times5=-23\neq0$，方程组有唯一一组解.

又 $D_1=\begin{vmatrix} 5 & 3 \\ 7 & -4 \end{vmatrix}=-41$，$D_2=\begin{vmatrix} 2 & 5 \\ 5 & 7 \end{vmatrix}=-11$，故方程组的解为

$$x_1=\frac{D_1}{D}=\frac{41}{23}，\quad x_2=\frac{D_2}{D}=\frac{11}{23}.$$

10.1.2　三元一次线性方程组与三阶行列式

定义 2　把九个数(元素)排成三行三列，在两侧各加一条竖线，并规定这种符号表示的运算为

$$\begin{vmatrix} a_{11} & a_{12} & a_{13} \\ a_{21} & a_{22} & a_{23} \\ a_{31} & a_{32} & a_{33} \end{vmatrix}=a_{11}a_{22}a_{33}+a_{12}a_{23}a_{31}+a_{13}a_{21}a_{32}-a_{11}a_{23}a_{32}-a_{12}a_{21}a_{33}-a_{13}a_{22}a_{31},$$

则等号左边的符号称为**三阶行列式**，等号右边的代数和称为**三阶行列式的展开(定义)式**，展开式表明三阶行列式有 6(3!)项，三项正、三项负，每一项

均为行列式中位于不同行不同列的三个元素的乘积，其规律可用下面的对角线法则表示：

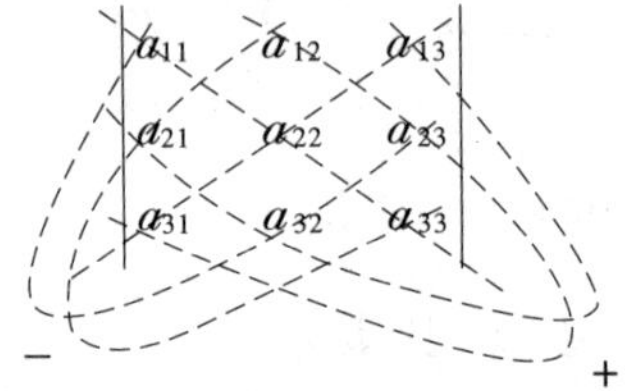

$$=a_{11}a_{22}a_{33}+a_{12}a_{23}a_{31}+a_{13}a_{21}a_{32}-a_{11}a_{32}a_{23}-a_{13}a_{22}a_{31}-a_{12}a_{21}a_{33}.$$

例 2 计算三阶行列式 $D=\begin{vmatrix} 2 & 3 & -1 \\ 1 & 5 & 2 \\ -4 & 0 & -2 \end{vmatrix}$.

解 $D=\begin{vmatrix} 2 & 3 & -1 \\ 1 & 5 & 2 \\ -4 & 0 & -2 \end{vmatrix}$

$$=2\times5\times(-2)+3\times2\times(-4)+(-1)\times1\times0-2\times2\times0-3\times1\times(-2)-(-1)\times5\times(-4)=-58.$$

例 3 计算三阶行列式 $D=\begin{vmatrix} a & 0 & 0 \\ b & b & 0 \\ c & c & c \end{vmatrix}$.

解 $D=\begin{vmatrix} a & 0 & 0 \\ b & b & 0 \\ c & c & c \end{vmatrix}=abc.$

一般地，解三元线性方程组

$$\begin{cases} a_{11}x_1+a_{12}x_2+a_{13}x_3=b_1 \\ a_{21}x_1+a_{22}x_2+a_{23}x_3=b_2 \\ a_{31}x_1+a_{32}x_2+a_{33}x_3=b_3 \end{cases} \tag{2}$$

有与解二元线性方程组类似的三元一次线性方程组的克莱姆法则.

设三元线性方程组的系数行列式为

$$D=\begin{vmatrix} a_{11} & a_{12} & a_{13} \\ a_{21} & a_{22} & a_{23} \\ a_{31} & a_{32} & a_{33} \end{vmatrix},$$

用方程组的常数列，分别替换系数行列式 D 中的第一、二、三列，则可以得到相应的行列式

$$D_1=\begin{vmatrix} b_1 & a_{12} & a_{13} \\ b_2 & a_{22} & a_{23} \\ b_3 & a_{32} & a_{33} \end{vmatrix},\quad D_2=\begin{vmatrix} a_{11} & b_1 & a_{13} \\ a_{21} & b_2 & a_{23} \\ a_{31} & b_3 & a_{33} \end{vmatrix},\quad D_3=\begin{vmatrix} a_{11} & a_{12} & b_1 \\ a_{21} & a_{22} & b_2 \\ a_{31} & a_{32} & b_3 \end{vmatrix},$$

当系数行列 $D\neq 0$ 时，方程组(2)有唯一解：

$$\begin{cases} x_1=\dfrac{D_1}{D} \\ x_2=\dfrac{D_2}{D} \\ x_3=\dfrac{D_3}{D} \end{cases}.$$

上述线性方程组的解法称为**三元一次线性方程组的克莱姆法则**.

例 4　用克莱姆法则解线性方程组

$$\begin{cases} x_1+2x_2+3x_3=1 \\ 2x_1+3x_2+4x_3=2 \\ \qquad\quad x_2-2x_3=3 \end{cases}.$$

解　系数行列式：$D=\begin{vmatrix} 1 & 2 & 3 \\ 2 & 3 & 4 \\ 0 & 1 & -2 \end{vmatrix}=4\neq 0$，所以，方程组有唯一解. 而

$$D_1=\begin{vmatrix} 1 & 2 & 3 \\ 2 & 3 & 4 \\ 3 & 1 & -2 \end{vmatrix}=1,\quad D_2=\begin{vmatrix} 1 & 1 & 3 \\ 2 & 2 & 4 \\ 0 & 3 & -2 \end{vmatrix}=6,\quad D_2=\begin{vmatrix} 1 & 2 & 1 \\ 2 & 3 & 2 \\ 0 & 1 & 3 \end{vmatrix}=-3,$$

所以，所求方程组的解为

$$\begin{cases} x_1=\dfrac{D_1}{D}=\dfrac{1}{4} \\ x_2=\dfrac{D_2}{D}=\dfrac{3}{2} \\ x_3=\dfrac{D_3}{D}=-\dfrac{3}{4} \end{cases}.$$

例 5　解行列式方程 $\begin{vmatrix} 1 & 1 & 1 \\ 2 & 3 & x \\ 4 & 9 & x^2 \end{vmatrix}=0$.

解　因为 $D=3x^2+4x+18-12-2x^2-9x=x^2-5x+6$，于是，有 $x^2-5x+6=0$. 解得 $x=2$ 或 $x=3$.

10.1.3　余子式和代数余子式

定义 3　行列式中，把元素 a_{ij} 所在的第 i 行和第 j 列的元素划掉，剩下

的元素，按原来的位置构成的行列式，称为元素 a_{ij} 的**余子式**，记为 M_{ij}；记 $A_{ij}=(-1)^{i+j}M_{ij}$，则 A_{ij} 称为元素 a_{ij} 的**代数余子式**.

例如，行列式 $\begin{vmatrix} a_{11} & a_{12} & a_{13} \\ a_{21} & a_{22} & a_{23} \\ a_{31} & a_{32} & a_{33} \end{vmatrix}$ 中，元素 a_{13} 的余子式 $M_{13}=\begin{vmatrix} a_{21} & a_{22} \\ a_{31} & a_{32} \end{vmatrix}$；元素 a_{32} 的余子式 $M_{32}=\begin{vmatrix} a_{11} & a_{13} \\ a_{21} & a_{23} \end{vmatrix}$；而它们的代数余子式分别为

$$A_{13}=(-1)^{1+3}M_{13}=M_{13}=\begin{vmatrix} a_{21} & a_{22} \\ a_{31} & a_{32} \end{vmatrix},$$

$$A_{32}=(-1)^{3+2}M_{32}=-M_{32}=-\begin{vmatrix} a_{11} & a_{13} \\ a_{21} & a_{23} \end{vmatrix}.$$

很显然，有的元素的代数余子式和它的余子式一样，有的元素的代数余子式和它的余子式差一个负号.

注意 余子式的阶数比元素所在的行列式的阶数低一阶，如三阶行列式中元素的余子式都是二阶的.

按照上述定义，上节所定义的二阶、三阶行列式可写为

$$\begin{vmatrix} a_{11} & a_{12} \\ a_{21} & a_{22} \end{vmatrix}=a_{11}a_{22}-a_{12}a_{21}=a_{11}A_{11}+a_{12}A_{12},$$

$$\begin{aligned}\begin{vmatrix} a_{11} & a_{12} & a_{13} \\ a_{21} & a_{22} & a_{23} \\ a_{31} & a_{32} & a_{33} \end{vmatrix}&=a_{11}a_{22}a_{33}+a_{12}a_{23}a_{31}+a_{13}a_{21}a_{32}-a_{11}a_{23}a_{32}-a_{12}a_{21}a_{33}-a_{13}a_{22}a_{31}\\&=a_{11}A_{11}+a_{12}A_{12}+a_{13}A_{13}.\end{aligned}$$

也就是说，行列式等于第一行的所有元素与它的代数余子式乘积的和. 根据这一特性，我们给出 n 阶行列式的定义.

定义 4 把 n^2 个元素排成 n 行 n 列，在两侧各加一条竖线，并规定这种符号表示的运算为：

$$\begin{vmatrix} a_{11} & a_{12} & \cdots & a_{1n} \\ a_{21} & a_{22} & \cdots & a_{2n} \\ \vdots & \vdots & & \vdots \\ a_{n1} & a_{n2} & \cdots & a_{nn} \end{vmatrix}=a_{11}A_{11}+a_{12}A_{12}+\cdots+a_{1n}A_{1n},$$

则等号左边的符号称为 n **阶行列式**，等号右边的代数式称为 n **阶行列式的展开式(定义式)**.

通常 n 阶行列式记作 $D=\begin{vmatrix} a_{11} & a_{12} & \cdots & a_{1n} \\ a_{21} & a_{22} & \cdots & a_{2n} \\ \vdots & \vdots & & \vdots \\ a_{n1} & a_{n2} & \cdots & a_{nn} \end{vmatrix}$，也可简记为 $\det(a_{ij})$.

上述定义也是计算行列式的一种办法，特别是当第一行的元素中有比较多的零时，计算就很简便.

例 6 计算四阶行列式 $\begin{vmatrix} 2 & 0 & 0 & -3 \\ 0 & 0 & 4 & 0 \\ -2 & 1 & 3 & 1 \\ 2 & -3 & -1 & -2 \end{vmatrix}$ 的值.

解

$$\begin{aligned}\begin{vmatrix} 2 & 0 & 0 & -3 \\ 0 & 0 & 4 & 0 \\ -2 & 1 & 3 & 1 \\ 2 & -3 & -1 & -2 \end{vmatrix} &= 2\times(-1)^{1+1}\begin{vmatrix} 0 & 4 & 0 \\ 1 & 3 & 1 \\ -3 & -1 & -2 \end{vmatrix}+ \\ &\quad (-3)\times(-1)^{4+1}\begin{vmatrix} 0 & 0 & 4 \\ -2 & 1 & 3 \\ 2 & -3 & -1 \end{vmatrix} \\ &= 2\times4\times(-1)^{1+2}\begin{vmatrix} 1 & 1 \\ -3 & -2 \end{vmatrix}+ \\ &\quad 3\times4\times(-1)^{1+3}\begin{vmatrix} -2 & 1 \\ 2 & -3 \end{vmatrix} \\ &= -8+48=40.\end{aligned}$$

很明显，直接用定义计算行列式是比较烦琐的，有没有更好的计算方法呢？回答是肯定的，那就是利用行列式的性质简化计算过程，为此，先介绍行列式的性质.

10.1.4 行列式的性质

定义 5 把行列式的行变为相应的列，同时，行列式的列变为相应的行而得到的行列式，称为原来行列式的转置行列式，记作 D^{T}，即

$$若\ D=\begin{vmatrix} a_{11} & a_{12} & \cdots & a_{1n} \\ a_{21} & a_{22} & \cdots & a_{2n} \\ \vdots & \vdots & & \vdots \\ a_{n1} & a_{n2} & \cdots & a_{nn} \end{vmatrix},\quad 则\ D^{\mathrm{T}}=\begin{vmatrix} a_{11} & a_{21} & \cdots & a_{n1} \\ a_{12} & a_{22} & \cdots & a_{n2} \\ \vdots & \vdots & & \vdots \\ a_{1n} & a_{2n} & \cdots & a_{nn} \end{vmatrix}.$$

行列式 D^{T} 就是行列式 D 的**转置行列式**.

性质 1 行列式与它的转置行列式的值相等，即 $D=D^{\mathrm{T}}$.

由此性质可知，行列式中的行与列具有同等的地位，对行成立的行列式的性质，对列同样成立，反之亦然.

性质 2 互换行列式的两行(列)的位置，行列式的值变号. 即

$$\begin{vmatrix} a_{11} & a_{12} & \cdots & a_{1n} \\ \vdots & \vdots & & \vdots \\ a_{i1} & a_{i2} & \cdots & a_{in} \\ \vdots & \vdots & & \vdots \\ a_{j1} & a_{j2} & \cdots & a_{jn} \\ \vdots & \vdots & & \vdots \\ a_{n1} & a_{n2} & \cdots & a_{nn} \end{vmatrix} \begin{matrix} \\ \\ i\text{行} \\ \\ j\text{行} \\ \\ \\ \end{matrix} = - \begin{vmatrix} a_{11} & a_{12} & \cdots & a_{1n} \\ \vdots & \vdots & & \vdots \\ a_{j1} & a_{j2} & \cdots & a_{jn} \\ \vdots & \vdots & & \vdots \\ a_{i1} & a_{i2} & \cdots & a_{in} \\ \vdots & \vdots & & \vdots \\ a_{n1} & a_{n2} & \cdots & a_{nn} \end{vmatrix} \begin{matrix} \\ \\ i\text{行} \\ \\ j\text{行} \\ \\ \\ \end{matrix}.$$

推论 如果行列式中有两行(列)的元素对应相同，则此行列式的值等于零.

用 r_i 表示行列式的第 i 行，用 c_j 表示行列式的第 j 列，并将互换 i,j 两行，记作 $r_i \leftrightarrow r_j$；将互换 i,j 两列，记作 $c_i \leftrightarrow c_j$.

性质 3 行列式的某一行(列)中的所有元素都乘以同一个常数 k，则行列式的值扩大 k 倍. 即

$$\begin{vmatrix} a_{11} & a_{12} & \cdots & a_{1n} \\ \vdots & \vdots & & \vdots \\ ka_{i1} & ka_{i2} & \cdots & ka_{in} \\ \vdots & \vdots & & \vdots \\ a_{n1} & a_{n2} & \cdots & a_{nn} \end{vmatrix} = k \begin{vmatrix} a_{11} & a_{12} & \cdots & a_{1n} \\ \vdots & \vdots & & \vdots \\ a_{i1} & a_{i2} & \cdots & a_{in} \\ \vdots & \vdots & & \vdots \\ a_{n1} & a_{n2} & \cdots & a_{nn} \end{vmatrix}.$$

第 i 行(列)的元素同乘以 k，记作 $k\times r_i$(或 $k\times c_i$).

这一性质告诉我们，行列式中某一行(列)的所有元素的公因子可以提到行列式外面.

推论 如果行列式中有两行(列)的元素对应成比例，则此行列式的值等于零.

性质 4 如果行列式的某一行(列)的元素都是两项的和，则行列式等于两个行列式的和，即

$$\begin{vmatrix} a_{11} & a_{12} & \cdots & a_{1n} \\ \vdots & \vdots & & \vdots \\ a_{i1}+b_1 & a_{i2}+b_2 & \cdots & a_{in}+b_n \\ \vdots & \vdots & & \vdots \\ a_{n1} & a_{n2} & \cdots & a_{nn} \end{vmatrix} = \begin{vmatrix} a_{11} & a_{12} & \cdots & a_{1n} \\ \vdots & \vdots & & \vdots \\ a_{i1} & a_{i2} & \cdots & a_{in} \\ \vdots & \vdots & & \vdots \\ a_{n1} & a_{n2} & \cdots & a_{nn} \end{vmatrix} + \begin{vmatrix} a_{11} & a_{12} & \cdots & a_{1n} \\ \vdots & \vdots & & \vdots \\ b_1 & b_2 & \cdots & b_n \\ \vdots & \vdots & & \vdots \\ a_{n1} & a_{n2} & \cdots & a_{nn} \end{vmatrix}.$$

性质 5　把行列式的某一行(列)的各元素乘以同一个数然后加到另一行(列)的对应元素上去,行列式的值不变.

$$\begin{vmatrix} a_{11} & a_{12} & \cdots & a_{1n} \\ \vdots & \vdots & & \vdots \\ a_{i1} & a_{i2} & \cdots & a_{in} \\ \vdots & \vdots & & \vdots \\ a_{j1} & a_{j2} & \cdots & a_{jn} \\ \vdots & \vdots & & \vdots \\ a_{n1} & a_{n2} & \cdots & a_{nn} \end{vmatrix} \xlongequal[\text{乘以 } k \text{ 加到第 } j \text{ 行}]{\text{第 } i \text{ 行的各元素}} \begin{vmatrix} a_{11} & a_{12} & \cdots & a_{1n} \\ \vdots & \vdots & & \vdots \\ a_{i1} & a_{i2} & \cdots & a_{in} \\ \vdots & \vdots & & \vdots \\ a_{j1}+ka_{i1} & a_{j2}+ka_{i2} & \cdots & a_{jn}+ka_{in} \\ \vdots & \vdots & & \vdots \\ a_{n1} & a_{n2} & \cdots & a_{nn} \end{vmatrix}.$$

这一性质可用 $r_j+kr_i(c_j+kc_i)$ 表示.

性质 6　行列式 D 等于它任意一行(列)各元素与其对应的代数余子式乘积的和. 即

$$D=a_{i1}A_{i1}+a_{i2}A_{i2}+\cdots+a_{in}A_{in}\quad(i=1,2,\cdots n)$$

或

$$D=a_{1j}A_{1j}+a_{2j}A_{2j}+\cdots+a_{nj}A_{nj}\quad(j=1,2,\cdots n).$$

以上性质和推论,在行列式计算中经常用到,特别是性质 5、性质 6,使用更频繁.

行列式有两条对角线,从左上到右下的对角线称为**主对角线**,位于主对角线上的元素称为**主对角元**;从左下到右上的对角线称为**次对角线**;主对角线以上元素全为 0 的行列式称为**下三角形行列式**,主对角线以下元素全为 0 的行列式称为**上三角形行列式**.

例 7　计算行列式 $\begin{vmatrix} -1 & 2 & 2 & 4 \\ 1 & 0 & -2 & 0 \\ -2 & 1 & 2 & 1 \\ 2 & -3 & -4 & 5 \end{vmatrix}$ 的值.

解　观察行列式中数的关系,充分利用第二行中的两个“0”进行计算.

$$\begin{vmatrix} -1 & 2 & 2 & 4 \\ 1 & 0 & -2 & 0 \\ -2 & 1 & 2 & 1 \\ 2 & -3 & -4 & 5 \end{vmatrix} \xlongequal{c_3+2c_1} \begin{vmatrix} 1 & 2 & 0 & 4 \\ 1 & 0 & 0 & 0 \\ -2 & 1 & -2 & 1 \\ 2 & -3 & 0 & 5 \end{vmatrix}$$

$$\xlongequal{\text{按第 2 行展开}} 1\times(-1)^{1+2}\begin{vmatrix} 2 & 0 & 4 \\ 1 & -2 & 1 \\ -3 & 0 & 5 \end{vmatrix}$$

$$\xlongequal{\text{按第 2 列展开}} -(-2)\times(-1)^{2+2}\begin{vmatrix} 2 & 4 \\ -3 & 5 \end{vmatrix}=44.$$

说明 行列式的计算过程和方法不是唯一的,但结果是唯一的.

例 8 计算下三角行列式 $\begin{vmatrix} a_{11} & 0 & \cdots & 0 \\ a_{21} & a_{22} & \cdots & 0 \\ \vdots & \vdots & & \vdots \\ a_{n1} & a_{n2} & \cdots & a_{nn} \end{vmatrix}$ 的值.

解 $$\begin{vmatrix} a_{11} & 0 & \cdots & 0 \\ a_{21} & a_{22} & \cdots & 0 \\ \vdots & \vdots & & \vdots \\ a_{n1} & a_{n2} & \cdots & a_{nn} \end{vmatrix}=a_{11}\times(-1)^{1+1}\begin{vmatrix} a_{22} & 0 & \cdots & 0 \\ a_{32} & a_{33} & \cdots & 0 \\ \vdots & \vdots & & \vdots \\ a_{n2} & a_{n3} & \cdots & a_{nn} \end{vmatrix}$$

$$=a_{11}a_{22}\times(-1)^{1+1}\begin{vmatrix} a_{33} & 0 & \cdots & 0 \\ a_{43} & a_{44} & \cdots & 0 \\ \vdots & \vdots & & \vdots \\ a_{n3} & a_{n4} & \cdots & a_{nn} \end{vmatrix}$$

$$=\cdots\cdots=a_{11}a_{22}\cdots a_{nn}.$$

同样地,可以计算出上三角行列式:$\begin{vmatrix} a_{11} & a_{12} & \cdots & a_{1n} \\ 0 & a_{22} & \cdots & a_{2n} \\ \vdots & \vdots & & \vdots \\ 0 & 0 & \cdots & a_{nn} \end{vmatrix}=a_{11}a_{22}\cdots a_{nn}$.

即上(下)三角行列式等于主对角元素的乘积.

总之,利用行列式性质,可以在等值的前提下,把行列式的某一行(列)元素除一个元素以外,其余都化为零,然后按此行(列)展开,这种方法也形象地称为“**降阶法**”.

例 9 计算 $\begin{vmatrix} 1 & 2 & 3 & 4 \\ 2 & 3 & 4 & 1 \\ 3 & 4 & 1 & 2 \\ 4 & 1 & 2 & 3 \end{vmatrix}$.

解 $\begin{vmatrix}1&2&3&4\\2&3&4&1\\3&4&1&2\\4&1&2&3\end{vmatrix}\xlongequal{c_1+c_2+c_3+c_4}\begin{vmatrix}10&2&3&4\\10&3&4&1\\10&4&1&2\\10&1&2&3\end{vmatrix}=10\begin{vmatrix}1&2&3&4\\1&3&4&1\\1&4&1&2\\1&1&2&3\end{vmatrix}$

$\xlongequal[r_4+(-1)r_1]{\substack{r_2+(-1)r_1\\ r_3+(-1)r_1}}10\begin{vmatrix}1&2&3&4\\0&1&1&-3\\0&2&-2&-2\\0&-1&-1&-1\end{vmatrix}\xlongequal[r_4+r_2]{r_3+(-2)r_2}10\begin{vmatrix}1&2&3&4\\0&1&1&-3\\0&0&-4&4\\0&0&0&-4\end{vmatrix}$

$=10\times1\times1\times(-4)\times(-4)=160.$

10.1.5　克莱姆法则

我们可以用克莱姆法则求解二元、三元线性方程组. 而对于 n 元线性方程组,有一般情况下的克莱姆法则.

设 n 元线性方程组

$$\begin{cases}a_{11}x_1+a_{12}x_2+\cdots+a_{1n}x_n=b_1\\ a_{21}x_1+a_{22}x_2+\cdots+a_{2n}x_n=b_2\\ \cdots\cdots\\ a_{n1}x_1+a_{n2}x_2+\cdots+a_{nn}x_n=b_n\end{cases}\tag{3}$$

其中,$x_1,x_2,\cdots,x_n$ 代表 n 个**未知数**,$a_{ij}(i,j=1,2,\cdots n)$称为**方程组的系数**,$b_j(j=1,2,\cdots,n)$称为**常数项**. 由系数 $a_{ij}(i,j=1,2,\cdots n)$组成的行列式

$$D=\begin{vmatrix}a_{11}&a_{12}&\cdots&a_{1n}\\a_{21}&a_{22}&\cdots&a_{2n}\\\vdots&\vdots&&\vdots\\a_{n1}&a_{n2}&\cdots&a_{nn}\end{vmatrix},$$

称为线性方程组(3)的**系数行列式**,用方程组的常数列分别去替换系数行列式中的第 j 列得到的行列式,记作 $D_j(j=1,2,\cdots,n)$,有如下定理.

扫一扫　看视频

定理(克莱姆法则)　若线性方程组(3)的系数行列式 $D\neq0$,则该方程组有唯一组解,并且其解为

$$x_j=\frac{D_j}{D}\quad(j=1,2,\cdots,n).$$

(证明从略)

例 10　用克莱姆法则求方程组的解,只求 x_1,x_4.

$$\begin{cases}x_1-x_2 & =1\\ x_1+x_2+2x_3 & =0\\ x_2+x_3+2x_4 & =0\\ x_3+x_4 & =1\end{cases}.$$

解 方程组的系数行列式

$$D=\begin{vmatrix}1 & -1 & 0 & 0\\ 1 & 1 & 2 & 0\\ 0 & 1 & 1 & 2\\ 0 & 0 & 1 & 1\end{vmatrix}=-4\neq 0,$$

所以,方程组有唯一一组解,而

$$D_1=\begin{vmatrix}1 & -1 & 0 & 0\\ 0 & 1 & 2 & 0\\ 0 & 1 & 1 & 2\\ 1 & 0 & 1 & 1\end{vmatrix}=1,\quad D_4=\begin{vmatrix}1 & -1 & 0 & 1\\ 1 & 1 & 2 & 0\\ 0 & 1 & 1 & 0\\ 0 & 0 & 1 & 1\end{vmatrix}=-1,$$

于是,$x_1=\dfrac{D_1}{D}=-\dfrac{1}{4}$, $x_4=\dfrac{D_4}{D}=\dfrac{1}{4}$. $\left(\text{读者自己求解 } x_2=-\dfrac{5}{4},\quad x_3=\dfrac{3}{4}\right)$

习 题 10.1

1. 计算下列行列式的值:

(1) $\begin{vmatrix}3 & -5\\ -6 & 10\end{vmatrix}$; (2) $\begin{vmatrix}\sin x & -\cos x\\ \cos x & \sin x\end{vmatrix}$; (3) $\begin{vmatrix}x+y & y-x\\ x+y & x-y\end{vmatrix}$;

(4) $\begin{vmatrix}2 & -1 & 3\\ 1 & 0 & 4\\ -2 & 1 & 5\end{vmatrix}$; (5) $\begin{vmatrix}1 & 2 & 3\\ 2 & 4 & 6\\ 3 & 5 & 7\end{vmatrix}$; (6) $\begin{vmatrix}a & b & c\\ b & c & a\\ c & a & b\end{vmatrix}$.

2. 用行列式解方程组:

(1) $\begin{cases}3x_1-4x_2=5\\ 2x_1+7x_2=-4\end{cases}$; (2) $\begin{cases}x_1+x_2+x_3=3\\ 2x_1-3x_2+x_3=-1\\ 3x_1+x_2-2x_3=-3\end{cases}$.

3. 若行列式 $\begin{vmatrix}x+1 & 2 & -1\\ 2 & x+1 & 1\\ -1 & 1 & x+1\end{vmatrix}=0$,求 x 的值.

4. 计算下列行列式的值:

(1) $\begin{vmatrix} a & 1 & 1 & 1 \\ 1 & a & 1 & 1 \\ 1 & 1 & a & 1 \\ 1 & 1 & 1 & a \end{vmatrix}$；　(2) $\begin{vmatrix} 4 & 3 & 2 & 1 \\ 4 & 3 & 2 & 0 \\ 4 & 3 & 0 & 0 \\ 4 & 0 & 0 & 0 \end{vmatrix}$；　(3) $\begin{vmatrix} 1 & 4 & 9 & 16 \\ 4 & 9 & 16 & 25 \\ 9 & 16 & 25 & 36 \\ 16 & 25 & 36 & 49 \end{vmatrix}$.

5. 用克莱姆法则解线性方程组：

(1) $\begin{cases} x_1+x_2+x_3+x_4=5, \\ x_1+2x_2-x_3+4x_4=-2, \\ 2x_1-3x_2-x_3-5x_4=-2, \\ 3x_1+x_2+2x_3+11x_4=0. \end{cases}$；　(2) $\begin{cases} 2x_1+x_2-5x_3+x_4=8, \\ x_1-3x_2-6x_4=9, \\ x_2-x_3+2x_4=-5, \\ x_1+4x_2-7x_3+6x_4=0. \end{cases}$

6. 计算下列 n 行列式：

(1) $\begin{vmatrix} a & 0 & \cdots & 0 & 1 \\ 0 & a & \cdots & 0 & 0 \\ \vdots & \vdots & & \vdots & \vdots \\ 0 & 0 & \cdots & a & 0 \\ 1 & 0 & \cdots & 0 & a \end{vmatrix}$；

(2) $\begin{vmatrix} x & -1 & 0 & \cdots & 0 & 0 & 0 \\ 0 & x & -1 & \cdots & 0 & 0 & 0 \\ 0 & 0 & x & \cdots & -1 & 0 & 0 \\ \vdots & \vdots & \vdots & & \vdots & \vdots & \vdots \\ 0 & 0 & 0 & \cdots & x & -1 & 0 \\ 0 & 0 & 0 & \cdots & 0 & x & -1 \\ a_n & a_{n-1} & a_{n-2} & \cdots & a_3 & a_2 & a_1+x \end{vmatrix}$.

7. 设行列式 $D=\begin{vmatrix} 3 & 1 & -1 & 2 \\ -5 & 1 & 3 & -4 \\ 3 & 3 & 3 & 3 \\ 1 & -5 & 3 & -3 \end{vmatrix}$ 的 (i,j) 元素的余子式为 M_{ij}，代数余子式为 A_{ij}，求：

(1) $3A_{31}+A_{32}-A_{33}+2A_{34}$；　(2) $M_{31}+3M_{32}+3M_{33}+3M_{34}$.

10.2　矩阵的概念及其运算

矩阵是线性代数的基础内容之一，也是讨论线性方程组的基础知识. 本节介绍矩阵的定义、性质、运算等基础知识.

10.2.1 矩阵的定义

日常生活中,经常会用到一些矩形表格.例如,某班学习委员在期末对全班 30 名同学各科考试成绩进行了统计,统计结果见表 10-1.

表 10-1

学号	姓名	高等数学	英语	计算机	总分
20110001	李明	89	92	88	269
20110002	李洪亮	95	75	86	256
…	…	…	…	…	…
20110030	王凯	68	74	96	238

如果考试科目顺序确定为:高等数学、英语、计算机,最后是总分,而学生顺序按学号由小到大排列,为了在查看、分析班内同学成绩时更方便、简单,该表可以简化一张 30 行 4 列的矩形表,见表 10-2.

表 10-2

89	92	88	269
95	75	86	256
…	…	…	…
68	74	96	238

我们把这张数表看成一个整体,用小括号把它括起来,写成:

$$\begin{pmatrix} 89 & 92 & 88 & 269 \\ 95 & 75 & 86 & 256 \\ \vdots & \vdots & & \vdots \\ 68 & 74 & 96 & 238 \end{pmatrix},$$

该矩形数表就是我们要研究的矩阵.

定义 1 由 $m\times n$ 个数 $a_{ij}(i=1,2,\cdots,m;j=1,2,\cdots,n)$ 排成的 m 行 n 列的数表,并用小括号括起来,即

$$\begin{pmatrix} a_{11} & a_{12} & \cdots & a_{1n} \\ a_{21} & a_{22} & \cdots & a_{2n} \\ \vdots & \vdots & & \vdots \\ a_{m1} & a_{m2} & \cdots & a_{mn} \end{pmatrix}.$$

这个矩形数表就称为 $m\times n$ **矩阵**,矩阵一般用黑体大写英文字母 $\boldsymbol{A},\boldsymbol{B},\boldsymbol{C}$ 等

表示，上述矩阵可记为

$$\boldsymbol{A}_{m\times n}=\begin{pmatrix} a_{11} & a_{12} & \cdots & a_{1n} \\ a_{21} & a_{22} & \cdots & a_{2n} \\ \vdots & \vdots & & \vdots \\ a_{m1} & a_{m2} & \cdots & a_{mn} \end{pmatrix}$$

或简记为 $\boldsymbol{A}=(a_{ij})_{m\times n}$.

矩阵 $\boldsymbol{A}$ 中的数称为**元素**，a_{ij} 表示第 i 行和第 j 列的元素，若矩阵 $\boldsymbol{A}$ 由 m 行 n 列元素构成，也可明确地称矩阵 $\boldsymbol{A}$ 为 **m 行 n 列矩阵**.

10.2.2　关于矩阵的几个名词

1. 零矩阵

如果一个矩阵的**所有**元素都为零，那么，这个矩阵称为**零矩阵**，记为 $\boldsymbol{O}$.

2. 行矩阵和列矩阵

只有一行元素的矩阵称为**行矩阵**；只有一列元素的矩阵称为**列矩阵**，即

$$\text{行矩阵 } \boldsymbol{A}=(a_1,a_2,\cdots,a_n),\quad \text{列矩阵 } \boldsymbol{B}=\begin{pmatrix} b_1 \\ b_2 \\ \vdots \\ b_m \end{pmatrix}.$$

3. 方阵

如果一个矩阵的行数和列数相等，那么称这个矩阵为**方阵**，n 行 n 列的方阵称为 **n 阶方阵**.

4. 对角矩阵

若 n 阶方阵中，除主对角元素（从左上到右下的对角线上的元素）以外，其余元素都是零的方阵，称为**对角矩阵**，即

$$\begin{pmatrix} \lambda_1 & 0 & \cdots & 0 \\ 0 & \lambda_2 & \cdots & 0 \\ \vdots & \vdots & & \vdots \\ 0 & 0 & \cdots & \lambda_n \end{pmatrix},$$

其中，$\lambda_1,\lambda_2,\cdots,\lambda_n$ 不全为零.

5. 单位矩阵

若对角阵的主对角元素都是 1，则称为**单位矩阵**，记为 $\boldsymbol{E}$（或 $\boldsymbol{I}$），即

$$E=\begin{pmatrix}1&0&\cdots&0\\0&1&\cdots&0\\\vdots&\vdots&&\vdots\\0&0&\cdots&1\end{pmatrix}.$$

6. 同型矩阵

若矩阵 $\boldsymbol{A}$ 与矩阵 $\boldsymbol{B}$ 具有相等的行数和相等的列数，则称矩阵 $\boldsymbol{A}$ 与矩阵 $\boldsymbol{B}$ 是同型矩阵.

7. 矩阵相等

如果矩阵 $\boldsymbol{A}$ 与 $\boldsymbol{B}$ 都是 $m\times n$ 矩阵，即同型矩阵，且对应元素都相等，那么称矩阵 $\boldsymbol{A}$ 与矩阵 $\boldsymbol{B}$ 相等，记为 $\boldsymbol{A}=\boldsymbol{B}$.

矩阵相等要求很高，就是两个矩阵一模一样.

例 1 设矩阵 $\boldsymbol{A}=\begin{pmatrix}0&x^2-1&0\\0&0&x^2-3x+2\end{pmatrix}$，如果 $\boldsymbol{A}=\boldsymbol{O}$，求 x 值.

解 由零矩阵的意义，知$\begin{cases}x^2-1=0\\x^2-3x+2=0\end{cases}$，解得 $x=1$.

例 2 设 $\boldsymbol{A}=\begin{pmatrix}2x+3y&4\\-2&3\end{pmatrix}$，$\boldsymbol{B}=\begin{pmatrix}1&4\\-2&y-2x\end{pmatrix}$，若 $\boldsymbol{A}=\boldsymbol{B}$，求 x,y 的值.

解 由 $\boldsymbol{A}=\boldsymbol{B}$，得$\begin{cases}2x+3y=1\\y-2x=3\end{cases}$，解得$\begin{cases}x=-1\\y=1\end{cases}$.

从矩阵定义，可以看出，矩阵是一张矩形数表，注重的是矩形数表的整体，如零矩阵、矩阵相等都体现了矩阵整体性这一特点，而行列式是一种运算符号，注重的是其运算规则，最终落到运算结果上. 不同阶数的行列式可以相等，但不同阶数的矩阵是不可能相等的.

10.2.3 矩阵的线性运算

1. 矩阵的加法和减法

设同型矩阵 $\boldsymbol{A}=(a_{ij})_{m\times n}$ 和矩阵 $\boldsymbol{B}=(b_{ij})_{m\times n}$，那么，矩阵

$$\boldsymbol{C}=(a_{ij}+b_{ij})_{m\times n}$$

称为矩阵 $\boldsymbol{A}$ 与矩阵 $\boldsymbol{B}$ 的和，记为 $\boldsymbol{C}=\boldsymbol{A}+\boldsymbol{B}=(a_{ij}+b_{ij})_{m\times n}$；矩阵

$$\boldsymbol{D}=(a_{ij}-b_{ij})_{m\times n}$$

称为矩阵 $\boldsymbol{A}$ 与矩阵 $\boldsymbol{B}$ 的差，记为 $\boldsymbol{D}=\boldsymbol{A}-\boldsymbol{B}=(a_{ij}-b_{ij})_{m\times n}$.

可以看出，只有两个同型矩阵才能相加减，而且，和矩阵、差矩阵的元素等于对应元素相加、减.

矩阵加法还满足下列运算性质：

设 $\boldsymbol{A},\boldsymbol{B},\boldsymbol{C}$ 为同型矩阵，那么：

(1)$\boldsymbol{A}+\boldsymbol{B}=\boldsymbol{B}+\boldsymbol{A}$；　　　　　　(交换律)

(2)$(\boldsymbol{A}+\boldsymbol{B})+\boldsymbol{C}=\boldsymbol{A}+(\boldsymbol{B}+\boldsymbol{C})$；(结合律)

(3)$\boldsymbol{A}+\boldsymbol{O}=\boldsymbol{A}$.

2. 数与矩阵的乘法

设 λ 是一个数，矩阵 $\boldsymbol{A}=(a_{ij})_{m\times n}$，那么矩阵 $(\lambda a_{ij})_{m\times n}$ 称为**数 λ 与矩阵 $\boldsymbol{A}$ 的乘积**，简称**矩阵的数乘**，记为 $\lambda\boldsymbol{A}$，即

$$\lambda\boldsymbol{A}=(\lambda a_{ij})_{m\times n}.$$

一个数与矩阵相乘，就是用这个数乘以矩阵的每一个元素，也就是说，只有矩阵的所有元素的公因子才能提到矩阵外面(与行列式不同).

例如，设 $\boldsymbol{A}=\begin{pmatrix}1&2\\3&4\end{pmatrix}$，$D=\begin{vmatrix}1&2\\3&4\end{vmatrix}$，则

$k\boldsymbol{A}=\begin{pmatrix}k&2k\\3k&4k\end{pmatrix}$；$kD=\begin{vmatrix}k&2k\\3&4\end{vmatrix}=\begin{vmatrix}1&2\\3k&4k\end{vmatrix}=-2k$. 且 $\begin{vmatrix}k&2k\\3&4\end{vmatrix}=\begin{vmatrix}1&2\\3k&4k\end{vmatrix}=kD$，但 $\begin{pmatrix}k&2k\\3&4\end{pmatrix}\neq k\boldsymbol{A}$.

矩阵的数乘运算有以下**运算性质**：

设 λ,k 为两个数，$\boldsymbol{A},\boldsymbol{B}$ 为同型矩阵，则：

(1)$\lambda(\boldsymbol{A}+\boldsymbol{B})=\lambda\boldsymbol{A}+\lambda\boldsymbol{B}$；　　　　(数对矩阵的分配律)

(2)$(\lambda+k)\boldsymbol{A}=\lambda\boldsymbol{A}+k\boldsymbol{A}$；　　　　(矩阵对数的分配律)

(3)$(\lambda k)\boldsymbol{A}=\lambda(k\boldsymbol{A})=k(\lambda\boldsymbol{A})$.　(结合律)

例 3　已知 $\boldsymbol{A}=\begin{pmatrix}1&0&-1\\2&4&3\end{pmatrix}$，$\boldsymbol{B}=\begin{pmatrix}-1&3&-1\\0&1&2\end{pmatrix}$，求 $2\boldsymbol{A}-3\boldsymbol{B}$.

解

$$\begin{aligned}2\boldsymbol{A}-3\boldsymbol{B}&=2\begin{pmatrix}1&0&-1\\2&4&3\end{pmatrix}-3\begin{pmatrix}-1&3&-1\\0&1&2\end{pmatrix}\\&=\begin{pmatrix}2&0&-2\\4&8&6\end{pmatrix}-\begin{pmatrix}-3&9&-3\\0&3&6\end{pmatrix}=\begin{pmatrix}5&-9&1\\4&5&0\end{pmatrix}.\end{aligned}$$

例 4　设矩阵 $\boldsymbol{A}=\begin{pmatrix}1&0\\-2&2\end{pmatrix}$，$\boldsymbol{B}=\begin{pmatrix}1&-4\\0&-2\end{pmatrix}$，求矩阵 $\boldsymbol{X}$，使其满足矩阵方程 $3\boldsymbol{A}-2\boldsymbol{X}=\boldsymbol{B}$.

解法 1　由 $3\boldsymbol{A}-2\boldsymbol{X}=\boldsymbol{B}$，得

$$\begin{aligned}\boldsymbol{X}&=\frac{1}{2}(3\boldsymbol{A}-\boldsymbol{B})=\frac{3}{2}\boldsymbol{A}-\frac{1}{2}\boldsymbol{B}\\&=\begin{pmatrix}\frac{3}{2}&0\\-3&3\end{pmatrix}-\begin{pmatrix}\frac{1}{2}&-2\\0&-1\end{pmatrix}=\begin{pmatrix}1&2\\-3&4\end{pmatrix}.\end{aligned}$$

解法 2 根据矩阵 $\boldsymbol{X}$ 要满足的方程 $3\boldsymbol{A}-2\boldsymbol{X}=\boldsymbol{B}$，可知，矩阵 $\boldsymbol{X}$ 为二阶方阵，于是，设 $\boldsymbol{X}=\begin{pmatrix} a & b \\ c & d \end{pmatrix}$，由 $3\boldsymbol{A}-2\boldsymbol{X}=\boldsymbol{B}$，得

$$3\begin{pmatrix} 1 & 0 \\ -2 & 2 \end{pmatrix}-2\begin{pmatrix} a & b \\ c & d \end{pmatrix}=\begin{pmatrix} 1 & -4 \\ 0 & -2 \end{pmatrix},$$

$$\begin{pmatrix} 3-2a & -2b \\ -6-2c & 6-2d \end{pmatrix}=\begin{pmatrix} 1 & -4 \\ 0 & -2 \end{pmatrix}.$$

由矩阵相等，对应元素相等，得 $a=1,b=2,c=-3,d=4$，即 $\boldsymbol{X}=\begin{pmatrix} 1 & 2 \\ -3 & 4 \end{pmatrix}$.

10.2.4 矩阵的乘法

前面学习了矩阵加法、减法、矩阵的数乘等运算，那么，矩阵与矩阵相乘如何进行呢？这就是本节所要介绍的内容.

定义 2 设 $\boldsymbol{A}$ 是 $m\times l$ 矩阵，即 $\boldsymbol{A}=(a_{ij})_{m\times l}$，$\boldsymbol{B}$ 是 $l\times n$ 矩阵，即 $\boldsymbol{B}=(b_{ij})_{l\times n}$，那么，矩阵 $\boldsymbol{C}=(c_{ij})_{m\times n}$ 称为矩阵 $\boldsymbol{A}$ 与矩阵 $\boldsymbol{B}$ 的乘积，记为 $\boldsymbol{C}=\boldsymbol{AB}$，即

$$\boldsymbol{C}=\boldsymbol{AB}=(c_{ij})_{m\times n}.$$

其中，乘积矩阵 $\boldsymbol{C}$ 中的任意元素 c_{ij} 等于矩阵 $\boldsymbol{A}$ 的第 i 行的（l 个）元素与矩阵 $\boldsymbol{B}$ 的第 j 列的（l 个）元素对应乘积的和，即

$$c_{ij}=a_{i1}b_{1j}+a_{i2}b_{2j}+\cdots+a_{il}b_{lj}=\sum_{k=1}^{l}a_{ik}b_{kj}\quad(i=1,2,\cdots,m,j=1,2,\cdots,n).$$

注意 从定义可以看出，两个矩阵能相乘的前提是：左边矩阵 $\boldsymbol{A}$ 的列数与右边矩阵 $\boldsymbol{B}$ 的行数必须相等，且乘积矩阵 $\boldsymbol{C}=\boldsymbol{AB}$ 的行数是左边矩阵 $\boldsymbol{A}$ 的行数，列数是右边矩阵 $\boldsymbol{B}$ 的列数；如果左边矩阵 $\boldsymbol{A}$ 的列数与右边矩阵 $\boldsymbol{B}$ 的行数不相等，则矩阵 $\boldsymbol{A}$ 与矩阵 $\boldsymbol{B}$ 不能相乘，也就是 $\boldsymbol{AB}$ 无意义. 事实上，广义地讲，两个矩阵相乘，遵守的是“**行乘列法则**”.

例 5 已知矩阵 $\boldsymbol{A}=\begin{pmatrix} 1 & 2 \\ -2 & 1 \\ 0 & 3 \end{pmatrix}$；$\boldsymbol{B}=\begin{pmatrix} 2 & 3 \\ -1 & -2 \end{pmatrix}$，求 $\boldsymbol{AB}$.

解
$$\boldsymbol{AB}=\begin{pmatrix} 1 & 2 \\ -2 & 1 \\ 0 & 3 \end{pmatrix}\begin{pmatrix} 2 & 3 \\ -1 & -2 \end{pmatrix}$$

$$=\begin{pmatrix} 1\times2+2\times(-1) & 1\times3+2\times(-2) \\ (-2)\times2+1\times(-1) & (-2)\times3+1\times(-2) \\ 0\times2+3\times(-1) & 0\times3+3\times(-2) \end{pmatrix}$$

$$=\begin{pmatrix}0 & -1\\ -5 & -8\\ -3 & -6\end{pmatrix}.$$

此例中，$\boldsymbol{BA}$ 是无意义的，因为矩阵 $\boldsymbol{B}$ 的列数与矩阵 $\boldsymbol{A}$ 行数不等，不能相乘.

根据矩阵乘法的定义，对矩阵乘法要注意以下几点：

(1)不是任何两个矩阵都能相乘. 因此，若 $\boldsymbol{AB}$ 可乘(有意义)，而 $\boldsymbol{BA}$ 不一定可乘；另外，虽然有时 $\boldsymbol{AB}$ 可乘，$\boldsymbol{BA}$ 也可乘，但不一定 $\boldsymbol{AB}=\boldsymbol{BA}$.

例如，矩阵 $\boldsymbol{A}_{3\times 2}$，矩阵 $\boldsymbol{B}_{2\times 3}$，则 $\boldsymbol{AB}$ 为 3×3 矩阵，而 $\boldsymbol{BA}$ 为 2×2 矩阵，于是 $\boldsymbol{AB}$ 与 $\boldsymbol{BA}$ 不可能相等；即使 $\boldsymbol{AB}$ 与 $\boldsymbol{BA}$ 都可乘，且为同型矩阵，仍然不一定有 $\boldsymbol{AB}=\boldsymbol{BA}$. 例如，$\boldsymbol{A}=\begin{pmatrix}1 & 1\\ 1 & 1\end{pmatrix}$，$\boldsymbol{B}=\begin{pmatrix}1 & 1\\ 0 & 0\end{pmatrix}$，于是，$\boldsymbol{AB}=\begin{pmatrix}1 & 1\\ 1 & 1\end{pmatrix}$，而 $\boldsymbol{BA}=\begin{pmatrix}2 & 2\\ 0 & 0\end{pmatrix}$，显然 $\boldsymbol{AB}\neq\boldsymbol{BA}$. 总之，矩阵乘法不满足交换律.

扫一扫　看视频

(2)由 $\boldsymbol{AB}=\boldsymbol{O}$，不能推出 $\boldsymbol{A}=\boldsymbol{O}$ 或 $\boldsymbol{B}=\boldsymbol{O}$. 即 $\boldsymbol{A}$ 与 $\boldsymbol{B}$ 都是非零矩阵，但它们的乘积 $\boldsymbol{AB}$ 可以是零矩阵. 例如，$\boldsymbol{A}=\begin{pmatrix}1 & 1\\ 1 & 1\end{pmatrix}$，$\boldsymbol{B}=\begin{pmatrix}1 & 1\\ -1 & -1\end{pmatrix}$，则 $\boldsymbol{AB}=\begin{pmatrix}0 & 0\\ 0 & 0\end{pmatrix}=\boldsymbol{O}$.

(3)由 $\boldsymbol{AB}=\boldsymbol{AC}$，即使 $\boldsymbol{A}\neq\boldsymbol{O}$，也推不出 $\boldsymbol{B}=\boldsymbol{C}$.

可以看出，矩阵乘法与数的乘法有很大区别. 那么，有没有满足 $\boldsymbol{AB}=\boldsymbol{BA}$ 的矩阵呢？回答是肯定的.

如果 $\boldsymbol{AB}=\boldsymbol{BA}$，那么，称矩阵 $\boldsymbol{A}$ 与矩阵 $\boldsymbol{B}$ 是**可交换的**.

例如，$\boldsymbol{A}=\begin{pmatrix}1 & 1\\ 1 & 1\end{pmatrix}$，$\boldsymbol{B}=\begin{pmatrix}2 & 2\\ 2 & 2\end{pmatrix}$，显然，$\boldsymbol{AB}=\boldsymbol{BA}$.

很显然，单位矩阵 $\boldsymbol{E}$ 与任何方阵 $\boldsymbol{A}$ 都可交换，即 $\boldsymbol{EA}=\boldsymbol{AE}$.

矩阵的乘法不满足交换律，但满足结合律和分配律：

设 $\boldsymbol{A},\boldsymbol{B},\boldsymbol{C}$ 为矩阵，k 为一个数，则有：

(1)$(\boldsymbol{AB})\boldsymbol{C}=\boldsymbol{A}(\boldsymbol{BC})=\boldsymbol{ABC}$；

(2)$k(\boldsymbol{AB})=\boldsymbol{A}(k\boldsymbol{B})$；

(3)$\boldsymbol{A}(\boldsymbol{B}+\boldsymbol{C})=\boldsymbol{AB}+\boldsymbol{AC}$；

(4)$(\boldsymbol{B}+\boldsymbol{C})\boldsymbol{A}=\boldsymbol{BA}+\boldsymbol{CA}$.

10.2.5　转置矩阵

把矩阵 $\boldsymbol{A}$ 的行变成相应的列，同时，列变为相应的行，所得到的矩阵称

为矩阵 A 的**转置矩阵**,记为 A^{T},即设

$$\boldsymbol{A}_{m\times n}=\begin{pmatrix} a_{11} & a_{12} & \cdots & a_{1n} \\ a_{21} & a_{22} & \cdots & a_{2n} \\ \vdots & \vdots & & \vdots \\ a_{m1} & a_{m2} & \cdots & a_{mn} \end{pmatrix},$$

则

$$\boldsymbol{A}_{n\times m}^{\mathrm{T}}=\begin{pmatrix} a_{11} & a_{21} & \cdots & a_{m1} \\ a_{12} & a_{22} & \cdots & a_{m2} \\ \vdots & \vdots & & \vdots \\ a_{1n} & a_{2n} & \cdots & a_{mn} \end{pmatrix}.$$

矩阵转置也是矩阵的一种运算,它具有如下**运算性质**:

(1) $(\boldsymbol{A}^{\mathrm{T}})^{\mathrm{T}}=\boldsymbol{A}$;

(2) $(\boldsymbol{A}+\boldsymbol{B})^{\mathrm{T}}=\boldsymbol{A}^{\mathrm{T}}+\boldsymbol{B}^{\mathrm{T}}$;

(3) $(k\boldsymbol{A})^{\mathrm{T}}=k\boldsymbol{A}^{\mathrm{T}}$;

(4) $(\boldsymbol{AB})^{\mathrm{T}}=\boldsymbol{B}^{\mathrm{T}}\boldsymbol{A}^{\mathrm{T}}$.

10.2.6 方阵的幂

设 $\boldsymbol{A}$ 为 n 阶方阵,那么,$\underbrace{\boldsymbol{AA}\cdots\boldsymbol{A}}_{k}$就称为方阵 $\boldsymbol{A}$ 的 k **次幂**,记为 $\boldsymbol{A}^k$,即

$$\boldsymbol{A}^k=\underbrace{\boldsymbol{AA}\cdots\boldsymbol{A}}_{k}.$$

其中,k 为正整数.

方阵的方幂运算满足下列**性质**:

设 $\boldsymbol{A}$ 为 n 阶方阵,k,p 为正整数,则:

(1) $\boldsymbol{A}^k\boldsymbol{A}^p=\boldsymbol{A}^{k+p}$;

(2) $(\boldsymbol{A}^k)^p=\boldsymbol{A}^{kp}$.

注意 $(\boldsymbol{AB})^2$ 与 $\boldsymbol{A}^2\boldsymbol{B}^2$ 相等吗?

由于
$$(\boldsymbol{AB})^2=(\boldsymbol{AB})(\boldsymbol{AB})=\boldsymbol{A}(\boldsymbol{BA})\boldsymbol{B},$$
$$\boldsymbol{A}^2\boldsymbol{B}^2=\boldsymbol{AABB}=\boldsymbol{A}(\boldsymbol{AB})\boldsymbol{B}.$$

因此,要使$(\boldsymbol{AB})^2=\boldsymbol{A}^2\boldsymbol{B}^2$,必须 $\boldsymbol{AB}=\boldsymbol{BA}$,即矩阵 $\boldsymbol{A}$ 与矩阵 $\boldsymbol{B}$ 是可交换的.

一般地,若矩阵 $\boldsymbol{A}$ 与矩阵 $\boldsymbol{B}$ 是可交换,则$(\boldsymbol{AB})^k=\boldsymbol{A}^k\boldsymbol{B}^k$.

例 6 设矩阵 $\boldsymbol{A}$ 与 $\boldsymbol{B}$ 是可交换的,求证 $(\boldsymbol{A}+\boldsymbol{B})(\boldsymbol{A}-\boldsymbol{B})=\boldsymbol{A}^2-\boldsymbol{B}^2$.

证明 因为 $\boldsymbol{A}$ 与 $\boldsymbol{B}$ 可交换,所以,$\boldsymbol{AB}=\boldsymbol{BA}$,于是,左边$=(\boldsymbol{A}+\boldsymbol{B})(\boldsymbol{A}-\boldsymbol{B})=\boldsymbol{A}^2-\boldsymbol{AB}+\boldsymbol{BA}-\boldsymbol{B}^2=\boldsymbol{A}^2-\boldsymbol{B}^2=$右边,证毕.

10.2.7　方阵的行列式

矩阵是一个矩形数表，行列式是一种运算符号，表示一种特定的运算，矩阵和行列式是两个完全不同的概念. 可是，两者是有联系的，行列式可以看成是由相应方阵构成的.

定义 3　n 阶方阵 $\boldsymbol{A}$ 的所有元素按原来的次序构成的 n 阶行列式，称为**方阵 $\boldsymbol{A}$ 的行列式**，记作 $|\boldsymbol{A}|$，即设

$$\boldsymbol{A}=\begin{pmatrix} a_{11} & a_{12} & \cdots & a_{1n} \\ a_{21} & a_{22} & \cdots & a_{2n} \\ \vdots & \vdots & & \vdots \\ a_{n1} & a_{n2} & \cdots & a_{nn} \end{pmatrix},$$

则

$$|\boldsymbol{A}|=\begin{vmatrix} a_{11} & a_{12} & \cdots & a_{1n} \\ a_{21} & a_{22} & \cdots & a_{2n} \\ \vdots & \vdots & & \vdots \\ a_{n1} & a_{n2} & \cdots & a_{nn} \end{vmatrix}.$$

方阵的行列式有如下**运算性质**：

设 $\boldsymbol{A},\boldsymbol{B}$ 均为 n 阶方阵，k 为常数，则

(1) $|\boldsymbol{A}^{\mathrm{T}}|=|\boldsymbol{A}|$；

(2) $|k\boldsymbol{A}|=k^n|\boldsymbol{A}|$（$n$ 为方阵 $\boldsymbol{A}$ 的阶数）；

(3) $|\boldsymbol{AB}|=|\boldsymbol{BA}|=|\boldsymbol{A}||\boldsymbol{B}|$.

关于性质(2)，在前面讨论过，请读者再仔细分析一下 $k\boldsymbol{A}$，$|k\boldsymbol{A}|$ 与 $k|\boldsymbol{A}|$（$\boldsymbol{A}$ 为 n 阶方阵，$|\boldsymbol{A}|$ 为相应的行列式）的区别.

例 7　设 $\boldsymbol{A}$ 为 3 阶方阵，且 $|\boldsymbol{A}|=-4$，求行列式 $|-2\boldsymbol{A}\boldsymbol{A}^{\mathrm{T}}|$ 的值.

解　$$\begin{aligned}|-2\boldsymbol{A}\boldsymbol{A}^{\mathrm{T}}|&=(-2)^3|\boldsymbol{A}||\boldsymbol{A}^{\mathrm{T}}|=-8|\boldsymbol{A}||\boldsymbol{A}^{\mathrm{T}}|=-8|\boldsymbol{A}||\boldsymbol{A}|\\&=-8\times(-4)\times(-4)=-128.\end{aligned}$$

10.2.8　线性方程组的矩阵表示

根据矩阵的运算，线性方程组可以用矩阵表示.

设由 m 个方程，n 个未知数构成的线性方程组

$$\begin{cases} a_{11}x_1+a_{12}x_2+\cdots+a_{1n}x_n=b_1 \\ a_{21}x_1+a_{22}x_2+\cdots+a_{2n}x_n=b_2 \\ \cdots\cdots \\ a_{m1}x_1+a_{m2}x_2+\cdots+a_{mn}x_n=b_m \end{cases}.$$

记 $\boldsymbol{A}=\begin{pmatrix} a_{11} & a_{12} & \cdots & a_{1n} \\ a_{21} & a_{22} & \cdots & a_{2n} \\ \vdots & \vdots & & \vdots \\ a_{m1} & a_{m2} & \cdots & a_{mn} \end{pmatrix}$，$\boldsymbol{x}=\begin{pmatrix} x_1 \\ x_2 \\ \vdots \\ x_n \end{pmatrix}$，$\boldsymbol{b}=\begin{pmatrix} b_1 \\ b_2 \\ \vdots \\ b_m \end{pmatrix}$，

则上述方程组可表示为 $\boldsymbol{Ax}=\boldsymbol{b}$.

其中，$\boldsymbol{A}$ 称为线性方程组的**系数矩阵**，$\boldsymbol{x}$ 称为**未知数列矩阵**，$\boldsymbol{b}$ 称为**常数项列矩阵**.

若常数项列矩阵 $\boldsymbol{b}$ 是非零矩阵，则方程组

$$\boldsymbol{Ax}=\boldsymbol{b}$$

称为**非齐次线性方程组**；若常数项列矩阵 $\boldsymbol{b}$ 是零矩阵，即

$$\boldsymbol{Ax}=\boldsymbol{0}$$

称为**齐次线性方程组**.

在系数矩阵的后面增加线性方程组的常数列而构成的矩阵，叫做线性方程组的**增广矩阵**，记为 $\widetilde{\boldsymbol{A}}$，即

$$\widetilde{\boldsymbol{A}}=\left(\begin{array}{cccc:c} a_{11} & a_{12} & \cdots & a_{1n} & b_1 \\ a_{21} & a_{22} & \cdots & a_{2n} & b_2 \\ \vdots & \vdots & & \vdots & \vdots \\ a_{m1} & a_{m2} & \cdots & a_{mn} & b_m \end{array}\right).$$

例如，线性方程组 $\begin{cases} x_1-2x_2 \quad\quad +3x_4=-2 \\ 3x_1+5x_2-2x_3 \quad\quad =-1 \\ \quad\quad 3x_2-\ x_3+2x_4=4 \end{cases}$，则系数矩阵

$\boldsymbol{A}=\begin{pmatrix} 1 & -2 & 0 & 3 \\ 3 & 5 & -2 & 0 \\ 0 & 3 & -1 & 2 \end{pmatrix}$，未知数列矩阵 $\boldsymbol{x}=\begin{pmatrix} x_1 \\ x_2 \\ x_3 \\ x_4 \end{pmatrix}$，常数项列矩阵 $\boldsymbol{b}=\begin{pmatrix} -2 \\ -1 \\ 4 \end{pmatrix}$，且该线性方程组可表示为 $\boldsymbol{Ax}=\boldsymbol{b}$.

而线性方程组的增广矩阵为

$$\widetilde{\boldsymbol{A}}=\left(\begin{array}{cccc:c} 1 & -2 & 0 & 3 & -2 \\ 3 & 5 & -2 & 0 & -1 \\ 0 & 3 & -1 & 2 & 4 \end{array}\right).$$

在后面线性方程组解的讨论中会用到线性方程组的矩阵表示法和增广矩阵 $\widetilde{\boldsymbol{A}}$，请读者熟悉它们.

习　题　10.2

1. 设矩阵 $\boldsymbol{A}=\begin{pmatrix}x+y & 3\\ -2 & x-y\end{pmatrix}$；$\boldsymbol{B}=\begin{pmatrix}5 & a\\ 2a-b & -3\end{pmatrix}$，若 $\boldsymbol{A}=\boldsymbol{B}$，求 a,b,x,y.

2. 设矩阵 $\boldsymbol{A}=\begin{pmatrix}2 & 4 & 1\\ 0 & 3 & 2\end{pmatrix}$，$\boldsymbol{B}=\begin{pmatrix}1 & -1 & 0\\ 3 & 5 & 0\end{pmatrix}$，$\boldsymbol{C}=\begin{pmatrix}0 & 2 & 0\\ 0 & -1 & 1\end{pmatrix}$，求 $\boldsymbol{A}+\boldsymbol{B}$，$\boldsymbol{B}-\boldsymbol{C}$，$2\boldsymbol{A}-3\boldsymbol{C}$.

3. 设矩阵 $\boldsymbol{A}=\begin{pmatrix}3 & 1 & 0\\ -1 & 2 & 1\\ 3 & 4 & 2\end{pmatrix}$，$\boldsymbol{B}=\begin{pmatrix}1 & 0 & 2\\ -1 & 1 & 1\\ 2 & 1 & 1\end{pmatrix}$，若矩阵 $\boldsymbol{X}$ 满足方程 $3\boldsymbol{A}-2\boldsymbol{X}=\boldsymbol{B}$，求矩阵 $\boldsymbol{X}$.

4. 设矩阵 $\boldsymbol{A}=\begin{pmatrix}2x-y & -1\\ 5 & x+y\end{pmatrix}$，$\boldsymbol{B}=\begin{pmatrix}2 & x+2y\\ x-y & 1\end{pmatrix}$，试问，$\boldsymbol{A}-\boldsymbol{B}=\boldsymbol{0}$ 吗？

5. 求下列矩阵的乘积：

(1) $\begin{pmatrix}3 & 2\\ -1 & 4\\ 5 & 1\end{pmatrix}\begin{pmatrix}1 & 8 & -1\\ 2 & 0 & 3\end{pmatrix}$；　　(2) $\begin{pmatrix}1 & 3 & -1\\ 0 & 4 & 2\\ 7 & 0 & 1\end{pmatrix}\begin{pmatrix}1\\ -2\\ 3\end{pmatrix}$；

(3) $\begin{pmatrix}1\\ 2\\ 3\end{pmatrix}\begin{pmatrix}3 & 2 & 1\end{pmatrix}$；　　(4) $\begin{pmatrix}-1 & 2 & 0 & 3\end{pmatrix}\begin{pmatrix}4\\ -2\\ 1\\ 2\end{pmatrix}$.

6. 设矩阵 $\boldsymbol{A}=\begin{pmatrix}1 & 1 & 1\\ 1 & 1 & -1\\ 1 & -1 & 1\end{pmatrix}$，$\boldsymbol{B}=\begin{pmatrix}1 & 2 & 3\\ -1 & -2 & 4\\ 0 & 5 & 1\end{pmatrix}$，求 $3\boldsymbol{AB}-2\boldsymbol{A}$ 和 $\boldsymbol{A}^{\mathrm{T}}\boldsymbol{B}$.

7. 设 $\boldsymbol{A}=\begin{pmatrix}1 & 2\\ 1 & 3\end{pmatrix}$，$\boldsymbol{B}=\begin{pmatrix}1 & 0\\ 1 & 2\end{pmatrix}$：问：

(1) $\boldsymbol{AB}=\boldsymbol{BA}$ 吗？　(2) $(\boldsymbol{A}+\boldsymbol{B})(\boldsymbol{A}-\boldsymbol{B})=\boldsymbol{A}^2-\boldsymbol{B}^2$ 吗？

8. 举反例说明下列结论是错误的：

(1) 若 $\boldsymbol{A}^2=\boldsymbol{O}$，则 $\boldsymbol{A}=\boldsymbol{O}$；

(2) 若 $\boldsymbol{A}^2=\boldsymbol{A}$，则 $\boldsymbol{A}=\boldsymbol{O}$ 或 $\boldsymbol{A}=\boldsymbol{E}$；

(3) 若 $\boldsymbol{AX}=\boldsymbol{AY}$，且 $\boldsymbol{A}\neq\boldsymbol{O}$，则 $\boldsymbol{X}=\boldsymbol{Y}$.

9. 设 $\boldsymbol{A}=\begin{pmatrix}1 & 0\\ \lambda & 1\end{pmatrix}$，求 $\boldsymbol{A}^2,\boldsymbol{A}^3,\boldsymbol{A}^n$.

10. 设矩阵 $\boldsymbol{A}=\begin{pmatrix}1 & 1\\ 0 & 1\end{pmatrix}$，求出所有与 $\boldsymbol{A}$ 可换的矩阵.

11. 设 $\boldsymbol{A}$ 为 3 阶方阵，且 $|\boldsymbol{A}|=-4$，求 $|-3\boldsymbol{A}|+|-2\boldsymbol{A}^{\mathrm{T}}|$ 的值.

12. 写出增广矩阵为 $\widetilde{\boldsymbol{A}}=\left(\begin{array}{ccc:c}1 & 0 & -2 & 4\\ 0 & 4 & 1 & -5\\ 3 & 1 & -2 & 0\\ 1 & 1 & 0 & 1\end{array}\right)$ 的线性方程组.

10.3 逆矩阵与矩阵的秩

本节介绍逆矩阵的定义、存在条件、求法以及矩阵的秩、矩阵秩的求法、矩阵的初等变换等内容. 逆矩阵和矩阵的秩都是矩阵的重要属性，它们在线性方程组解的讨论中发挥着重要作用.

10.3.1 逆矩阵

定义 1 对于 n 阶方阵 $\boldsymbol{A}$，如果存在一个 n 阶方阵 $\boldsymbol{B}$，使得

$$\boldsymbol{AB}=\boldsymbol{BA}=\boldsymbol{E},$$

则称方阵 $\boldsymbol{A}$ **可逆**，并称方阵 $\boldsymbol{B}$ 为 $\boldsymbol{A}$ 的**逆矩阵**，简称 $\boldsymbol{A}$ 的**逆**.

如果矩阵 $\boldsymbol{A}$ 可逆，那么，$\boldsymbol{A}$ 的逆矩阵是唯一的. 我们把 $\boldsymbol{A}$ 的逆矩阵记作 $\boldsymbol{A}^{-1}$，即若 $\boldsymbol{B}$ 为 $\boldsymbol{A}$ 的逆矩阵，则记 $\boldsymbol{A}^{-1}=\boldsymbol{B}$.

定理 1 设矩阵 $\boldsymbol{A}=(a_{ij})$ 为 n 阶方阵，则 $\boldsymbol{A}$ 可逆的充要条件是 $|\boldsymbol{A}|\neq 0$，且

$$\boldsymbol{A}^{-1}=\frac{1}{|\boldsymbol{A}|}\boldsymbol{A}^{*}.$$

其中，$\boldsymbol{A}^{*}$ 叫做方阵 $\boldsymbol{A}$ 的**伴随矩阵**，且

$$\boldsymbol{A}^{*}=\begin{pmatrix}\boldsymbol{A}_{11} & \boldsymbol{A}_{21} & \cdots & \boldsymbol{A}_{n1}\\ \boldsymbol{A}_{12} & \boldsymbol{A}_{22} & \cdots & \boldsymbol{A}_{n2}\\ \vdots & \vdots & & \vdots\\ \boldsymbol{A}_{1n} & \boldsymbol{A}_{2n} & \cdots & \boldsymbol{A}_{nn}\end{pmatrix}.$$

可以看出，$\boldsymbol{A}$ 的伴随矩阵 $\boldsymbol{A}^{*}$，是将方阵 $\boldsymbol{A}$ 的元素换成行列式 $|\boldsymbol{A}|$ 中的各元素的代数余子式 $\boldsymbol{A}_{ij}$，然后转置而得到的.

可以证明，$\boldsymbol{AA}^*=\boldsymbol{A}^*\boldsymbol{A}=\begin{pmatrix}|\boldsymbol{A}| & 0 & \cdots & 0\\ 0 & |\boldsymbol{A}| & \cdots & 0\\ \vdots & \vdots & & \vdots\\ 0 & 0 & \cdots & |\boldsymbol{A}|\end{pmatrix}=|\boldsymbol{A}|\boldsymbol{E}$，

于是

$$\boldsymbol{A}\cdot\frac{1}{|\boldsymbol{A}|}\boldsymbol{A}^*=\frac{1}{|\boldsymbol{A}|}\boldsymbol{A}^*\cdot\boldsymbol{A}=\boldsymbol{E},$$

从而

$$\boldsymbol{A}^{-1}=\frac{1}{|\boldsymbol{A}|}\boldsymbol{A}^*.$$

例 1　求方阵 $\boldsymbol{A}=\begin{pmatrix}1 & 2 & 3\\ 2 & 2 & 1\\ 3 & 4 & 3\end{pmatrix}$ 的逆矩阵.

解　因为 $|\boldsymbol{A}|=2\neq 0$，所以 $\boldsymbol{A}$ 可逆，即 $\boldsymbol{A}^{-1}$ 存在. 计算 $|\boldsymbol{A}|$ 的各个余子式如下：

$$\boldsymbol{A}_{11}=2,\quad \boldsymbol{A}_{12}=-3,\quad \boldsymbol{A}_{13}=2,$$
$$\boldsymbol{A}_{21}=6,\quad \boldsymbol{A}_{22}=-6,\quad \boldsymbol{A}_{23}=2,$$
$$\boldsymbol{A}_{31}=-4,\quad \boldsymbol{A}_{32}=5,\quad \boldsymbol{A}_{33}=-2.$$

从而

$$\boldsymbol{A}^*=\begin{pmatrix}2 & 6 & -4\\ -3 & -6 & 5\\ 2 & 2 & -2\end{pmatrix},$$

所以，$\boldsymbol{A}$ 的逆矩阵

$$\boldsymbol{A}^{-1}=\frac{1}{|\boldsymbol{A}|}\boldsymbol{A}^*=\frac{1}{2}\boldsymbol{A}^*=\begin{pmatrix}1 & 3 & -2\\ -\frac{3}{2} & -3 & \frac{5}{2}\\ 1 & 1 & -1\end{pmatrix}.$$

用此方法求可逆矩阵的逆矩阵，若方阵的阶数较大，其计算量很大. 但用在 2 阶方阵 $\boldsymbol{A}=\begin{pmatrix}a & b\\ c & d\end{pmatrix}$ 上，可得如下结果：$\boldsymbol{A}^*=\begin{pmatrix}d & -b\\ -c & a\end{pmatrix}$（请读者自己验证），于是当 $|\boldsymbol{A}|=\begin{vmatrix}a & b\\ c & d\end{vmatrix}=ad-bc\neq 0$ 时，其逆矩阵

$$\boldsymbol{A}^{-1}=\frac{1}{|\boldsymbol{A}|}\boldsymbol{A}^*=\frac{1}{ad-bc}\begin{pmatrix}d & -b\\ -c & a\end{pmatrix}.$$

例 2　求方阵 $\boldsymbol{A}=\begin{pmatrix}2 & 7\\ 1 & 3\end{pmatrix}$ 的逆矩阵.

解 因为$|\boldsymbol{A}|=\begin{vmatrix}2&7\\1&3\end{vmatrix}=-1\neq0$，且$\boldsymbol{A}^*=\begin{pmatrix}3&-7\\-1&2\end{pmatrix}$，所以

$$\boldsymbol{A}^{-1}=\frac{1}{|\boldsymbol{A}|}\boldsymbol{A}^*=\frac{1}{-1}\begin{pmatrix}3&-7\\-1&2\end{pmatrix}=\begin{pmatrix}-3&7\\1&-2\end{pmatrix}.$$

推论 如果同阶方阵$\boldsymbol{A},\boldsymbol{B}$满足$\boldsymbol{AB}=\boldsymbol{E}$，那么，方阵$\boldsymbol{A}$可逆，且$\boldsymbol{A}^{-1}=\boldsymbol{B}$.

事实上，因为$\boldsymbol{AB}=\boldsymbol{E}$，所以$|\boldsymbol{A}||\boldsymbol{B}|=1$，于是，$|\boldsymbol{A}|\neq0$，从而$\boldsymbol{A}$可逆，即$\boldsymbol{A}^{-1}$存在.用$\boldsymbol{A}^{-1}$左乘$\boldsymbol{AB}=\boldsymbol{E}$两端，得$\boldsymbol{A}^{-1}\boldsymbol{AB}=\boldsymbol{A}^{-1}\boldsymbol{E}$，即$(\boldsymbol{A}^{-1}\boldsymbol{A})\boldsymbol{B}=\boldsymbol{A}^{-1}$，亦即$\boldsymbol{B}=\boldsymbol{A}^{-1}$.

逆矩阵有如下**运算性质**：

设方阵$\boldsymbol{A}$、$\boldsymbol{B}$均可逆，则：

(1)$(\boldsymbol{A}^{-1})^{-1}=\boldsymbol{A}$；

(2)$(k\boldsymbol{A})^{-1}=\frac{1}{k}\boldsymbol{A}^{-1}\quad(k\neq0)$；

(3)$(\boldsymbol{A}^{\mathrm{T}})^{-1}=(\boldsymbol{A}^{-1})^{\mathrm{T}}$；

(4)$(\boldsymbol{AB})^{-1}=\boldsymbol{B}^{-1}\boldsymbol{A}^{-1}$；

(5)$|\boldsymbol{A}^{-1}|=\frac{1}{|\boldsymbol{A}|}$.

说明 (2)、(5)中的$\frac{1}{k}$，$\frac{1}{|\boldsymbol{A}|}$就是非零实数$k$，$|\boldsymbol{A}|$的倒数.

为了使读者进一步理解性质(4)，在此对性质(4)证明如下：

证明 因为$\boldsymbol{A},\boldsymbol{B}$都可逆，所以，$|\boldsymbol{A}|\neq0$，$|\boldsymbol{B}|\neq0$，于是，$|\boldsymbol{AB}|=|\boldsymbol{A}||\boldsymbol{B}|\neq0$，从而，$\boldsymbol{AB}$可逆，且

$$(\boldsymbol{AB})(\boldsymbol{B}^{-1}\boldsymbol{A}^{-1})=\boldsymbol{A}(\boldsymbol{BB}^{-1})\boldsymbol{A}^{-1}=\boldsymbol{AEA}^{-1}=\boldsymbol{AA}^{-1}=\boldsymbol{E},$$

于是

$$(\boldsymbol{AB})^{-1}=\boldsymbol{B}^{-1}\boldsymbol{A}^{-1}.$$

10.3.2 矩阵的秩

1. k阶子式

定义 2 设$\boldsymbol{A}$为$m\times n$矩阵，任取$\boldsymbol{A}$中的k行k列($k\leqslant m,k\leqslant n$)，位于这$k$行$k$列交叉位置的元素构成的$k$阶行列式，称为矩阵$\boldsymbol{A}$的一个**$k$阶子式**.

例如，设矩阵

$$\boldsymbol{A}=\begin{pmatrix}1&2&3&4\\4&3&2&1\\2&0&1&-2\end{pmatrix},$$

取矩阵 $\boldsymbol{A}$ 的 1,3 两行,2,4 两列,得一个 2 阶子式:

$$M=\begin{vmatrix}2 & 4\\0 & -2\end{vmatrix},$$

显然,矩阵 $\boldsymbol{A}$ 的 2 阶子式不止上述一个.请读者思考:矩阵 $\boldsymbol{A}$ 共有多少个 2 阶子式?

若选 1,2,3 行,1,3,4 列,便得矩阵 $\boldsymbol{A}$ 的一个 3 阶子式:

$$N=\begin{vmatrix}1 & 3 & 4\\4 & 2 & 1\\2 & 1 & -2\end{vmatrix}.$$

显然,矩阵 $\boldsymbol{A}$ 的 3 阶子式不止上述一个.请读者思考:矩阵 $\boldsymbol{A}$ 共有多少个 3 阶子式?规律如何?

由于 $\boldsymbol{A}$ 是 3×4 矩阵,因此,没有 4 阶及以上阶数的子式.

扫一扫 看视频

2. 矩阵 A 的秩

定义 3　矩阵 $\boldsymbol{A}$ 中不等于零的子式的最高阶数 r 称为**矩阵 A 的秩**,记为 $r(\boldsymbol{A})=r$.

显然,对于 $m\times n$ 矩阵 $\boldsymbol{A}$,有 $r(\boldsymbol{A})\leqslant\min(m,n)$.

零矩阵的秩等于零;反之,秩等于零的矩阵是零矩阵.

说明　(1)矩阵秩的定义,逻辑关系很强,要结合行列式的相关知识,正确理解矩阵秩的概念.

(2)矩阵 $\boldsymbol{A}$ 的秩是 r,是指矩阵 $\boldsymbol{A}$ 至少有一个 r 阶子式不等于零,且所有高于 r 阶的子式都等于零.

请读者思考:是不是矩阵 $\boldsymbol{A}$ 的所有低于 r 阶的子式都不等于零?

例 3　已知矩阵 $\boldsymbol{A}=\begin{pmatrix}1 & 2 & 3 & 0\\0 & 4 & 5 & 0\\0 & 0 & 0 & 0\\0 & 0 & 0 & 0\end{pmatrix}$,求 $r(\boldsymbol{A})$.

解　因为在矩阵 $\boldsymbol{A}$ 的 2 阶子式中,有 $\begin{vmatrix}1 & 2\\0 & 4\end{vmatrix}\neq0$,又矩阵 $\boldsymbol{A}$ 的后两行元素都为零,于是,它的所有 3 阶子式及高于 3 阶的子式都为零,即不等于零的子式的最高阶数为 2,故 $r(\boldsymbol{A})=2$.

一般说来,当矩阵的阶数比较大时,利用矩阵秩的定义,逐阶验证求矩阵的秩,其计算量是很大的.能否有较为简便的方法解决矩阵秩的求法呢?

3. 阶梯型矩阵

先观察如下矩阵

$$A=\begin{pmatrix}2&1&5&3&2&0\\0&-1&3&0&2&1\\0&0&0&1&0&0\\0&0&0&0&2&4\\0&0&0&0&0&0\end{pmatrix}.$$

显然,矩阵 $\boldsymbol{A}$ 的秩 $r(\boldsymbol{A})=4$,而此时该矩阵的非零行的行数也恰为 4.

我们发现上述矩阵 $\boldsymbol{A}$ 具有如下特点:

(1)每一个非零行的首非零元素(每一行第一个非零元)都在上一行首非零元素的右面(即首非零所在的位置其行数不大于列数);

(2)零行都在矩阵的最下面.

满足这两个条件的矩阵称为**行阶梯型矩阵**.

通俗点说,行阶梯型矩阵就是左下角的"零区域"和右上角的"非零区域"形成一条阶梯型的分界线,且每个阶梯的"高度"只能是一行(如矩阵 $\boldsymbol{A}$ 中的虚线所示).

结论　行阶梯型矩阵的秩等于其非零行的行数.

我们遇到的矩阵一般都不是行阶梯型矩阵,怎么办? 一般采用"初等行变换"的手段化为行阶梯型矩阵.下面先学习矩阵的初等变换.

10.3.3　矩阵的初等变换

定义 4　对矩阵进行的下列变换:

(1)互换矩阵的任意两行(列),记为 $r_i\leftrightarrow r_j(c_i\leftrightarrow c_j)$;

(2)矩阵的某一行(列)的所有元素乘以非零常数 k,记为 $kr_i(kc_j)$;

(3)矩阵的某一行(列)的所有元素,加上另一行(列)对应元素的 k 倍,记为 $r_i+kr_j(c_i+kc_j)$;称为**矩阵的初等变换**,对行进行的变换称为**初等行变换**,对列进行的变换称为**初等列变换**.

定理 2　若矩阵 $\boldsymbol{A}$ 经过初等变换后,变成矩阵 $\boldsymbol{B}$,则 $r(\boldsymbol{A})=r(\boldsymbol{B})$.

(证明从略)

此定理说明,初等变换不改变矩阵的秩.

我们很容易看到,任何一个矩阵,经过矩阵的初等行变换,必定能化为行阶梯型矩阵.于是,便有如下求矩阵秩的方法:

(1)利用矩阵的初等行变换,将矩阵 $\boldsymbol{A}$ 化为行阶梯型矩阵 $\boldsymbol{B}$;

(2)求出行阶梯型矩阵 $\boldsymbol{B}$ 的秩 $r(\boldsymbol{B})$;

(3)由上述定理知,$r(\boldsymbol{A})=r(\boldsymbol{B})$.

例 4　已知矩阵 $\boldsymbol{A}=\begin{pmatrix}1 & 1 & -2 & 1\\ 2 & 2 & -4 & 1\\ 3 & -1 & 2 & 1\\ 1 & -3 & 6 & 0\end{pmatrix}$，求 $r(\boldsymbol{A})$.

解　$$\boldsymbol{A}=\begin{pmatrix}1 & 1 & -2 & 1\\ 2 & 2 & -4 & 1\\ -3 & -1 & 2 & 1\\ 5 & -3 & 6 & 0\end{pmatrix}\xrightarrow[r_4-5r_1]{\substack{r_2-2r_1\\ r_3+3r_1}}\begin{pmatrix}1 & 1 & -2 & 1\\ 0 & 0 & 0 & -1\\ 0 & 2 & -4 & 4\\ 0 & -8 & 16 & 5\end{pmatrix}$$

$$\xrightarrow{r_2\leftrightarrow r_3}\begin{pmatrix}1 & 1 & -2 & 1\\ 0 & 2 & -4 & 4\\ 0 & 0 & 0 & -1\\ 0 & -8 & 16 & 5\end{pmatrix}\xrightarrow{r_3\leftrightarrow r_4}\begin{pmatrix}1 & 1 & -2 & 1\\ 0 & 2 & -4 & 4\\ 0 & -8 & 16 & 5\\ 0 & 0 & 0 & -1\end{pmatrix}$$

$$\xrightarrow{r_3+4r_2}\begin{pmatrix}1 & 1 & -2 & 1\\ 0 & 2 & -4 & 4\\ 0 & 0 & 0 & 21\\ 0 & 0 & 0 & -1\end{pmatrix}\xrightarrow{\frac{1}{21}r_3}\begin{pmatrix}1 & 1 & -2 & 1\\ 0 & 2 & -4 & 4\\ 0 & 0 & 0 & 1\\ 0 & 0 & 0 & -1\end{pmatrix}$$

$$\xrightarrow{r_4+r_3}\begin{pmatrix}1 & 1 & -2 & 1\\ 0 & 2 & -4 & 4\\ 0 & 0 & 0 & 1\\ 0 & 0 & 0 & 0\end{pmatrix}=\boldsymbol{B},$$

因为 $r(\boldsymbol{B})=3$，所以，$r(\boldsymbol{A})=3$.

若 n 阶方阵 $\boldsymbol{A}$ 的行列式 $|\boldsymbol{A}|\neq 0$，则 $r(\boldsymbol{A})=n$，称矩阵 $\boldsymbol{A}$ 为**满秩矩阵**，也称矩阵 $\boldsymbol{A}$ 为**非奇异矩阵**.

10.3.4　利用矩阵的初等变换求逆矩阵

学习了矩阵的初等变换，我们可以利用矩阵的初等变换，相对容易地求出阶数较高的矩阵的逆矩阵. 限于内容的要求，这种方法的理论依据不做讲解，只是把这种方法的具体过程介绍给大家.

利用矩阵的行初等变换求 n 阶方阵 $\boldsymbol{A}$ 的逆矩阵的步骤：

(1)在 n 阶方阵 $\boldsymbol{A}$ 右面添上一个同阶的 n 阶单位矩阵 $\boldsymbol{E}$，构成一个 $n\times 2n$ 的矩阵：

$$(\boldsymbol{A}\ \vdots\ \boldsymbol{E});$$

(2)对此矩阵进行适当的**行初等变换**(只能施以行初等变换)，进行初等行变换的目标，是把矩阵的左半部 $\boldsymbol{A}$ 变为单位矩阵 $\boldsymbol{E}$，此时，右半部分原

来的单位矩阵 $\boldsymbol{E}$,所变成的矩阵就是方阵 $\boldsymbol{A}$ 的逆矩阵,即

$$(\boldsymbol{A} \mid \boldsymbol{E}) \xrightarrow{\text{行初等变换}} (\boldsymbol{E} \mid \boldsymbol{A}^{-1}).$$

例 5 求矩阵 $\boldsymbol{A}=\begin{pmatrix}1 & 2 & 3\\ 2 & 1 & 2\\ 1 & 3 & 4\end{pmatrix}$ 的逆矩阵.

解

$$(\boldsymbol{A} \mid \boldsymbol{E})=\left(\begin{array}{ccc:ccc}1 & 2 & 3 & 1 & 0 & 0\\ 2 & 1 & 2 & 0 & 1 & 0\\ 1 & 3 & 4 & 0 & 0 & 1\end{array}\right)\xrightarrow[r_3-r_1]{r_2-2r_1}\left(\begin{array}{ccc:ccc}1 & 2 & 3 & 1 & 0 & 0\\ 0 & -3 & -4 & -2 & 1 & 0\\ 0 & 1 & 1 & -1 & 0 & 1\end{array}\right)$$

$$\xrightarrow{r_2\leftrightarrow r_3}\left(\begin{array}{ccc:ccc}1 & 2 & 3 & 1 & 0 & 0\\ 0 & 1 & 1 & -1 & 0 & 1\\ 0 & -3 & -4 & -2 & 1 & 0\end{array}\right)\xrightarrow[r_3+3r_2]{r_1-2r_2}\left(\begin{array}{ccc:ccc}1 & 0 & 1 & 3 & 0 & -2\\ 0 & 1 & 1 & -1 & 0 & 1\\ 0 & 0 & -1 & -5 & 1 & 3\end{array}\right)$$

$$\xrightarrow[r_2+r_3]{r_1+r_3}\left(\begin{array}{ccc:ccc}1 & 0 & 0 & -2 & 1 & 1\\ 0 & 1 & 0 & -6 & 1 & 4\\ 0 & 0 & -1 & -5 & 1 & 3\end{array}\right)\xrightarrow{-1\times r_3}\left(\begin{array}{ccc:ccc}1 & 0 & 0 & -2 & 1 & 1\\ 0 & 1 & 0 & -6 & 1 & 4\\ 0 & 0 & 1 & 5 & -1 & -3\end{array}\right)$$

于是,$\boldsymbol{A}$ 的逆矩阵为:

$$\boldsymbol{A}^{-1}=\begin{pmatrix}-2 & 1 & 1\\ -6 & 1 & 4\\ 5 & -1 & -3\end{pmatrix}.$$

说明 (1)利用行初等变换求逆矩阵的思路、步骤,与利用行初等变换求矩阵的秩的思路、步骤类似;

(2)为使计算简化、方便,在求逆矩阵时尽量使主对角线上的元素化为“1”,而求矩阵的秩则不需要;

(3)在把左半部 $\boldsymbol{A}$ 化为对角矩阵(特殊时为单位矩阵 $\boldsymbol{E}$)之前,尽量避免分数运算.

(4)这种方法求逆矩阵,除了简便、直观以外,还有一点就是,不用先判别矩阵 $\boldsymbol{A}$ 是否可逆,也就是说,不用计算 $|\boldsymbol{A}|$ 是否为零,因为,只要在变换过程中,矩阵 $\boldsymbol{A}$ 的部分出现某一行元素全为零,即左半部 $\boldsymbol{A}$ 不可能化为单位矩阵,那就说明,矩阵 $\boldsymbol{A}$ 是不可逆的.

例 6 求矩阵 $\boldsymbol{A}=\begin{pmatrix}1 & -2 & -1 & -2\\ 4 & 1 & 2 & 1\\ 2 & 5 & 4 & -1\\ 1 & 1 & 1 & 1\end{pmatrix}$ 的逆矩阵.

解 $(\boldsymbol{A} \vdots \boldsymbol{E})=\left(\begin{array}{cccc:cccc}1 & -2 & -1 & -2 & 1 & 0 & 0 & 0 \\ 4 & 1 & 2 & 1 & 0 & 1 & 0 & 0 \\ 2 & 5 & 4 & -1 & 0 & 0 & 1 & 0 \\ 1 & 1 & 1 & 1 & 0 & 0 & 0 & 1\end{array}\right)$

$$\xrightarrow[r_4-r_1]{\substack{r_2-4r_1\\ r_3-2r_1}}\left(\begin{array}{cccc:cccc}1 & -2 & -1 & -2 & 1 & 0 & 0 & 0 \\ 0 & 9 & 6 & 9 & -4 & 1 & 0 & 0 \\ 0 & 9 & 6 & 3 & -2 & 0 & 1 & 0 \\ 0 & 3 & 2 & 3 & -1 & 0 & 0 & 1\end{array}\right)$$

$$\xrightarrow{r_2-3r_3}\left(\begin{array}{cccc:cccc}1 & -2 & -1 & -2 & 1 & 0 & 0 & 0 \\ 0 & 0 & 0 & 0 & -1 & 1 & 0 & -3 \\ 0 & 9 & 6 & 3 & -2 & 0 & 1 & 0 \\ 0 & 3 & 2 & 3 & -1 & 0 & 0 & 1\end{array}\right).$$

显然,第二行矩阵 $\boldsymbol{A}$ 的部分的 4 个元素都为零了,说明矩阵 $\boldsymbol{A}$ 不可逆.

习　题　10.3

1. 求下列矩阵的逆矩阵:

(1) $\begin{pmatrix}1 & -2 \\ 3 & -4\end{pmatrix}$;　(2) $\begin{pmatrix}1 & 2 & -3 \\ 0 & 1 & 2 \\ 0 & 0 & 1\end{pmatrix}$;　(3) $\begin{pmatrix}2 & 0 & 0 & 0 \\ 0 & -3 & 0 & 0 \\ 0 & 0 & -4 & 0 \\ 0 & 0 & 0 & 5\end{pmatrix}$.

2. 已知 5 阶方阵矩阵 $|\boldsymbol{A}|=-4$,求行列式 $|-2\boldsymbol{A}^{-1}|$ 的值.

3. 设 $\boldsymbol{A},\boldsymbol{B}$ 都是 n 阶方阵,下列命题是否成立?说明之.

(1)若 $\boldsymbol{A},\boldsymbol{B}$ 都可逆,则 $\boldsymbol{A}+\boldsymbol{B}$ 也可逆;

(2)若 $\boldsymbol{A},\boldsymbol{B}$ 都可逆,则 $\boldsymbol{AB}$ 也可逆;

(3)若 $\boldsymbol{AB}$ 可逆,则 $\boldsymbol{A},\boldsymbol{B}$ 都可逆.

4. 设矩阵 $\boldsymbol{A}$ 的秩为 r,根据矩阵秩的定义,下列说法是否正确?

(1)矩阵 $\boldsymbol{A}$ 的所有 $r+1$ 阶子式都为零;

(2)矩阵 $\boldsymbol{A}$ 的所有 $r-1$ 阶子式都为零;

(3)矩阵 $\boldsymbol{A}$ 的所有 $r-1$ 阶子式中至少有一个不为零;

(4)矩阵 $\boldsymbol{A}$ 的所有 r 阶子式都不为零.

5. 求下列矩阵的秩:

(1) $\begin{pmatrix} 3 & 2 & 1 & 1 \\ 1 & 2 & -3 & 2 \\ 4 & 4 & -2 & 3 \end{pmatrix}$； (2) $\begin{pmatrix} 2 & -1 & 3 & 3 \\ 3 & 1 & -5 & 0 \\ 4 & -1 & 1 & 3 \\ 1 & 3 & -13 & -6 \end{pmatrix}$；

(3) $\begin{pmatrix} 1 & 2 & -1 & 0 & 3 \\ 2 & -1 & 0 & 1 & -1 \\ 3 & 1 & -1 & 1 & 2 \\ 0 & -5 & 2 & 1 & 7 \end{pmatrix}$； (4) $\begin{pmatrix} 1 & 3 & -1 & -2 \\ 2 & -1 & 2 & 3 \\ 3 & 2 & 1 & 1 \\ 1 & -4 & 3 & 5 \end{pmatrix}$.

6. 利用初等变换，求下列矩阵的逆矩阵：

(1) $\begin{pmatrix} 3 & 2 & 1 \\ 3 & 1 & 5 \\ 3 & 2 & 3 \end{pmatrix}$； (2) $\begin{pmatrix} 3 & -2 & 0 & -1 \\ 0 & 2 & 2 & 1 \\ 1 & -2 & -3 & -2 \\ 0 & 1 & 2 & 1 \end{pmatrix}$；

(3) $\begin{pmatrix} 1 & 2 & 3 & 4 \\ 0 & 1 & 2 & 3 \\ 0 & 0 & 1 & 2 \\ 0 & 0 & 0 & 1 \end{pmatrix}$.

7. 设矩阵 $\boldsymbol{A}=\begin{pmatrix} 0 & 2 & 1 \\ 2 & -1 & 3 \\ -3 & 3 & -4 \end{pmatrix}$，$\boldsymbol{B}=\begin{pmatrix} 1 & 2 & 3 \\ 2 & -3 & 1 \end{pmatrix}$，求矩阵 $\boldsymbol{X}$，使 $\boldsymbol{XA}=\boldsymbol{B}$.

8. 设矩阵 $\boldsymbol{A}=\begin{pmatrix} 1 & -1 & 0 \\ 0 & 1 & -1 \\ -1 & 0 & 1 \end{pmatrix}$，且 $\boldsymbol{AX}=2\boldsymbol{X}+\boldsymbol{A}$，求矩阵 $\boldsymbol{X}$.

10.4 线性方程组的解法

前面学习了矩阵的相关知识，本节将运用这些知识，解决线性方程组的问题：线性方程的解、解的结构以及求解方法.

10.4.1 线性方程组相容的定义

设由 m 个方程，n 个未知数构成的线性方程组

$$\begin{cases} a_{11}x_1+a_{12}x_2+\cdots+a_{1n}x_n=b_1 \\ a_{21}x_1+a_{22}x_2+\cdots+a_{2n}x_n=b_2 \\ \cdots\cdots \\ a_{m1}x_1+a_{m2}x_2+\cdots+a_{mn}x_n=b_m \end{cases}. \tag{1}$$

定义 1　若方程组(1)有解，则称该方程组是**相容**的；否则，称为**不相容**.

很显然，讨论一个线性方程组解的问题，首先，就是要确定方程组是否相容，在相容的前提下，再进一步求出其解.

例如，方程组

$$\begin{cases} x_1+2x_2=3 \\ 2x_1+x_2=3 \end{cases}$$

是相容的；而方程组

$$\begin{cases} x_1+x_2=3 \\ 2x_1+2x_2=3 \end{cases}$$

就是不相容的.

当然，未知数的个数和方程的个数都很少的方程组，判断它是否相容，由定义就可以解决，但复杂的线性方程组就不行了. 下面着重讨论方程组的相容性.

10.4.2　线性方程组相容性讨论

设线性方程组(1)的系数矩阵为 $\mathbf{A}$，增广矩阵为 $\widetilde{\mathbf{A}}$，则有以下定理.

定理 1　线性方程组(1)相容的充分必要条件是它的系数矩阵的秩和增广矩阵的秩相等，即 $r(\mathbf{A})=r(\widetilde{\mathbf{A}})$.

(证明从略)

定理 1 告诉我们，线性方程组是否相容，可通过求系数矩阵的秩和增广矩阵的秩来解决.

定理 2　若 n 元线性方程组(1)相容，记 $r(\mathbf{A})=r(\widetilde{\mathbf{A}})=r$，则：

(1)当 $r=n$ 时，方程组(1)有唯一组解；

(2)当 $r<n$ 时，方程组(1)有无穷多组解.

对于 n 元齐次线性方程组

$$\begin{cases} a_{11}x_1+a_{12}x_2+\cdots+a_{1n}x_n=0 \\ a_{21}x_1+a_{22}x_2+\cdots+a_{2n}x_n=0 \\ \cdots\cdots \\ a_{m1}x_1+a_{m2}x_2+\cdots+a_{mn}x_n=0 \end{cases} . \tag{2}$$

由于方程组的常数项都为零，所以，$r(\mathbf{A})=r(\widetilde{\mathbf{A}})$，即齐次线性方程组总有解，因为至少有一组都是零的解 $x_1=x_2=\cdots=x_n=0$，这组解叫做齐次线性方程组的**平凡解**(也称之为**零解**). 也就是说，对于齐次线性方程组，我们关心的是,它有没有除了零解以外的解,即有没有非零解.

定理 3 设齐次线性方程组(2)的系数矩阵的秩 $r(\mathbf{A})=r$,则

(1)当 $r=n$ 时,方程组(2)只有零解;

(2)当 $r<n$ 时,方程组(2)有非零解.

根据定理 3 不难推出,若齐次线性方程组(2)中,方程的个数为 m,且 $m=n$,则方程组(2)有非零解的充分必要条件是 $|\mathbf{A}|=0$;如果 $m<n$,则方程组(2)必有非零解.

例 1 判定方程组

$$\begin{cases} x_1+x_2+2x_3+3x_4=1 \\ x_2+x_3-4x_4=1 \\ x_1+2x_2+3x_3-x_4=4 \\ 2x_1+3x_2-x_3-x_4=-6 \end{cases}$$

是否相容.

分析 按照线性方程组相容的条件,就是求系数矩阵的秩 $r(\mathbf{A})$ 和增广矩阵的秩 $r(\widetilde{\mathbf{A}})$,并根据这二者的大小,判定是否相容,

解 因为

$$\widetilde{\mathbf{A}}=\left(\begin{array}{cccc:c} 1 & 1 & 2 & 3 & 1 \\ 0 & 1 & 1 & -4 & 1 \\ 1 & 2 & 3 & -1 & 4 \\ 2 & 3 & -1 & -1 & -6 \end{array}\right) \xrightarrow[r_4-2r_1]{r_3-r_1} \left(\begin{array}{cccc:c} 1 & 1 & 2 & 3 & 1 \\ 0 & 1 & 1 & -4 & 1 \\ 0 & 1 & 1 & -4 & 3 \\ 0 & 1 & -5 & -7 & -8 \end{array}\right)$$

$$\xrightarrow[r_4-r_2]{r_3-r_2} \left(\begin{array}{cccc:c} 1 & 1 & 2 & 3 & 1 \\ 0 & 1 & 1 & -4 & 1 \\ 0 & 0 & 0 & 0 & 2 \\ 0 & 0 & -6 & -3 & -9 \end{array}\right) \xrightarrow{r_3\leftrightarrow r_2} \left(\begin{array}{cccc:c} 1 & 1 & 2 & 3 & 1 \\ 0 & 1 & 1 & -4 & 1 \\ 0 & 0 & -6 & -3 & -9 \\ 0 & 0 & 0 & 0 & 2 \end{array}\right),$$

所以,$r(\mathbf{A})=3$,而 $r(\widetilde{\mathbf{A}})=4$,从而,原方程组不相容(即无解).

例 2 设齐次线性方程组

$$\begin{cases} x_1-x_2+x_3=0 \\ x_1+x_2+\lambda x_3=0 \\ 2x_1-x_2-2x_3=0 \end{cases}$$

有非零解,求 λ 的值.

解法 1 因为

$$|\mathbf{A}|=\begin{vmatrix} 1 & -1 & 1 \\ 1 & 1 & \lambda \\ 2 & -1 & -2 \end{vmatrix}=\begin{vmatrix} 1 & -1 & 1 \\ 0 & 2 & \lambda-1 \\ 0 & 1 & -4 \end{vmatrix}=\begin{vmatrix} 2 & \lambda-1 \\ 1 & -4 \end{vmatrix}=-\lambda-7,$$

且已知齐次方程组有非零解，所以 $|\boldsymbol{A}|=0$，故 $\lambda=-7$.

解法 2　求系数矩阵 $\boldsymbol{A}$ 的秩. 因为

$$\boldsymbol{A}=\begin{pmatrix}1 & -1 & 1\\ 1 & 1 & \lambda\\ 2 & -1 & -2\end{pmatrix}\xrightarrow[r_3-2r_1]{r_2-r_1}\begin{pmatrix}1 & -1 & 1\\ 0 & 2 & \lambda-1\\ 0 & 1 & -4\end{pmatrix}$$

$$\xrightarrow{r_2\leftrightarrow r_3}\begin{pmatrix}1 & -1 & 1\\ 0 & 1 & -4\\ 0 & 2 & \lambda-1\end{pmatrix}\xrightarrow{r_3-2r_2}\begin{pmatrix}1 & -1 & 1\\ 0 & 1 & -4\\ 0 & 0 & \lambda+7\end{pmatrix},$$

且已知齐次方程组有非零解，所以 $r(\boldsymbol{A})<3$（未知数的个数），于是 $\lambda+7=0$，解得 $\lambda=-7$.

说明　解法 1 只能对方程个数与未知数个数相等的齐次线性方程组使用，而解法 2 具有一般性.

如果线性方程组是相容的，那么，又如何求出其解呢？下面介绍线性方程组的消元法（高斯消元法）.

10.4.3　高斯消元法

我们知道，方程组经过加减消元法，可以将原方程的未知数逐个减少，但无论怎样减少，经过加减消元法所得到的新的方程组与原方程组是同解的. 即加减消元法不会改变原方程组解的情况. 我们前面研究过的，对原方程组的增广矩阵进行一次初等行变换，实际上就相当于对方程组进行一次加减消元法，因此，新的方程组与原方程组是同解的. 这样就提供了一种解线性方程组的基本方法——**高斯消元法**.

下面通过例子说明此方法.

例 3　解线性方程组

$$\begin{cases}x_1+3x_2+4x_3=-2\\ 2x_1+5x_2+9x_3=3\\ 3x_1+7x_2+14x_3=8\\ -x_2+x_3=7\end{cases}.$$

解　$$\widetilde{\boldsymbol{A}}=\left(\begin{array}{ccc:c}1 & 3 & 4 & -2\\ 2 & 5 & 9 & 3\\ 3 & 7 & 14 & 8\\ 0 & -1 & 1 & 7\end{array}\right)\xrightarrow[r_3-3r_1]{r_2-2r_1}\left(\begin{array}{ccc:c}1 & 3 & 4 & -2\\ 0 & -1 & 1 & 7\\ 0 & -2 & 2 & 14\\ 0 & -1 & 1 & 7\end{array}\right)$$

$$\xrightarrow[r_4-r_2]{r_3-2r_2}\left(\begin{array}{ccc:c}1&3&4&-2\\0&-1&1&7\\0&0&0&0\\0&0&0&0\end{array}\right)\xrightarrow{r_1-4r_2}\left(\begin{array}{ccc:c}1&7&0&-30\\0&-1&1&7\\0&0&0&0\\0&0&0&0\end{array}\right)$$

最后的增广矩阵对应的方程组为

$$\begin{cases}x_1+7x_2\qquad=-30\\ \quad-\ x_2+x_3=7\end{cases},$$

即

$$\begin{cases}x_1=-7x_2-30\\x_2=x_2\\x_3=x_2+7\end{cases}\qquad(x_2\text{ 为自由未知量}).$$

这就是方程组的解，由于 x_2 可自由取值，所以方程组有无数多组解.

上述消元法，就是先把增广矩阵化为行阶梯型矩阵，再把增广矩阵中 $\boldsymbol{A}$ 的部分化出一个相应阶数的单位矩阵（如此例中的第一、三列），然后，把增广矩阵回写成相应的同解方程组，最后写出其解的形式.

事实上，将第一、二列化为单位矩阵也可以. 演示如下：

因为 $$\widetilde{\boldsymbol{A}}=\left(\begin{array}{ccc:c}1&3&4&-2\\2&5&9&3\\3&7&14&8\\0&-1&1&7\end{array}\right)\longrightarrow\left(\begin{array}{ccc:c}1&3&4&-2\\0&-1&1&7\\0&0&0&0\\0&0&0&0\end{array}\right)$$

$$\xrightarrow{(-1)\cdot r_2}\left(\begin{array}{ccc:c}1&3&4&-2\\0&1&-1&-7\\0&0&0&0\\0&0&0&0\end{array}\right)\xrightarrow{r_1+(-3)\cdot r_2}\left(\begin{array}{ccc:c}1&0&7&19\\0&1&-1&-7\\0&0&0&0\\0&0&0&0\end{array}\right),$$

所以相应的同解方程组为

$$\begin{cases}x_1\qquad+7x_3=19\\ \qquad x_2-\ x_3=-7\end{cases},$$

即原方程组的解为

$$\begin{cases}x_1=-7x_3+19\\x_2=x_3-7\\x_3=x_3\end{cases}\qquad(x_3\text{ 为自由未知量}).$$

或表示为

$$\begin{cases}x_1=-7k+19\\x_2=k-7\\x_3=k\end{cases}\qquad(k\text{ 为任意常数}).$$

此例说明，根据增广矩阵的不同，在进行初等行变换时，可以选择适当的变量为自由变量.

例 4　讨论以下线性方程组解的情况.

$$\begin{cases} x_1 + x_2 - x_3 = 1 \\ 2x_1 + (a+2)x_2 - (b+2)x_3 = 3. \\ -3ax_2 + (a+2b)x_3 = -3 \end{cases}$$

解

$$\widetilde{\boldsymbol{A}} = \left(\begin{array}{ccc|c} 1 & 1 & -1 & 1 \\ 2 & a+2 & -b-2 & 3 \\ 0 & -3a & a+2b & -3 \end{array}\right) \xrightarrow{r_2 - 2r_1} \left(\begin{array}{ccc|c} 1 & 1 & -1 & 1 \\ 0 & a & -b & 1 \\ 0 & -3a & a+2b & -3 \end{array}\right)$$

$$\xrightarrow{r_3 + 3r_2} \left(\begin{array}{ccc|c} 1 & 1 & -1 & 1 \\ 0 & a & -b & 1 \\ 0 & 0 & a-b & 0 \end{array}\right),$$

(1)当 $a-b\neq 0$，且 $a\neq 0$ 时，$|\boldsymbol{A}| = \begin{vmatrix} 1 & 1 & -1 \\ 0 & a & -b \\ 0 & 0 & a-b \end{vmatrix} = a(a-b)\neq 0$，原方程组有唯一解：$\begin{cases} x_1 + x_2 - x_3 = 1 \\ ax_2 - bx_3 = 1 \\ (a-b)x_3 = 0 \end{cases}$，　即 $\begin{cases} x_1 = 1 - \dfrac{1}{a} \\ x_2 = \dfrac{1}{a} \\ x_3 = 0 \end{cases}$；

扫一扫 看视频

(2)当 $a-b=0$，但 $a\neq 0$ 时，$\widetilde{\boldsymbol{A}} \to \left(\begin{array}{ccc|c} 1 & 1 & -1 & 1 \\ 0 & a & -b & 1 \\ 0 & 0 & 0 & 0 \end{array}\right)$，

显然，$r(\boldsymbol{A}) = r(\widetilde{\boldsymbol{A}}) = 2 < 3$，原方程组有无数多组解，此时，

$$\widetilde{\boldsymbol{A}} \to \left(\begin{array}{ccc|c} 1 & 1 & -1 & 1 \\ 0 & a & -b & 1 \\ 0 & 0 & 0 & 0 \end{array}\right) \xrightarrow{\frac{1}{a} \times r_2} \left(\begin{array}{ccc|c} 1 & 1 & -1 & 1 \\ 0 & 1 & -\dfrac{b}{a} & \dfrac{1}{a} \\ 0 & 0 & 0 & 0 \end{array}\right)$$

$$\xrightarrow{r_1 - r_2} \left(\begin{array}{ccc|c} 1 & 0 & -1+\dfrac{b}{a} & 1-\dfrac{1}{a} \\ 0 & 1 & -\dfrac{b}{a} & \dfrac{1}{a} \\ 0 & 0 & 0 & 0 \end{array}\right),$$

对应的方程组为 $\begin{cases} x_1-\left(1-\dfrac{b}{a}\right)x_3=1-\dfrac{1}{a}, \\ x_2-\dfrac{b}{a}x_3=\dfrac{1}{a} \end{cases}$

故原方程组的解为 $\begin{cases} x_1=\left(1-\dfrac{b}{a}\right)x_3+\left(1-\dfrac{1}{a}\right) \\ x_2=\dfrac{b}{a}x_3+\dfrac{1}{a} \\ x_3=x_3 \end{cases}$ （x_3 为自由未知量）.

(3) 当 $a=0$ 时，$\widetilde{\mathbf{A}}\to\left(\begin{array}{ccc:c} 1 & 1 & -1 & 1 \\ 0 & 0 & -b & 1 \\ 0 & 0 & b & 0 \end{array}\right)$，原方程组无解.

因为，若 $b\neq0$，则 $\widetilde{\mathbf{A}}\to\left(\begin{array}{ccc:c} 1 & 1 & -1 & 1 \\ 0 & 0 & -b & 1 \\ 0 & 0 & b & 0 \end{array}\right)\xrightarrow{r_3+r_2}\left(\begin{array}{ccc:c} 1 & 1 & -1 & 1 \\ 0 & 0 & -b & 1 \\ 0 & 0 & 0 & 1 \end{array}\right)$，

此时 $r(\mathbf{A})=2$，$r(\widetilde{\mathbf{A}})=3$，所以原方程组无解；

若 $b=0$，则 $\widetilde{\mathbf{A}}\to\left(\begin{array}{ccc:c} 1 & 1 & -1 & 1 \\ 0 & 0 & -b & 1 \\ 0 & 0 & b & 0 \end{array}\right)\xrightarrow{r_3+r_2}\left(\begin{array}{ccc:c} 1 & 1 & -1 & 1 \\ 0 & 0 & 0 & 1 \\ 0 & 0 & 0 & 0 \end{array}\right)$

此时 $r(\mathbf{A})=1$，$r(\widetilde{\mathbf{A}})=2$（或第二个方程矛盾），所以原方程组无解.

本节将进一步讨论线性方程组在无穷多组解的情况下，解与解之间的关系，以及这无穷多组解有什么规律等等，这便是线性方程组解的结构.

10.4.4 齐次线性方程组的基础解系

为了研究方便，我们先介绍几个名词.

1. 线性组合

设一组变量 $x_i(i=1,2,\cdots,n)$，及一组实数 $k_i(i=1,2,\cdots,n)$，则称表达式

$$k_1x_1+k_2x_2+\cdots+k_nx_n$$

为变量组 $x_i(i=1,2,\cdots,n)$ 的一个**线性组合**；而对于另一组实数 $c_i(i=1,2,\cdots,n)$，也称表达式

$$c_1x_1+c_2x_2+\cdots+c_nx_n$$

为变量组 $x_i(i=1,2,\cdots,n)$ 的一个线性组合.

2. 线性表示

对于一个变量 $\boldsymbol{x}$ 和一组变量 $x_i(i=1,2,\cdots,n)$，如果存在一组不全为零

的实数 $k_i(i=1,2,\cdots,n)$，使

$$\boldsymbol{x}=k_1x_1+k_2x_2+\cdots+k_nx_n,$$

则称变量 $\boldsymbol{x}$ 可以由变量组 $x_i(i=1,2,\cdots,n)$**线性表示**.

下面研究齐次线性方程组的基础解系.

设由 m 个方程，n 个未知数构成的齐次线性方程组为

$$\begin{cases}a_{11}x_1+a_{12}x_2+\cdots+a_{1n}x_n=0\\a_{21}x_1+a_{22}x_2+\cdots+a_{2n}x_n=0\\\cdots\cdots\\a_{m1}x_1+a_{m2}x_2+\cdots+a_{mn}x_n=0\end{cases}. \tag{1}$$

显然，方程组(1)可以用矩阵表示为

$$\boldsymbol{Ax}=\boldsymbol{0}.$$

根据齐次线性方程组的特点，易知，齐次线性方程组的解有如下**性质**：

(1)齐次线性方程组的任何两个解的和，仍然是其解；

(2)齐次线性方程组的任何解的实数倍，仍然是其解.

即若 $\boldsymbol{x}_1,\boldsymbol{x}_2$ 都是方程组(1)的解，则 $\boldsymbol{x}_1+\boldsymbol{x}_2,k\boldsymbol{x}_1(k\in\mathbf{R})$都是方程组(1)的解.

这说明，齐次线性方程组的解具有**线性叠加性**. 根据这两个性质，我们希望齐次线性方程组的解可以通过方程组的有限个解的线性组合表示出来. 如果这是可能的，那么，这有限个解就是齐次线性方程组的所有解的基础.

扫一扫 看视频

定义 2 设 $\xi_1,\xi_2,\cdots,\xi_k$ 是齐次线性方程组(1)的一组解，如果

(1)$\xi_1,\xi_2,\cdots,\xi_k$ 中的任何一个解都不能用其余解线性表示；

(2)方程组(1)的任何解都能用 $\xi_1,\xi_2,\cdots,\xi_k$ 线性表示.

那么，$\xi_1,\xi_2,\cdots,\xi_k$ 称为齐次线性方程组(1)的一个**基础解系**.

上述定义中，条件(2)保证了齐次线性方程组(1)的全部解都能有 $\xi_1,\xi_2,\cdots,\xi_k$ 线性表示；条件(1)说明 $\xi_1,\xi_2,\cdots,\xi_k$ 中没有“多余”的解.

齐次线性方程组在什么条件下有基础解系？基础解系如何确定呢？

定理 4 若齐次线性方程组(1)有非零解，则它一定存在基础解系，并且基础解系中包含的解的个数为 $n-r$，其中，n 为方程组中未知数的个数，r 为系数矩阵的秩.（证明从略）

下面通过例子，给出求基础解系的方法.

例 5 求齐次线性方程组

$$\begin{cases} x_1 - x_2 + 5x_3 - x_4 = 0 \\ x_1 + x_2 - 2x_3 + 3x_4 = 0 \\ 3x_1 - x_2 + 8x_3 + x_4 = 0 \\ x_1 + 3x_2 - 9x_3 + 7x_4 = 0 \end{cases}$$

的基础解系.

解 把系数矩阵化为行阶梯型矩阵

$$\boldsymbol{A} = \begin{pmatrix} 1 & -1 & 5 & -1 \\ 1 & 1 & -2 & 3 \\ 3 & -1 & 8 & 1 \\ 1 & 3 & -9 & 7 \end{pmatrix} \xrightarrow[r_4 - r_1]{\substack{r_2 - r_1 \\ r_3 - 3r_1}} \begin{pmatrix} 1 & -1 & 5 & -1 \\ 0 & 2 & -7 & 4 \\ 0 & 2 & -7 & 4 \\ 0 & 4 & -14 & 8 \end{pmatrix}$$

$$\xrightarrow[r_4 - 2r_2]{r_3 - r_2} \begin{pmatrix} 1 & -1 & 5 & -1 \\ 0 & 2 & -7 & 4 \\ 0 & 0 & 0 & 0 \\ 0 & 0 & 0 & 0 \end{pmatrix},$$

于是,对应的齐次方程组为

$$\begin{cases} x_1 - x_2 + 5x_3 - x_4 = 0 \\ 2x_2 - 7x_3 + 4x_4 = 0 \end{cases}.$$

若以 x_3、x_4 为自由未知数,则方程组的解为

$$\begin{cases} x_1 = -\dfrac{3}{2}x_3 - x_4 \\ x_2 = \dfrac{7}{2}x_3 - 2x_4 \\ x_3 = x_3 \\ x_4 = x_4 \end{cases}.$$

也可表示为 $\begin{cases} x_1 = -\dfrac{3}{2}c_1 - c_2 \\ x_2 = \dfrac{7}{2}c_1 - 2c_2 \\ x_3 = c_1 \\ x_4 = c_2 \end{cases}$ (c_1、c_2 为任意实数).

这个解也可以用学过的向量表示为

$$\begin{pmatrix} x_1 \\ x_2 \\ x_3 \\ x_4 \end{pmatrix} = c_1 \begin{pmatrix} -\frac{3}{2} \\ \frac{7}{2} \\ 1 \\ 0 \end{pmatrix} + c_2 \begin{pmatrix} -1 \\ -2 \\ 0 \\ 1 \end{pmatrix} \quad (c_1, c_2 \text{ 为任意实数}).$$

设

$$\boldsymbol{x} = \begin{pmatrix} x_1 \\ x_2 \\ x_3 \\ x_4 \end{pmatrix}, \quad \boldsymbol{\xi}_1 = \begin{pmatrix} -\frac{3}{2} \\ \frac{7}{2} \\ 1 \\ 0 \end{pmatrix}, \quad \boldsymbol{\xi}_2 = \begin{pmatrix} -1 \\ -2 \\ 0 \\ 1 \end{pmatrix}.$$

可以看出,方程组的所有解 $\boldsymbol{x}$(称为**通解**),都可由 $\boldsymbol{\xi}_1 = \left(-\frac{3}{2}, \frac{7}{2}, 1, 0\right)^{\mathrm{T}}$ 和 $\boldsymbol{\xi}_2 = (-1, -2, 0, 1)^{\mathrm{T}}$ 这两个解线性表示.因此这两个解就构成了方程组的基础解系.

说明　基础解系是不唯一的.但是,基础解系中所含的解的个数是相等的($n-r$ 个).

例如,上例中,若取 x_2, x_3 为自由未知量,则基础解系为:

$$\boldsymbol{\xi}_1 = \left(\frac{1}{2}, 1, 0, -\frac{1}{2}\right)^{\mathrm{T}}, \quad \boldsymbol{\xi}_2 = \left(-\frac{13}{4}, 0, 1, \frac{7}{4}\right)^{\mathrm{T}}.$$

请读者体验一下,若取 x_2, x_4 为自由未知量,其基础解系如何?

定义 3　如果齐次线性方程组(1)的基础解系为 $\boldsymbol{\xi}_1, \boldsymbol{\xi}_2, \cdots, \boldsymbol{\xi}_k$,则

$$\boldsymbol{\eta} = c_1\boldsymbol{\xi}_1 + c_2\boldsymbol{\xi}_2 + \cdots + c_k\boldsymbol{\xi}_k$$

表示了齐次线性方程组(1)全部解,此解称为它的**通解**.

10.4.5　非齐次线性方程组解的结构

设非齐次线性方程组为

$$\begin{cases} a_{11}x_1 + a_{12}x_2 + \cdots + a_{1n}x_n = b_1 \\ a_{21}x_1 + a_{22}x_2 + \cdots + a_{2n}x_n = b_2 \\ \cdots\cdots \\ a_{m1}x_1 + a_{m2}x_2 + \cdots + a_{mn}x_n = b_m \end{cases} \Leftrightarrow \boldsymbol{Ax} = \boldsymbol{b}, \tag{2}$$

对应的齐次线性方程组为

$$\begin{cases}a_{11}x_1+a_{12}x_2+\cdots+a_{1n}x_n=0\\ a_{21}x_1+a_{22}x_2+\cdots+a_{2n}x_n=0\\ \cdots\cdots\\ a_{m1}x_1+a_{m2}x_2+\cdots+a_{mn}x_n=0\end{cases}\Leftrightarrow \boldsymbol{Ax}=\boldsymbol{0}. \tag{3}$$

易知,它们的解有如下关系.

定理 5 非齐次线性方程组(2)的任意两个解的差必是对应的齐次方程组(3)的解.

定理 6 非齐次线性方程组(2)的一个解与对应的齐次方程组(3)的一个解的和仍为非齐次线性方程组(2)的解.

定理 7 若 $\boldsymbol{x}_0$ 是非齐次线性方程组(2)的一个解(也称**特解**),则方程组(2)任何一个解 $\boldsymbol{x}$ 都可以表示为

$$\boldsymbol{x}=\boldsymbol{x}_0+\boldsymbol{\xi},$$

其中 $\boldsymbol{\xi}$ 是对应的齐次方程组的解.

从定理可以看出,当 $\boldsymbol{\xi}$ 取遍对应的齐次方程的所有解时,$\boldsymbol{x}=\boldsymbol{x}_0+\boldsymbol{\xi}$ 就表示出了非齐次方程组(2)的全部解,而齐次方程组的全部解可以用它的基础解系 $\boldsymbol{\xi}_1,\boldsymbol{\xi}_2,\cdots,\boldsymbol{\xi}_k$ 表示,因此,非齐次方程组(2)的任何一个解可表示为

$$\boldsymbol{x}=\boldsymbol{x}_0+c_1\boldsymbol{\xi}_1+c_2\boldsymbol{\xi}_2+\cdots+c_k\boldsymbol{\xi}_k,$$

这就是**非齐次方程组的通解**.其中 $c_1,c_2,\cdots,c_{rk}$ 为任意常数.

由此可知,非齐次方程组(2)的通解 $\boldsymbol{x}$,是由其自身的一个特解 $\boldsymbol{x}_0$ 与相对应的齐次方程组的通解 $\boldsymbol{\eta}$ 的和构成,即

$$\boldsymbol{x}=\boldsymbol{x}_0+\boldsymbol{\eta}.$$

例 6 求非齐次方程组$\begin{cases}x_1-x_2+x_4=1\\ 2x_1+x_3=2\\ 3x_1-x_2-x_3-x_4=0\end{cases}$的通解.

解 对增广矩阵进行变换

$$\widetilde{\boldsymbol{A}}=\left(\begin{array}{cccc:c}1&-1&0&1&1\\2&0&1&0&2\\3&-1&-1&-1&0\end{array}\right)\xrightarrow[r_3-3r_1]{r_2-2r_1}\left(\begin{array}{cccc:c}1&-1&0&1&1\\0&2&1&-2&0\\0&2&-1&-4&-3\end{array}\right)$$

$$\xrightarrow{r_3-r_2}\left(\begin{array}{cccc:c}1&-1&0&1&1\\0&2&1&-2&0\\0&0&-2&-2&-3\end{array}\right)\xrightarrow{-\frac{1}{2}r_3}\left(\begin{array}{cccc:c}1&-1&0&1&1\\0&2&1&-2&0\\0&0&1&1&\frac{3}{2}\end{array}\right)$$

$$\xrightarrow{r_2-r_3}\left(\begin{array}{cccc:c}1&-1&0&1&1\\0&2&0&-3&-\frac{3}{2}\\0&0&1&1&\frac{3}{2}\end{array}\right)\xrightarrow{\frac{1}{2}r_2}\left(\begin{array}{cccc:c}1&-1&0&1&1\\0&1&0&-\frac{3}{2}&-\frac{3}{4}\\0&0&1&1&-\frac{3}{2}\end{array}\right)$$

$$\xrightarrow{r_1+r_2}\left(\begin{array}{cccc:c}1&0&0&-\frac{1}{2}&\frac{1}{4}\\0&1&0&-\frac{3}{2}&-\frac{3}{4}\\0&0&1&1&\frac{3}{2}\end{array}\right).$$

对应的非齐次方程组为 $\begin{cases}x_1-\frac{1}{2}x_4=\frac{1}{4}\\x_2-\frac{3}{2}x_4=-\frac{3}{4}\\x_3+x_4=\frac{3}{2}\end{cases}$.

若以 x_4 为自由未知量,得 $\begin{cases}x_1=\frac{1}{4}+\frac{1}{2}x_4\\x_2=-\frac{3}{4}+\frac{3}{2}x_4\\x_3=\frac{3}{2}-x_4\\x_4=x_4\end{cases}$.

令 $x_4=0$,则非齐次方程组的一个特解为

$$\boldsymbol{x}_0=\begin{pmatrix}\frac{1}{4}\\-\frac{3}{4}\\\frac{3}{2}\\0\end{pmatrix},$$

对应的齐次方程组为 $\begin{cases}x_1-\frac{1}{2}x_4=0\\x_2-\frac{3}{2}x_4=0\\x_3+x_4=0\end{cases}$,

令 $x_4=1$，则齐次方程组的基础解析为

$$\boldsymbol{\xi}=\begin{pmatrix}\frac{1}{2}\\ \frac{3}{2}\\ -1\\ 1\end{pmatrix},$$

于是，齐次方程组的通解为 $\boldsymbol{\eta}=k\boldsymbol{\xi}$（$k$ 为任意实数）. 所以，原方程组的通解为

$$\boldsymbol{x}=\boldsymbol{x}_0+\boldsymbol{\eta},$$

即

$$\boldsymbol{x}=\begin{pmatrix}x_1\\ x_2\\ x_3\\ x_4\end{pmatrix}=\begin{pmatrix}\frac{1}{4}\\ -\frac{3}{4}\\ \frac{3}{2}\\ 0\end{pmatrix}+k\begin{pmatrix}\frac{1}{2}\\ \frac{3}{2}\\ -1\\ 1\end{pmatrix}\quad（k\text{ 为任意实数}）.$$

例 7 求齐次线性方程组

$$\begin{cases}x_1+x_2-x_3-x_4=0\\ 2x_1-5x_2+3x_3+2x_4=0\\ 7x_1-7x_2+3x_3+x_4=0\end{cases}$$

的基础解析与通解.

解
$$\boldsymbol{A}=\begin{pmatrix}1&1&-1&-1\\ 2&-5&3&2\\ 7&-7&3&1\end{pmatrix}\xrightarrow[r_3-7r_1]{r_2-r_1}\begin{pmatrix}1&1&-1&-1\\ 0&-7&5&4\\ 0&-14&10&8\end{pmatrix}$$

$$\xrightarrow{r_3-2r_2}\begin{pmatrix}1&1&-1&-1\\ 0&-7&5&4\\ 0&0&0&0\end{pmatrix}$$

$$\xrightarrow{-\frac{1}{7}r_2}\begin{pmatrix}1&1&-1&-1\\ 0&1&-\frac{5}{7}&-\frac{4}{7}\\ 0&0&0&0\end{pmatrix}$$

$$\xrightarrow{r_1-r_2}\begin{pmatrix}1 & 0 & -\frac{2}{7} & -\frac{3}{7}\\ 0 & 1 & -\frac{5}{7} & -\frac{4}{7}\\ 0 & 0 & 0 & 0\end{pmatrix}.$$

相对应的同解方程组为 $\begin{cases}x_1-\frac{2}{7}x_3-\frac{3}{7}x_4=0\\ x_2-\frac{5}{7}x_3-\frac{4}{7}x_4=0\end{cases}$，

则方程组的解为

$$\begin{cases}x_1=\frac{2}{7}x_3+\frac{3}{7}x_4\\ x_2=\frac{5}{7}x_3+\frac{4}{7}x_4\end{cases}\quad (x_3,x_4\text{ 为自由未知量}).$$

令 $\begin{pmatrix}x_3\\x_4\end{pmatrix}=\begin{pmatrix}1\\0\end{pmatrix}$，得 $\boldsymbol{\xi}_1=\begin{pmatrix}\frac{2}{7}\\ \frac{5}{7}\\ 1\\ 0\end{pmatrix}$；令 $\begin{pmatrix}x_3\\x_4\end{pmatrix}=\begin{pmatrix}0\\1\end{pmatrix}$，得 $\boldsymbol{\xi}_2=\begin{pmatrix}\frac{3}{7}\\ \frac{4}{7}\\ 0\\ 1\end{pmatrix}$.

于是，原方程组的基础解析为

$$\boldsymbol{\xi}_1=\begin{pmatrix}\frac{2}{7}\\ \frac{5}{7}\\ 1\\ 0\end{pmatrix},\quad \boldsymbol{\xi}_2=\begin{pmatrix}\frac{3}{7}\\ \frac{4}{7}\\ 0\\ 1\end{pmatrix}.$$

因此，原方程组的通解为

$$\begin{pmatrix}x_1\\x_2\\x_3\\x_4\end{pmatrix}=k_1\boldsymbol{\xi}_1+k_2\boldsymbol{\xi}_2=k_1\begin{pmatrix}\frac{2}{7}\\ \frac{5}{7}\\ 1\\ 0\end{pmatrix}+k_2\begin{pmatrix}\frac{3}{7}\\ \frac{4}{7}\\ 0\\ 1\end{pmatrix}\quad (k_1,k_2\text{ 为任意实数}).$$

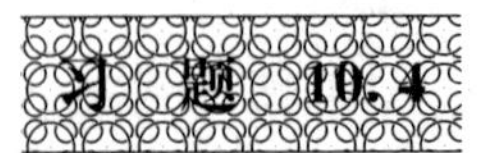

习题 10.4

1. 求解下列齐次线性方程组：

(1)$\begin{cases} x_1+2x_2+x_3-x_4=0 \\ 3x_1+6x_2-x_3-3x_4=0 \\ 5x_1+10x_2+x_3-5x_4=0 \end{cases}$；　(2)$\begin{cases} 2x_1+3x_2-x_3-7x_4=0 \\ 3x_1+x_2+2x_3-7x_4=0 \\ 4x_1+x_2-3x_3+6x_4=0 \\ x_1-2x_2+5x_3-5x_4=0 \end{cases}$.

2. 求解下列非齐次线性方程组：

(1)$\begin{cases} 4x_1+2x_2-x_3=2 \\ 3x_1-x_2+2x_3=10 \\ 11x_1+3x_2=8 \end{cases}$；　(2)$\begin{cases} 2x_1+3x_2+x_3=4 \\ x_1-2x_2+4x_3=-5 \\ 3x_1+8x_2-2x_3=13 \\ 4x_1-x_2+9x_3=-6 \end{cases}$.

3. λ 为何值时，非齐次线性方程组

$$\begin{cases} \lambda x_1+x_2+x_3=1 \\ x_1+\lambda x_2+x_3=\lambda \\ x_1+x_2+\lambda x_3=\lambda^2 \end{cases}$$

(1)有唯一组解； (2)无解； (3)无穷多组解.

4. 求下列齐次方程组的基础解系：

(1)$\begin{cases} x_1+x_2+2x_3-x_4=0 \\ 2x_1+x_2+x_3-x_4=0 \\ 2x_1+2x_2+x_3-x_4=0 \end{cases}$；　(2)$\begin{cases} 2x_1-3x_2-2x_3+x_4=0 \\ 3x_1+5x_2+4x_3-2x_4=0 \\ 8x_1+7x_2+6x_3-3x_4=0 \end{cases}$.

5. 求下列非齐次方程组的一个特解 $\boldsymbol{x}_0$ 及对应的齐次方程组的基础解系：

(1)$\begin{cases} x_1+x_2=5 \\ 2x_1+x_2+x_3+2x_4=1 \\ 5x_1+3x_2+2x_3+2x_4=3 \end{cases}$；　(2)$\begin{cases} x_1-5x_2+2x_3-3x_4=11 \\ 5x_1+3x_2+6x_3-x_4=-1 \\ 2x_1+4x_2+2x_3+1x_4=-6 \end{cases}$.

6. 设四元非齐次线性方程组的系数矩阵的秩是 3，已知 $\boldsymbol{\xi}_1,\boldsymbol{\xi}_2,\boldsymbol{\xi}_3$ 是它的三个解，且

$$\boldsymbol{\xi}_1=\begin{pmatrix}2\\3\\4\\5\end{pmatrix},\quad \boldsymbol{\xi}_2+\boldsymbol{\xi}_3=\begin{pmatrix}1\\2\\3\\4\end{pmatrix},$$

求该齐次线性方程组的通解.

复习题 10

1. 选择题：

(1)行列式 $\begin{vmatrix} 0 & 0 & a \\ 0 & b & 0 \\ c & 0 & 0 \end{vmatrix}$ 的值等于(　　).

A. abc　　B. $-abc$　　C. 0　　D. $-a-b-c$

(2)在行列式 $\begin{vmatrix} 1 & 2 & 3 \\ 2 & 3 & a \\ 3 & 4 & 5 \end{vmatrix}$ 中，元素 a 的代数余子式为(　　).

A. $\begin{vmatrix} 1 & 2 \\ 3 & 4 \end{vmatrix}$　　B. $a\times\begin{vmatrix} 1 & 2 \\ 3 & 4 \end{vmatrix}$　　C. $-\begin{vmatrix} 1 & 2 \\ 3 & 4 \end{vmatrix}$　　D. $-a\times\begin{vmatrix} 1 & 2 \\ 3 & 4 \end{vmatrix}$

(3)已知矩阵 $\boldsymbol{A}$ 为 3 阶方阵，且 $|\boldsymbol{A}|=-4$，则 $|-2\boldsymbol{A}|$ 的值是(　　).

A. 8　　B. 16　　C. 32　　D. -8

(4)矩阵 $\boldsymbol{A}=\begin{pmatrix} 1 & 2 \\ 3 & 5 \end{pmatrix}$ 的逆矩阵为(　　).

A. $\begin{pmatrix} 1 & -2 \\ -3 & 5 \end{pmatrix}$　B. $\begin{pmatrix} -1 & 2 \\ 3 & -5 \end{pmatrix}$　C. $\begin{pmatrix} 5 & -2 \\ -3 & 1 \end{pmatrix}$　D. $\begin{pmatrix} -5 & 2 \\ 3 & -1 \end{pmatrix}$

(5)设矩阵 $\boldsymbol{A}=\begin{pmatrix} 1 & -2 \\ -2 & 4 \end{pmatrix}$，则满足 $\boldsymbol{BA}=\boldsymbol{0}$ 的矩阵是(　　).

A. $\begin{pmatrix} 2 & 2 \\ 1 & 1 \end{pmatrix}$　　B. $\begin{pmatrix} 6 & 4 \\ 3 & 2 \end{pmatrix}$　　C. $\begin{pmatrix} 8 & 4 \\ 4 & 2 \end{pmatrix}$　　D. $\begin{pmatrix} 1 & 0 \\ 0 & 1 \end{pmatrix}$

(6)设矩阵 $\boldsymbol{A}$、$\boldsymbol{B}$ 均为 3 阶方阵，且 $|-2\boldsymbol{AB}|=200$，又 $|\boldsymbol{B}|=-5$，则 $|\boldsymbol{A}|$ 为(　　).

A. -20　　B. 20　　C. 5　　D. -5

(7)已知矩阵 $\boldsymbol{A}$ 的秩是 4，则下列说法正确的是(　　).

A. $\boldsymbol{A}$ 的 5 阶子式都等于零　　B. $\boldsymbol{A}$ 的 3 阶子式都等于零

C. $\boldsymbol{A}$ 的 4 阶子式都不等于零　　D. $\boldsymbol{A}$ 的 3 阶子式都不等于零

(8)已知 n 个未知数的线性方程组 $\boldsymbol{Ax}=\boldsymbol{b}$，其系数矩阵的秩 $r(\boldsymbol{A})=r$，若 $r=n$，则(　　).

A. 方程组有唯一组解　　B. 方程组有无数多组解

C. 方程组只有零解　　D. 方程组有唯一组解或无解

(9)线性方程组$\boldsymbol{AX}=\boldsymbol{B}$的增广矩阵的秩$r(\widetilde{\boldsymbol{A}})$和系数矩阵的秩$r(\boldsymbol{A})$的关系是(　　).

A. $r(\widetilde{\boldsymbol{A}})>r(\boldsymbol{A})$　　B. $r(\widetilde{\boldsymbol{A}})<r(\boldsymbol{A})$

C. $r(\widetilde{\boldsymbol{A}})=r(\boldsymbol{A})$　　D. $r(\widetilde{\boldsymbol{A}})=r(\boldsymbol{A})$或$r(\widetilde{\boldsymbol{A}})=r(\boldsymbol{A})+1$

2. 填空题：

(1)行列式$\begin{vmatrix} 1 & 2 & 0 \\ 1 & 0 & 0 \\ 1 & 2 & 3 \end{vmatrix}$的值等于________.

(2)设矩阵$\boldsymbol{A}=\begin{pmatrix} 2 & -1 & 0 & 5 & 4 \\ 0 & 1 & 2 & 3 & 1 \\ 0 & 3 & 6 & 8 & 5 \\ 0 & 0 & 0 & -1 & 2 \end{pmatrix}$，则$r(\boldsymbol{A})=$________.

(3)若矩阵$\boldsymbol{A}=\begin{pmatrix} x-2 & 0 \\ 0 & 2x+y \end{pmatrix}$的秩为零，则$y=$________.

(4)设矩阵$\boldsymbol{A}=\begin{pmatrix} 3 & 4 \\ 1 & 1 \end{pmatrix}$，则$\boldsymbol{A}^{-1}=$________.

(5)n阶行列式中的所有元素都乘以常数k，则行列式的值扩大________倍.

3. 解答题：

(1)设$\boldsymbol{A}=\begin{pmatrix} 1 & 0 \\ -2 & 3 \\ -1 & 2 \end{pmatrix}$，$\boldsymbol{B}=\begin{pmatrix} 0 & -3 & 2 \\ 5 & 1 & 4 \end{pmatrix}$，求$4\boldsymbol{A}-3\boldsymbol{B}^{\mathrm{T}}$.

(2)已知$\boldsymbol{A}=\begin{pmatrix} 5 & 0 & 0 \\ 0 & 3 & 4 \\ 0 & 2 & 3 \end{pmatrix}$，求$\boldsymbol{A}$的逆矩阵.

(3)设$\boldsymbol{A}=\begin{pmatrix} 2 & -1 \\ 3 & 1 \\ 1 & 4 \end{pmatrix}$，$\boldsymbol{B}=\begin{pmatrix} 2 & -2 \\ 2 & 2 \end{pmatrix}$，$\boldsymbol{C}=\begin{pmatrix} 1 & -1 & 2 \\ 3 & 0 & 3 \end{pmatrix}$，求$\boldsymbol{ABC}$.

(4)若线性方程组$\begin{cases} x_1+2x_2-x_3=1 \\ 2x_1-x_2+x_3=a \\ x_1-3x_2+2x_3=4 \end{cases}$相容，求$a$的值.

(5)齐次线性方程组$\begin{cases}\lambda x_1+x_2+x_3=0\\x_1+\lambda x_2+x_3=0\\x_1+x_2+\lambda x_3=0\end{cases}$有非零解,求$\lambda$的值.

(6)解线性方程组$\begin{cases}x_1+2x_2-3x_3+x_4=-3\\-x_1-x_2+x_3+x_4=0\\2x_1+x_2-2x_3-x_4=1\\x_1+5x_2-7x_3+4x_4=-10\end{cases}$.

习题和复习题参考答案

第 6 章

习题 6.1

1. (1)点 A 在 x 轴的正半轴上； (2)点 B 在 yOz 坐标面上；
(3)点 C 在 z 轴的负半轴上； (4)点 D 在 y 轴的正半轴上；
(5)点 E 在第Ⅵ卦限内； (6)点 F 在第Ⅳ卦限内；
(7)点 G 在第Ⅴ卦限内； (8)点 H 在第Ⅶ卦限内.

2. (1)$M(a,b,c)$关于 xOy 坐标平面的对称点为 $M_1(a,b,-c)$；关于 xOz 坐标平面的对称点为 $M_2(a,-b,c)$；关于 yOz 坐标平面的对称点为 $M_3(-a,b,c)$.

(2)$M(a,b,c)$ 关于 x 轴的对称点为 $M_4(a,-b,-c)$；关于 y 轴的对称点为$M_5(-a,b,-c)$；关于 z 轴的对称点为 $M_6(-a,-b,c)$.

(3)$M(a,b,c)$关于坐标原点的对称点为 $M_7(-a,-b,-c)$.

3. (1)正确； (2)正确； (3)正确.

4. (1)$\overrightarrow{ND}$； (2)1,2.

5. $\boldsymbol{a}^0=\left(\frac{1}{3},\frac{2}{3},\frac{2}{3}\right)$.

6. (1)0 或-8； (2)$\left(\frac{5}{2},0,-2\right)$或$\left(\frac{5}{2},0,-6\right)$.

7. $|AB|=7,|AC|=7\sqrt{2},|BC|=7$；等腰直角三角形.

8. (1)$(-3,0,-11)$； (2)$\sqrt{130}$.

9. $m=\frac{4}{3},n=9$.

10. $|\overrightarrow{M_1M_2}|=3$；$\cos\alpha=\frac{1}{3},\cos\beta=-\frac{2}{3}$, $\cos\gamma=-\frac{2}{3}$；$\overrightarrow{M_1M_2}^0=\left(\frac{1}{3},-\frac{2}{3},-\frac{2}{3}\right)$.

习题 6.2

1. (1)错误； (2)错误； (3)错误； (4)错误； (5)错误； (6)错误； (7)错误； (8)正确.

2. (1)0； (2)$\mathbf{0}$.

3. (1)2； (2)$(1,-4,3)$； (3)$\sqrt{17}$.

4. $m=\frac{5}{2},n=4,p=-2$.

5. $\left(\frac{3\sqrt{17}}{17},-\frac{2\sqrt{17}}{17},-\frac{2\sqrt{17}}{17}\right)$, $\left(-\frac{3\sqrt{17}}{17},\frac{2\sqrt{17}}{17},\frac{2\sqrt{17}}{17}\right)$.

6. (1)3,$(5,1,7)$； (2)-18,$(10,2,14)$； (3)$\frac{\sqrt{21}}{14}$.

7. (1)12； (2)$(-15,-3,0)$； (3)$\frac{\sqrt{3}}{9}$； (4)$\frac{3\sqrt{26}}{2}$； (5)$3\sqrt{26}$.

习题 6.3

1. (1)过原点； (2)平行于 z 轴； (3)过 x 轴； (4)平行于 xOy 坐标面；(5)xOz 坐标面； (6)平行于 z 轴.

2. (1)$2x-3y+z-10=0$； (2)$x=1$； (3)$\frac{5}{6}\sqrt{6}$； (4)1； (5)6；(6)$\frac{x-1}{2}=\frac{y-2}{-3}=\frac{z-3}{-4}$； (7)$m=-1,n=6$； (8)7.

3. (1)$3x-2z=0$； (2)$3x-2y+4z-20=0$； (3)$x+y+z-1=0$；(4)$x-2y-2=0$； (5)$x+y+z-1=0$； (6)$2x+3y-z-11=0$.

4. (1)$\frac{x-2}{2}=\frac{y}{1}=\frac{z+1}{-3}$； (2)$\frac{x+3}{3}=\frac{y-1}{-2}=\frac{z-2}{-1}$； (3)$\frac{x+3}{2}=\frac{y-1}{3}=\frac{z-2}{-4}$；(4)$\frac{x+3}{1}=\frac{y-1}{1}=\frac{z-2}{-2}$.

5. (1)重合； (2)垂直； (3)平行； (4)斜交,$\theta=\arccos\frac{1}{6}$.

6. (1)平行； (2)平行； (3)垂直； (4)斜交,$(5,10,-6)$.

习题 6.4

1. (1)$(1,-2,-1)$,3； (2)球； (3)$\begin{cases}\frac{x^2}{4}-\frac{y^2}{6}=1\\ z=0\end{cases}$,$z$； (4)$x^2+y^2=4,x^2=4z$；(5)$\begin{cases}z=5x^2\\ y=0\end{cases}$,$\begin{cases}z=5y^2\\ x=0\end{cases}$,$z$； (6)$\begin{cases}x^2=3y^2\\ z=0\end{cases}$,$\begin{cases}x^2=3z^2\\ y=0\end{cases}$,$x$； (7)$\frac{x^2}{36}+\frac{y^2}{16}+\frac{z^2}{4}=1$；(8)$\begin{cases}x^2+5z^2=16\\ y=2z\end{cases}$； (9)$y$,$y$ 轴及 xOy、yOz、xOz 坐标面、坐标原点； (10)抛物线,抛物柱面.

2. (1)圆柱面； (2)抛物柱面； (3)双曲柱面； (4)椭球面；

(5)旋转抛物面,由曲线$\begin{cases}x^2=2y\\ z=0\end{cases}$或$\begin{cases}z^2=2y\\ x=0\end{cases}$绕 y 轴旋转而成；

(6)旋转双曲面(单叶),由曲线$\begin{cases}\frac{x^2}{4}-\frac{z^2}{9}=1\\ y=0\end{cases}$或$\begin{cases}\frac{y^2}{4}-\frac{z^2}{9}=1\\ x=0\end{cases}$绕 z 轴旋转而成；

(7)旋转椭球面,由曲线$\begin{cases}\frac{x^2}{6}+\frac{y^2}{4}=1\\ z=0\end{cases}$或$\begin{cases}\frac{z^2}{6}+\frac{y^2}{4}=1\\ x=0\end{cases}$绕 y 轴旋转而成；

(8)旋转双曲面(双叶),由曲线$\begin{cases}\frac{x^2}{4}-\frac{y^2}{9}=1\\ z=0\end{cases}$或$\begin{cases}\frac{x^2}{4}-\frac{z^2}{9}=1\\ y=0\end{cases}$绕 x 轴旋转而成.

3. (1)绕 x 轴旋转所形成的椭球面方程为$\frac{x^2}{4}+\frac{y^2}{9}+\frac{z^2}{9}=1$；

绕 y 轴旋转所形成的椭球面方程为$\frac{x^2}{4}+\frac{y^2}{9}+\frac{z^2}{4}=1$；

(2)绕 x 轴旋转所形成的旋转双曲面方程为$\frac{x^2}{4}-\frac{y^2}{5}-\frac{z^2}{5}=1$；

绕 y 轴旋转所形成的旋转双曲面方程为$\frac{x^2}{4}-\frac{y^2}{5}+\frac{z^2}{4}=1$.

4. (1)平面 $z=2$ 上的双曲线 $\frac{x^2}{16}-\frac{y^2}{4}=1$； (2)$xOy$ 坐标面上的椭圆 $\frac{x^2}{3}+\frac{y^2}{4}=1$；(3)平面 $y=1$ 上的圆 $x^2+z^2=4$.

5. (1)$\frac{y^2}{9}-\frac{z^2}{16}=\frac{x}{2}$； (2)$\begin{cases} z^2=8x \\ \frac{y^2}{9}+\frac{z^2}{16}=1 \end{cases}$.

复习题 6

1. (1)D； (2)B； (3)A； (4)A； (5)A； (6)C； (7)C； (8)C； (9)C；(10)B.

2. (1)$(2,1,-3),(2,1,3),(-2,1,-3),\sqrt{5},2,\sqrt{14},\frac{14}{3}$； (2)$xOz$ 坐标；(3)$5,(-5,1,-3),\frac{\sqrt{35}}{2}$； (4)$2,\frac{\pi}{3},\frac{\pi}{4},\frac{2\pi}{3},\left(\frac{1}{2},\frac{\sqrt{2}}{2},-\frac{1}{2}\right)$； (5)$-5,12$；(6)$(13,-4,-11),-1,-\frac{\sqrt{21}}{42},(5,-3,7),0$； (7)$(4,1,-2),(3,-1,1)$；(8)$(2,-1,3),\sqrt{26}$； (9)平面，平行于，$\left(\frac{1}{3},0,0\right),(0,-1,0),\begin{cases} 3x-y-1=0 \\ y=0 \end{cases}$，$\begin{cases} 3x-y-1=0 \\ x=0 \end{cases}$.

3. (1)$y+2z=0$； (2)$6x+4y+3z+1=0$； (3)$\frac{x+1}{-1}=\frac{y-2}{5}=\frac{z+1}{-13}$；(4)$21,(-21,-21,-21),\frac{x-1}{1}=\frac{y-2}{-5}=\frac{z+3}{4},x+y+z=0,\frac{21}{2}\sqrt{3}$；(5)绕 x 轴旋转所形成的旋转曲面方程为$\frac{x^2}{9}-\frac{y^2}{4}-\frac{z^2}{4}=1$；

绕 y 轴旋转所形成的旋转曲面方程为$\frac{x^2}{9}-\frac{y^2}{4}+\frac{z^2}{9}=1$.

4. 略.

第 7 章

习题 7.1

1. (1)$\{(x,y)\mid x\neq y\}$； (2)$\{(x,y)\mid x^2+y^2>1\}$； (3)$\{(x,y)\mid xy>0\}$；(4)$\{(x,y)\mid x^2+y^2>4\}$； (5)$\left\{(x,y)\mid \frac{x^2}{a^2}+\frac{y^2}{b^2}\leqslant 1\right\}$； (6)$\{(x,y)\mid x^2+y^2\leqslant 4$ 且 $y^2>2x-1\}$. 简图略.

2. $\frac{5}{12},0$.

3. $(x^2-y^2)^{2x}$.

4. $\dfrac{x^2(y-1)}{1+y}$.

5. $\dfrac{x^2+xy}{2}$.

6. (1)$\dfrac{\pi}{4}$；(2)$2\sqrt{2}$；(3)3；(4)2；(5)e；(6)0.

习题 7.2

1. (1)$\dfrac{2y}{(x+y)^2},\dfrac{-2x}{(x+y)^2}$；　(2)$-\dfrac{y}{x^2+y^2},\dfrac{x}{x^2+y^2}$；

(3)$2x\ln(x^2+y^2)+\dfrac{2x^3}{x^2+y^2},\dfrac{2x^2y}{x^2+y^2}$；

(4)$\dfrac{y(y^2-x^2)}{(x^2+y^2)^2},\dfrac{x(x^2-y^2)}{(x^2+y^2)^2}$；　(5)$-\dfrac{2x}{y^2}\sin x^2,-\dfrac{2\cos x^2}{y^3}$；

(6)$e^{xy}[y\cos(x^2+y^2)-2x\sin(x^2+y^2)],e^{xy}[x\cos(x^2+y^2)-2y\sin(x^2+y^2)]$；

(7)$\dfrac{x}{\sqrt{x^2+y^2+z^2}},\dfrac{y}{\sqrt{x^2+y^2+z^2}},\dfrac{z}{\sqrt{x^2+y^2+z^2}}$；

(8)$y\cos xy,x\cos xy,6z^2$.

2. 偏导数分别为$\dfrac{1}{2\sqrt{x}(\sqrt{x}+\sqrt{y})},\dfrac{1}{2\sqrt{y}(\sqrt{x}+\sqrt{y})}$,代入即可.

3. (1)$12x^2y+2y^3,4x^3+6xy^2,6x^2y$；

(2)$-\dfrac{1}{(x+y)^2},-\dfrac{1}{(x+y)^2},\dfrac{-x^2-2xy-2y^2}{(xy+y^2)^2}$；

(3)$-\dfrac{1}{4}\sqrt{\dfrac{y}{x^3}},\dfrac{1}{4\sqrt{xy}},-\dfrac{1}{4}\sqrt{\dfrac{x}{y^3}}$；

(4)$2\arctan xy+\dfrac{2xy}{1+x^2y^2}+\dfrac{2xy}{(1+x^2y^2)^2},\dfrac{3x^2+x^4y^2}{(1+x^2y^2)^2},\dfrac{-2x^5y}{(1+x^2y^2)^2}$.

4. $\dfrac{\partial^3 z}{\partial x^2\partial y}=0,\dfrac{\partial^3 z}{\partial x\partial y^2}=-\dfrac{1}{y^2}$.

5. 略.

6. (1)$dz=\dfrac{y^2dx-xydy}{(x^2+y^2)^{\frac{3}{2}}}$；　(2)$dz=\left(-\dfrac{y}{x^2}+2xy^2\right)dx+\left(\dfrac{1}{x}+2x^2y\right)dy$；

(3)$dz=\dfrac{2x}{x^2+y^2}dx+\dfrac{2y}{x^2+y^2}dy$；(4)$dz=\dfrac{ydx-xdy}{x^2+y^2}$；

(5)$dz=yx^{y-1}dx+x^y\ln xdy$；　(6)$dz=e^{xy}(ydx+xdy)$；

(7)$dz=e^{x+y}[\cos(x-y)-\sin(x-y)]dx+e^{x+y}[\cos(x-y)+\sin(x-y)]dy$；

(8)$du=e^x[(x^2+y^2+z^2+2x)dx+2ydy+2zdz]$；

(9)$du=-yz\csc^2(xy)dx-xz\csc^2(xy)dy+\cot(xy)dz$；

(10)$du=(yz^{xy}\ln z)dx+(xz^{xy}\ln z)dy+xyz^{xy-1}dz$.

7. $dz=\dfrac{1}{3}dx+\dfrac{2}{3}dy$.

8. $dz=14.8$.

9. 2.003 86.

10. 2.231 6.

11. $1.2\pi(cm^3)$.

习题 7.3

1.(1)$\frac{dz}{dt}=-\sin 2t-t^3\sin t+3t^2\cos t+6t^5$； (2)$\frac{du}{dt}=2e^t\sin t$；

(3)$\frac{\partial z}{\partial u}=(2xy-y^2)\sin v+(x^2-2xy)\cos v=3u^2\sin v\cos v(\sin v-\cos v)$，

$\frac{\partial z}{\partial v}=(2xy-y^2)(u\cos v)-(x^2-2xy)(u\sin v)=u^3(\cos v+\sin v)(3\sin v\cos v-1)$；

(4)$\frac{\partial z}{\partial t}=-\frac{4(s-2t)}{2s+t}-\frac{(s-2t)^2}{(2s+t)^2}$，$\frac{\partial z}{\partial s}=\frac{2(s-2t)}{2s+t}-\frac{2(s-2t)^2}{(2s+t)^2}$；

(5)$\frac{\partial z}{\partial x}=e^{x+y}\cos e^{x+y}+1$，$\frac{\partial z}{\partial y}=e^{x+y}\cos e^{x+y}-2$；

(6)$\frac{\partial z}{\partial x}=\frac{2e^{2(x+y^2)}+2x}{e^{2(x+y^2)}+x^2+y}$，$\frac{\partial z}{\partial y}=\frac{4ye^{2(x+y^2)}+1}{e^{2(x+y^2)}+x^2+y}$；

(7)令 $u=e^x$，$v=\sin x$，$\frac{dz}{dx}=\frac{\partial f}{\partial x}+\frac{\partial f}{\partial u}e^x+\frac{\partial f}{\partial v}\cos x$；

(8)$\frac{\partial u}{\partial x}=\frac{\partial f}{\partial x}+\frac{\partial f}{\partial y}\left(\frac{\partial \varphi}{\partial x}+\frac{\partial \varphi}{\partial t}\frac{\partial \psi}{\partial x}\right)$，$\frac{\partial u}{\partial z}=\frac{\partial f}{\partial z}+\frac{\partial f}{\partial y}\frac{\partial \varphi}{\partial t}\frac{\partial \psi}{\partial z}$.

2.略.

3.(1)$\frac{dy}{dx}=\frac{xy^2-2x^3}{2y^3-x^2y}$； (2)$\frac{dy}{dx}=\frac{2x-2x^3-2xy}{2x^2y+2y^2-1}$； (3)$\frac{dy}{dx}=\frac{y^2-e^x}{\cos y-2xy}$；

(4)$\frac{\partial z}{\partial x}=-\frac{x+1}{z+1}$，$\frac{\partial z}{\partial y}=-\frac{y+1}{z+1}$； (5)$\frac{\partial z}{\partial x}=\frac{2z\sqrt{xyz}+yz^2}{\sqrt{xyz}-xyz}$，$\frac{\partial z}{\partial y}=\frac{3z\sqrt{xyz}+xz^2}{\sqrt{xyz}-xyz}$；

(6)$\frac{\partial z}{\partial x}=\frac{yz}{e^z-xy}$，$\frac{\partial z}{\partial y}=\frac{xz}{e^z-xy}$； (7)$\frac{\partial z}{\partial x}=\frac{ye^{-xy}}{e^z-2}$，$\frac{\partial z}{\partial y}=\frac{xe^{-xy}}{e^z-2}$；

(8)$\frac{\partial z}{\partial x}=\frac{z}{x+z}$，$\frac{\partial z}{\partial y}=\frac{z^2}{y(x+z)}$.

习题 7.4

1.(1)极小值 $f(9,-4)=-27$； (2)极小值 $f(3,3)=0$； (3)极大值 $f(2,-2)=8$；(4)极小值 $f\left(\frac{1}{2},-1\right)=-\frac{e}{2}$； (5)极大值 $f(3,2)=36$； (6)极大值 $f(-4,-2)=8e^{-2}$.

2. 极大值 $z\left(\frac{1}{2},\frac{1}{2}\right)=\frac{1}{4}$.

3. 6,6,6.

4. $\left(\frac{8}{5},\frac{16}{5}\right)$.

5. $\sqrt{3}$.

6. $\left(\frac{21}{13},2,\frac{63}{26}\right)$.

7. 长和宽都是 6 m，高是 3 m.

8. 长是 2 m，宽是 2 m，高是 3 m.

9. 前墙的长度是 100 m，高度是 75 m.

习题 7.5

1. $\iint\limits_D u(x,y)\mathrm{d}\sigma$.

2. (1) $\iint\limits_D (x+y)^2\mathrm{d}\sigma$；(2) $\iint\limits_D (x^2+y^2)\mathrm{d}\sigma$.

3. (1)等于 0；(2)大于 0；(3)小于 0.

4. (1)π；(2)πab.　5. (1)$\leqslant$；(2)$\leqslant$.

6. (1)$2\leqslant\iint\limits_D(x+y+1)\mathrm{d}\sigma\leqslant 8$；(2)$4\sqrt{5}\pi\leqslant\iint\limits_D\sqrt{x^2+y^2+5}\,\mathrm{d}\sigma\leqslant 12\pi$.

习题 7.6

1. (1) $\int_1^2\mathrm{d}x\int_3^4 f(x,y)\mathrm{d}y$ 或 $\int_3^4\mathrm{d}y\int_1^2 f(x,y)\mathrm{d}x$；　(2) $\int_0^1\mathrm{d}x\int_{x-1}^{1-x} f(x,y)\mathrm{d}y$；

(3) $\int_1^3\mathrm{d}x\int_x^{3x} f(x,y)\mathrm{d}y$；　(4) $\int_0^4\mathrm{d}x\int_x^{2\sqrt{x}} f(x,y)\mathrm{d}y$ 或 $\int_0^4\mathrm{d}y\int_{\frac{y^2}{4}}^{y} f(x,y)\mathrm{d}x$；

(5) $\int_{-\sqrt{2}}^{\sqrt{2}}\mathrm{d}x\int_{x^2}^{4-x^2} f(x,y)\mathrm{d}y$；

(6) $\int_{-2}^{2}\mathrm{d}x\int_{-\frac{3}{2}\sqrt{4-x^2}}^{\frac{3}{2}\sqrt{4-x^2}} f(x,y)\mathrm{d}y$ 或 $\int_{-3}^{3}\mathrm{d}y\int_{-\frac{2}{3}\sqrt{9-y^2}}^{\frac{2}{3}\sqrt{9-y^2}} f(x,y)\mathrm{d}x$.

2. (1)$\frac{4\sqrt{2}}{3}$；　(2)$\frac{9}{8}$；　(3)$\frac{1}{2}-\frac{1}{2}\cos 4$；　(4)$1-\cos 1$.

3. (1)16；　(2)2；　(3)$\frac{2}{\pi}$；　(4)$\frac{7}{20}$；　(5)$\frac{6}{55}$；　(6)$\frac{20}{3}$；　(7)$-\frac{3\pi}{2}$；　(8)$\frac{2}{5}$；
(9)$\frac{11}{15}$.

4. (1) $\int_0^4\mathrm{d}y\int_{\frac{y}{2}}^{\sqrt{y}} f(x,y)\mathrm{d}x$；　(2) $\int_0^1\mathrm{d}x\int_{x^2}^{x} f(x,y)\mathrm{d}y$；　(3) $\int_0^2\mathrm{d}x\int_{\frac{x}{2}}^{3-x} f(x,y)\mathrm{d}y$；
(4) $\int_0^a\mathrm{d}y\int_{\frac{y^2}{2a}}^{a-\sqrt{a^2-y^2}} f(x,y)\mathrm{d}x+\int_0^a\mathrm{d}y\int_{a+\sqrt{a^2-y^2}}^{2a} f(x,y)\mathrm{d}x+\int_a^{2a}\mathrm{d}y\int_{\frac{y^2}{2a}}^{2a} f(x,y)\mathrm{d}x$.

5. (1) $\int_0^{\frac{\pi}{2}}\mathrm{d}\theta\int_0^1 f(r\cos\theta,r\sin\theta)r\mathrm{d}r$；　(2) $\int_0^{2\pi}\mathrm{d}\theta\int_1^2 f(r\cos\theta,r\sin\theta)r\mathrm{d}r$；

(3) $\int_0^{\frac{\pi}{2}}\mathrm{d}\theta\int_0^{2R\sin\theta} f(r\cos\theta,r\sin\theta)r\mathrm{d}r$.

6. (1) $\int_0^{\frac{\pi}{2}}\mathrm{d}\theta\int_0^a f(r\cos\theta,r\sin\theta)r\mathrm{d}r$；　(2) $\int_{\frac{\pi}{4}}^{\frac{\pi}{3}}\mathrm{d}\theta\int_0^{\frac{2}{\cos\theta}} f(r)r\mathrm{d}r$.

7. (1)$\frac{3\pi^2}{64}$；　(2)$\pi(\mathrm{e}^4-1)$；　(3)$\frac{32}{9}$；　(4)$\frac{5}{2}\pi$.

习题 7.7

1. $\frac{4}{3}$.

2. $\frac{9}{2}$.

3. $\frac{\pi}{4}$.

4. $\frac{\pi}{3}a^3$.

5. $a^2(\pi-2)$.

6. $\frac{\pi}{6}(5\sqrt{5}-1)$.

7. $\left(\frac{2R}{3\alpha}\sin\alpha,0\right)$,其中扇形的顶点为原点,中心角的平分线为 x 轴.

8. (1)$I_y=\frac{1}{4}\pi a^3 b, I_O=\frac{1}{4}\pi ab(a^2+b^2)$; (2)$I_x=\frac{1}{3}ab^3, I_y=\frac{1}{3}a^3 b$.

复习题 7

1. (1)C; (2)D; (3)C; (4)A; (5)B; (6)A; (7)B; (8)B; (9)C; (10)D.

2. (1)$\{(x,y)\mid x^2+y^2>1\}$; (2)$2x+2y$; (3)$\ln 2$; (4)$3x^2+x+y$; (5)1; (6)$2xf'(x^2+y^2+z^2)$; (7)$e^{y(x^2+y^2)}[2xy\mathrm{d}x+(x^2+3y^2)\mathrm{d}y]$,$\mathrm{d}y$; (8)$(2,-2)$; (9)$\int_0^1\mathrm{d}y\int_0^{y^2}f(x,y)\mathrm{d}x$; (10)$\int_0^{\frac{\pi}{2}}\mathrm{d}\theta\int_0^{2a\cos\theta}r^3\mathrm{d}r$.

3. $\sin^2(x+y)+e^y$.

4. $f_x'(4,3)=-\frac{1}{5}, f_y'(4,3)=-\frac{2}{5}$.

5. $f_{xx}''(1,0,0)=0, f_{xy}''(1,0,1)=2, f_{yz}''(0,0,1)=0$.

6. (1)$\frac{\partial z}{\partial x}=e^{xy\sin\ln(x+y)}\left[y\sin\ln(x+y)+\frac{xy}{x+y}\cos\ln(x+y)\right]$,

$\frac{\partial z}{\partial y}=e^{xy\sin\ln(x+y)}\left[x\sin\ln(x+y)+\frac{xy}{x+y}\cos\ln(x+y)\right]$;

(2)$\frac{\partial z}{\partial x}=xy^2\sin 2x\cos y-x^2 y\cos^2 y\cos x+y^2\sin^2 x\cos y-2xy\sin x\cos^2 y$,

$\frac{\partial z}{\partial y}=2xy\sin^2 x\cos y-x^2\sin x\cos^2 y-xy^2\sin^2 x\sin y+x^2 y\sin x\sin 2y$.

7. 令 $u=e^{xy}, v=x^2+y^2$,则$\frac{\partial z}{\partial x}=\frac{\partial f}{\partial u}ye^{xy}+\frac{\partial f}{\partial v}2x, \frac{\partial z}{\partial y}=\frac{\partial f}{\partial u}xe^{xy}+\frac{\partial f}{\partial v}2y$.

8. $\frac{\partial u}{\partial x}+\frac{\partial u}{\partial y}=(3x^2-3y^2)f'(x^3-y^3)$.

9. (1)$\frac{\mathrm{d}y}{\mathrm{d}x}=-\frac{\sin y+ye^x}{x\cos y+e^x}$; (2)$\frac{\partial z}{\partial x}=\frac{R-x}{z}, \frac{\partial z}{\partial y}=-\frac{y}{z}$.

10. 略.

11. (1)极小值 $z(0,0)=0$; (2)极小值 $z\left(\frac{3}{2},\frac{3}{2}\right)=\frac{11}{2}$.

12. 最小值 $d(-1,1,\pm\sqrt{2})=2$.

13. (1)$\frac{1}{e}$； (2)$\frac{76}{3}$； (3)$\frac{\pi}{2}\left(\ln 2-\frac{1}{2}\right)$； (4)$6\ln 2$.

14. (1)$\int_0^1 dy\int_0^y f(x,y)dx$； (2)$\int_0^1 dx\int_0^{x^2} f(x,y)dy+\int_1^3 dx\int_0^{\frac{3}{2}-\frac{1}{2}x} f(x,y)dy$；

(3)$\int_{-1}^0 dy\int_{-\sqrt{4y+4}}^{\sqrt{4y+4}} f(x,y)dx+\int_0^8 dy\int_{-\sqrt{4y+4}}^{2-y} f(x,y)dx$； (4)$\int_{-1}^2 dy\int_{y^2}^{y+2} f(x,y)dx$.

15. (1)-4π； (2)$\frac{\pi}{3}R^3$； (3)$\frac{\pi}{2}\left(\ln 2-\frac{1}{2}\right)$.

16. (1)$\int_0^{\frac{\pi}{2}} d\theta\int_0^1 e^r r dr$； (2)$\int_0^{\frac{\pi}{2}} d\theta\int_0^{2R\sin\theta} f(r\cos\theta,r\sin\theta)r dr$.

17. $\frac{17}{6}$.

18. $\frac{\pi}{2}a^4$.

19. $\frac{32}{3}$.

20. $\left(\frac{1}{2},\frac{2}{5}\right)$.

第 8 章

习题 8.1

1. (1)是,二阶； (2)是,一阶； (3)是,一阶； (4)不是.
2. (1)是特解； (2)是通解； (3)不是解； (4)是通解.
3. $y=x^2+x$.
4. (1)$y=Ce^{-\frac{2}{x}}$； (2)$y^2-2\cos y-x^2=C$； (3)$y=C\ln x$； (4)$y=Ce^{-\frac{1}{x}}-1$.
5. (1)$y^2=2\ln\frac{1+e^x}{1+e}+1$； (2)$2x^2-y^2+1=0$； (3)$y=e^{\tan\frac{x}{2}}$.

习题 8.2

1. (1)$y=x^4+Cx^3$； (2)$y=(e^x+C)e^{-3x}$； (3)$y=\frac{1}{x}(\arctan x+C)$；

(4)$y=\ln x-1+\frac{C}{x}$； (5)$y=(x^3+C)\ln x$； (6)$y=\frac{1}{1+x^2}(\ln|\sin x|+C)$；

(7)$x=Cy^3+\frac{1}{2}y^2$； (8)$xy^3-\frac{4}{5}y^5=C$.

2. (1)$y=-\frac{1}{4}x^2+\frac{4}{x^2}$； (2)$y=\frac{1}{2}x^2e^{-x}+2e^{-x}$； (3)$y=\frac{1}{x}(\pi-1-\cos x)$；

(4)$y=x-\frac{\sqrt{2}}{2}\sqrt{1+x^2}$.

3. $y=x-x^2$.

习题 8.3

1. (1)$y=C_1e^x+C_2e^{-2x}$； (2)$y=C_1+C_2e^{-3x}$； (3)$y=(C_1+C_2x)e^{-2x}$；

(4)$y=e^x(C_1\cos\sqrt{2}x+C_2\sin\sqrt{2}x)$； (5)$s=C_1\cos\omega t+C_2\sin\omega t$；

(6) $y=e^{x}\left(C_1\cos\frac{x}{2}+C_2\sin\frac{x}{2}\right)$.

2. (1) $y=e^{3x}-3e^{x}$； (2) $y=(2+x)e^{-\frac{x}{2}}$； (3) $y=e^{2x}\sin 3x$.

3. (1) $y=C_1e^{-x}+C_2e^{3x}-x+\frac{1}{3}$； (2) $y=C_1e^{x}+C_2e^{2x}+\left(\frac{x^2}{2}-x\right)e^{2x}$；

(3) $y=(C_1+C_2x)e^{3x}+\left(\frac{x^3}{6}+\frac{x^2}{2}\right)e^{3x}$； (4) $y=C_1+C_2e^{x}-3x$；

(5) $y=(C_1+C_2x)e^{2x}+\frac{1}{8}\cos 2x$.

4. (1) $y=(x^2-x+1)e^{x}-e^{-x}$； (2) $y=\frac{1}{16}(11e^{-x}+5e^{3x})-\frac{1}{4}xe^{-x}$.

习题 8.4

1. $xy=2$.

2. $U_c=E(1-e^{-\frac{t}{RC}})$.

3. $y=\frac{1}{2}(1-x^2)$.

4. 取 x 轴竖直向下，原点距弹簧固定端 $l+2a$ 处，微分方程为 $2\frac{d^2x}{dt^2}+\frac{g}{a}x=0$；初始条件：$x|_{t=0}=a$，$\left.\frac{dx}{dt}\right|_{t=0}=0$，解得 $x=a\cos\sqrt{\frac{g}{2a}}t$.

复习题 8

1. (1)C； (2)C； (3)C； (4)D； (5)D； (6)D； (7)C； (8)B； (9)C； (10)C.

2. (1)1； (2) $y=e^{-\int P(x)dx}\left[\int Q(x)e^{\int P(x)dx}dx+C\right]$； (3) $xe^{-x}-x$；

(4) $\frac{1}{2}y^2=\ln x-\frac{1}{2}x^2+C$； (5) $y=e^{-x}(C_1\cos 2x+C_2\sin 2x)$； (6) $y=C_1e^{-2x}+C_2e^{x}$；

(7) $y=C_1e^{3x}+C_2e^{4x}$； (8) $y=C_1\cos 2x+C_2\sin 2x-\frac{x}{4}\cos 2x$； (9) $y=C_1e^{x}+C_2xe^{x}+x$；

(10) $y=\frac{1}{2}(e^{x}-e^{-x})$.

3. (1) $Ce^{x}+e^{-y}=1$；(2) $\arcsin y=\ln(1+x^2)+C$；(3) $y=(x+1)^2\left[\frac{2}{3}(x+1)^{\frac{3}{2}}+C\right]$；(4) $a^{x}+a^{-y}=C$；(5) $y=\frac{1}{x^2}(e^{x}+C)$；(6) $x=C\csc y+\frac{1}{2}\sin y$.

4. (1) $y=\tan\left(x-\frac{x^2}{2}+\frac{\pi}{4}\right)$；(2) $y=\frac{2x}{\cos x}$.

5. (1) $y=C_1+C_2e^{4x}-e^{x}$；(2) $y=C_1e^{2x}+C_2e^{3x}-\frac{1}{2}(x^2+2x)e^{2x}$，

(3) $y=C_1e^{-x}+C_2e^{2x}+e^{x}-2x+1$；(4) $y=\frac{1}{C_1{}^2}(C_1x-1)e^{C_1x+1}+C_2$.

6. (1) $y=e^{x}\sin x$；(2) $y=-\cos x-\frac{1}{3}\sin x+\frac{1}{3}\sin 2x$；(3) $y=-\frac{1}{4}x^2$.

7. $y=x-x^2$.

8. $y=2e^x-e^{-x}$.

9. $v=v_0e^{-\frac{k}{m}t}-\frac{mg}{k}(1-e^{-\frac{k}{m}t})$.

第 9 章

习题 9.1

1. 略.

2. (1)$(-1)^{n-1}\frac{n+1}{n}$； (2)$\frac{n(n+1)}{2^n}$； (3)$1-10^{-n}$； (4)$\frac{x^{\frac{n}{2}}}{2^n\cdot n!}$.

3. (1)$S=1$,收敛； (2)$S=9$,收敛； (3)发散； (4)$S=1-\sqrt{2}$,收敛.

4. (1)收敛； (2)发散； (3)发散； (4)发散.

5. (1)发散； (2)发散； (3)发散； (4)发散； (5)发散.

6. (1)收敛； (2)发散； (3)收敛； (4)收敛.

习题 9.2

1. (1)$\frac{3}{4}$； (2)0.

2. (1)发散； (2)发散； (3)发散； (4)收敛； (5)收敛； (6)收敛； (7)收敛； (8)发散.

3. (1)发散； (2)收敛； (3)发散； (4)收敛； (5)收敛； (6)收敛； (7)发散； (8)发散.

4. (1)收敛； (2)收敛； (3)收敛； (4)发散； (5)收敛； (6)发散； (7)收敛； (8)收敛； (9)收敛； (10)收敛.

习题 9.3

1. (1)收敛； (2)收敛； (3)收敛； (4)收敛； (5)收敛； (6)收敛； (7)收敛； (8)收敛.

2. (1)绝对收敛； (2)绝对收敛； (3)发散； (4)条件收敛； (5)条件收敛； (6)绝对收敛； (7)条件收敛； (8)绝对收敛； (9)条件收敛； (10)绝对收敛； (11)绝对收敛； (12)条件收敛.

习题 9.4

1. (1)$R=1$； (2)$R=3$； (3)$R=+\infty$； (4)$R=2$； (5)$R=+\infty$； (6)$R=\frac{\sqrt{3}}{3}$.

2. (1)$R=2,[-2,2)$； (2)$R=+\infty,(-\infty,+\infty)$； (3)$R=3,[-3,3]$；
(4)$R=1,(-1,1)$； (5)$R=4,(-4,4)$； (6)$R=3,(-3,3)$.

3. (1)$(-1,1)$； (2)$[-3,1)$； (3)$(-\sqrt[3]{2},\sqrt[3]{2})$.

4. (1)$(-1,1),S(x)=\frac{1}{1-x^2}$； (2)$(-1,1),S(x)=\frac{1}{(1-x)^2}$；
(3)$(-1,1),S(x)=\frac{1}{2}\ln\left|\frac{x+1}{x-1}\right|$； (4)$[-3,3),S(x)=3\ln(3-x)-x-3\ln 3$.

5. $\sum_{n=1}^{\infty}(-1)^n\frac{x^{n+1}}{n+1}=-x-\ln(x+1),x\in(-1,1];1-\frac{1}{2}+\frac{1}{3}-\frac{1}{4}+\cdots=\ln 2.$

6. (1)$e^{-x^2}=1-x^2+\frac{x^4}{2!}+\cdots+(-1)^n\frac{x^{2n}}{n!}+\cdots,\quad x\in(-\infty,+\infty)$；

(2)$\frac{1}{x-2}=-\frac{1}{2}\left(1+\frac{x}{2}+\frac{x^2}{2^2}+\cdots+\frac{x^n}{2^n}+\cdots\right),\quad x\in(-2,2)$；

(3)$\arctan 2x=2x-\frac{2^3}{3}x^3+\frac{2^5}{5}x^5-\cdots+(-1)^n\frac{2^{2n+1}}{2n+1}+\cdots,\quad x\in\left[-\frac{1}{2},\frac{1}{2}\right]$；

(4)$\cos^2 x=\frac{1}{2}\left[2-\frac{(2x)^2}{2!}+\frac{(2x)^4}{4!}-\frac{(2x)^6}{6!}+\cdots\right],\quad x\in(-\infty,+\infty).$

复习题 9

1. (1)A； (2)D； (3)D； (4)B； (5)B； (6)A； (7)C； (8)D； (9)C； (10)D； (11)C； (12) C； (13)C.

2. (1)$\frac{1}{3}$； (2)$\lim\limits_{n\to\infty}u_n=0$； (3)$p>1,p\leqslant 1$； (4)收敛,发散； (5)收敛； (6)发散； (7)$R=1$； (8)$\left(-\frac{3}{2},\frac{3}{2}\right)$； (9)$\frac{1}{1-x^2}$； (10)$\lambda<1$； (11)$\sum\limits_{n=0}^{\infty}\frac{x^{n+1}}{n!}$； (12)>1； (13)2,$[-2,2)$； (14)$(-4,2)$.

3. (1)收敛； (2)收敛； (3)收敛； (4)收敛； (5)发散； (6)发散； (7)收敛； (8)收敛； (9)发散； (10)收敛.

4. (1)绝对收敛； (2)绝对收敛； (3)绝对收敛； (4)绝对收敛； (5)绝对收敛； (6)条件收敛.

5. (1)$R=5;(-5,5]$. (2)$R=\frac{\sqrt{2}}{2};\left(-\frac{\sqrt{2}}{2},\frac{\sqrt{2}}{2}\right)$. (3)$R=1;[0,2)$. (4)$R=2;(-2,2)$. (5)$R=1;(-1,1)$. (6)$R=1;[1,3]$. (7)$R=1;[-3,-1]$.

6. (1)$S(x)=\arctan x\quad(|x|<1)$. (2)$S(x)=\frac{2x}{(1-x^2)^2}\quad(|x|<1)$.

7. (1) $-2+4\sum\limits_{n=0}^{\infty}(-1)^n x^n,\quad x\in(-\infty,\infty)$； (2)$-\frac{1}{3}\sum\limits_{n=0}^{\infty}\frac{x^{n+2}}{3^n},\quad(-3<x<3)$；

(3)$\ln 2+\sum\limits_{n=1}^{\infty}\frac{(-1)^{n-1}}{n}\left(\frac{x}{2}\right)^n,\quad(-2<x\leqslant 2)$.

第 10 章

习题 10.1

1. (1)0； (2)1； (3)$2(x^2-y^2)$； (4)8； (5)0； (6)$3abc-a^3-b^3-c^3$.

2. (1)$\begin{cases}x_1=\frac{19}{29}\\x_2=-\frac{22}{29}\end{cases}$； (2)$\begin{cases}x_1=0\\x_2=1.\\x_3=2\end{cases}$

3. $x=-3,\ x=-\sqrt{3},x=\sqrt{3}$.

4. (1)$(a+3)(a-1)^3$； (2)24； (3)0.

5. (1)$\begin{cases} x_1=1 \\ x_2=2 \\ x_3=3 \\ x_4=-1 \end{cases}$；(2)$\begin{cases} x_1=3 \\ x_2=-4 \\ x_3=-1 \\ x_4=1 \end{cases}$.

6. (1)a^n-a^{n-2}；(2)$x^n+a_1x^{n-1}+a_2x^{n-2}+\cdots+a_{n-1}x+a_n$.

7. (1) −80；(2)16.

习题 10.2

1. $a=3$，$b=8$，$x=1$，$y=4$.

2. $\boldsymbol{A}+\boldsymbol{B}=\begin{pmatrix} 3 & 3 & 1 \\ 3 & 8 & 2 \end{pmatrix}$，$\boldsymbol{B}-\boldsymbol{C}=\begin{pmatrix} 1 & -3 & 0 \\ 3 & 6 & -1 \end{pmatrix}$，$2\boldsymbol{A}-3\boldsymbol{C}=\begin{pmatrix} 4 & 2 & 2 \\ 0 & 9 & 1 \end{pmatrix}$.

3. $\boldsymbol{X}=\begin{pmatrix} 4 & \frac{3}{2} & -1 \\ -1 & \frac{2}{5} & 1 \\ \frac{7}{2} & \frac{11}{2} & \frac{5}{2} \end{pmatrix}$.

4. $\boldsymbol{A}-\boldsymbol{B}=\boldsymbol{0}$ 不可能.

5. (1)$\begin{pmatrix} 7 & 24 & 8 \\ 7 & -8 & 13 \\ 7 & 40 & -2 \end{pmatrix}$；(2)$\begin{pmatrix} -8 \\ -2 \\ 10 \end{pmatrix}$；(3)$\begin{pmatrix} 3 & 2 & 1 \\ 6 & 4 & 2 \\ 9 & 6 & 3 \end{pmatrix}$；(4)(−2).

6. $\begin{pmatrix} -2 & 13 & 22 \\ -2 & -17 & 20 \\ 4 & 29 & -2 \end{pmatrix}$；$\begin{pmatrix} 0 & 5 & 8 \\ 0 & -5 & 6 \\ 2 & 9 & 0 \end{pmatrix}$.

7. 略.

8. (1)可取 $\boldsymbol{A}=\begin{pmatrix} 1 & 1 \\ -1 & -1 \end{pmatrix}$；(2)可取 $\boldsymbol{A}=\begin{pmatrix} 1 & 0 \\ 0 & 0 \end{pmatrix}$；

(3)可取 $\boldsymbol{A}=\begin{pmatrix} 1 & 0 \\ 0 & 0 \end{pmatrix}$，$\boldsymbol{X}=\begin{pmatrix} 1 & 0 \\ 0 & 0 \end{pmatrix}$，$\boldsymbol{Y}=\begin{pmatrix} 1 & 0 \\ 0 & 1 \end{pmatrix}$.

9. $\boldsymbol{A}^2=\begin{pmatrix} 1 & 0 \\ 2\lambda & 1 \end{pmatrix}$，$\boldsymbol{A}^3=\begin{pmatrix} 1 & 0 \\ 3\lambda & 1 \end{pmatrix}$，$\boldsymbol{A}^n=\begin{pmatrix} 1 & 0 \\ n\lambda & 1 \end{pmatrix}$.

10. $\begin{pmatrix} x & y \\ 0 & x \end{pmatrix}$.

11. 140.

12. $\begin{cases} x_1 \qquad\quad -2x_3=4 \\ \qquad 4x_2+x_3=-5 \\ 3x_1+x_2-2x_3=0 \\ x_1+x_2 \qquad\quad =-1 \end{cases}$.

习题 10.3

1. (1)$\begin{pmatrix} -2 & 1 \\ -\frac{3}{2} & \frac{1}{2} \end{pmatrix}$； (2)$\begin{pmatrix} 1 & -2 & 7 \\ 0 & 1 & -2 \\ 0 & 0 & 1 \end{pmatrix}$； (3)$\begin{pmatrix} \frac{1}{2} & 0 & 0 & 0 \\ 0 & -\frac{1}{3} & 0 & 0 \\ 0 & 0 & -\frac{1}{4} & 0 \\ 0 & 0 & 0 & \frac{1}{5} \end{pmatrix}$.

2. 8.

3. (1)不一定； (2)正确； (3)正确.

4. (1)正确； (2)错误； (3)正确； (4)错误.

5. (1)2； (2)3； (3)2； (4)3.

6. (1)$\begin{pmatrix} \frac{7}{6} & \frac{2}{3} & -\frac{3}{2} \\ -1 & -1 & 2 \\ -\frac{1}{2} & 0 & \frac{1}{2} \end{pmatrix}$； (2)$\begin{pmatrix} 1 & 1 & -2 & -4 \\ 0 & 1 & 0 & -1 \\ -1 & -1 & 3 & 6 \\ 2 & 1 & -6 & -10 \end{pmatrix}$；

(3)$\begin{pmatrix} 1 & -2 & 1 & 0 \\ 0 & 1 & -2 & 1 \\ 0 & 0 & 1 & -2 \\ 0 & 0 & 0 & 1 \end{pmatrix}$.

7. $\begin{pmatrix} 2 & -1 & -1 \\ -4 & 7 & 4 \end{pmatrix}$.

8. $\begin{pmatrix} 0 & 1 & -1 \\ -1 & 0 & 1 \\ 1 & -1 & 0 \end{pmatrix}$.

习题 10.4

1. (1)$\begin{pmatrix} x_1 \\ x_2 \\ x_3 \\ x_4 \end{pmatrix} = c_1 \begin{pmatrix} -2 \\ 1 \\ 0 \\ 0 \end{pmatrix} + c_2 \begin{pmatrix} 1 \\ 0 \\ 0 \\ 1 \end{pmatrix}$； (2)$\begin{pmatrix} x_1 \\ x_2 \\ x_3 \\ x_4 \end{pmatrix} = c \begin{pmatrix} -1 \\ 7 \\ 5 \\ 2 \end{pmatrix}$.

2. (1)不相容(无解)； (2)$\begin{pmatrix} x_1 \\ x_2 \\ x_3 \end{pmatrix} = c \begin{pmatrix} -2 \\ 1 \\ 1 \end{pmatrix} + \begin{pmatrix} -1 \\ 2 \\ 0 \end{pmatrix}$.

3. (1)$\lambda \neq -2, \lambda \neq 1$； (2)$\lambda = -2$； (3)$\lambda = 1$.

4. (1)$\boldsymbol{\xi}=\begin{pmatrix}\frac{1}{3}\\0\\\frac{1}{3}\\1\end{pmatrix}$； (2)$\boldsymbol{\xi}_1=\begin{pmatrix}1\\7\\0\\19\end{pmatrix}$；$\boldsymbol{\xi}_2=\begin{pmatrix}0\\0\\1\\2\end{pmatrix}$.

5. (1)$\boldsymbol{x}_0=\begin{pmatrix}-8\\13\\0\\2\end{pmatrix}$，$\boldsymbol{\xi}=\begin{pmatrix}-1\\1\\1\\0\end{pmatrix}$； (2)$\boldsymbol{x}_0=\begin{pmatrix}-17\\0\\14\\0\end{pmatrix}$，$\boldsymbol{\xi}_1=\begin{pmatrix}-9\\1\\7\\0\end{pmatrix}$，$\boldsymbol{\xi}_2=\begin{pmatrix}-4\\0\\\frac{7}{2}\\1\end{pmatrix}$.

6. $\boldsymbol{x}=\begin{pmatrix}2\\3\\4\\5\end{pmatrix}+c\begin{pmatrix}3\\4\\5\\6\end{pmatrix}$.

复习题 10

1. (1)B； (2)C； (3)C； (4)D； (5)C； (6)C； (7)A； (8) D； (9)D.

2. (1) -6； (2) $r(\boldsymbol{A})=3$； (3)$y=-4$； (4) $\boldsymbol{A}^{-1}=\begin{pmatrix}-1&4\\1&-3\end{pmatrix}$； (5) k^n.

3. (1) $4\boldsymbol{A}-3\boldsymbol{B}^{\mathrm{T}}=\begin{pmatrix}4&-15\\1&9\\-10&-4\end{pmatrix}$； (2)$\boldsymbol{A}^{-1}=\begin{pmatrix}\frac{1}{5}&0&0\\0&3&-4\\0&-2&3\end{pmatrix}$；

(3)设 $\boldsymbol{ABC}=\begin{pmatrix}-16&-2&-14\\-4&-8&4\\28&20&38\end{pmatrix}$； (4)$a=5$； (5)$\lambda=1$， $\lambda=-2$.

(6) $\begin{pmatrix}x_1\\x_2\\x_3\\x_4\end{pmatrix}=\begin{pmatrix}2\\-1\\1\\0\end{pmatrix}+c\begin{pmatrix}\frac{3}{2}\\1\\\frac{3}{2}\\1\end{pmatrix}$.

参 考 文 献

[1] 郭大钧,陈玉妹,裘卓明.数学分析[M].济南:山东科学技术出版社 1985.
[2] 同济大学. 高等数学[M].2 版.北京:高等教育出版社,2004.
[3] 同济大学. 高等数学学习辅导与习题集[M].2 版.北京:高等教育出版社,2005.
[4] 同济大学数学系. 高等数学[M].7 版.北京:高等教育出版社,2014.
[5] 李广全. 高等数学 [M].北京:高等教育出版社, 2013.
[6] 赵佳因.高等数学[M].北京:北京大学出版社,2004.
[7] 蔡高厅,叶宗泽.高等数学[M].天津:天津大学出版社,1998.
[8] 宋振新.高等数学[M].西安:西安电子科技大学出版社,2015.
[9] 蔺守臣,杨向武. 高等数学[M].西安:西安电子科技大学出版社,2015.
[10] 胡农.高等数学[M].北京:高等教育出版社,2006.
[11] 窦连江.高等数学[M].北京:高等教育出版社,2006.
[12] 马颖.高等数学[M].北京:高等教育出版社,2009.
[13] 盛祥耀. 高等数学[M].2 版.北京:高等教育出版社,2001.
[14] 李心灿.高等数学[M].北京:高等教育出版社,1999.
[15] 李心灿.高等数学应用 205 例[M].北京:高等教育出版社,2006.
[16] 王佩荔.高等数学提要与习题集[M].天津:天津大学出版社,1994.
[17] 陈兰祥.高等数学复习指南[M].北京:学苑出版社,2000.
[18] 王高雄.常微分方程[M].北京:高等教育出版社,2006.
[19] 龙永红.概率论与数理统计[M].2 版.北京:高等教育出版社,2004.
[20] 同济大学.工程数学 线性代数[M].5 版.北京:高等教育出版社,2007.
[21] 胡成.工程数学 线性代数[M].西安:西安交通大学出版社,2010.
[22] 周金贵.线性代数[M].上海:上海大学出版社,2010.
[23] 刘书田.高等数学[M].北京:北京大学出版社,2001.
[24] 李心灿.高等数学[M].北京:高等教育出版社,2006.
[25] 朱来义.微积分[M].2 版.北京:高等教育出版社,2004.